高等学校计算机基础教育教材精选

Python 程序设计基础

苏琳 宋宇翔 胡洋 主编

清华大学出版社
北京

内 容 简 介

Python 是近年来最流行的编程语言之一,具有简单易学、免费开源、可移植和库资源丰富等鲜明的特点,深受编程人员的喜爱和追捧。

本书从入门者的角度出发,通过简洁、易懂的语言,逐步开展 Python 语言的介绍,全书共 13 章,包括计算机与程序设计基础,Python 编写简单程序,数值计算,面向对象和图形,字符串、列表和文件,函数,判断结构,循环结构和布尔值,模拟和设计,类与对象,数据收集,面向对象设计,异常处理与测试等内容。本书最大的特色是通过引入健康警报器、硬币兑换统计、炮弹飞行、短柄壁球比赛等一系列有趣的小程序,循序渐进、深入浅出地进行讲解,从而有效地缓解了学习编程的枯燥乏味。本书另外一个特色是在每章后面都有机地融入了课程思政,在学习专业知识的同时,通过一个个感人的事迹,提升了家国情怀,强化思政教育。

本书可以作为高等院校相关专业 Python 课程的教材,也可以作为编程人员及自学者的参考用书。

本书封面贴有清华大学出版社防伪标签,无标签者不得销售。
版权所有,侵权必究。举报:010-62782989,beiqinquan@tup.tsinghua.edu.cn。

图书在版编目(CIP)数据

Python 程序设计基础/苏琳,宋宇翔,胡洋主编. —北京:清华大学出版社,2022.2(2024.1重印)
高等学校计算机基础教育教材精选
ISBN 978-7-302-59616-5

Ⅰ.①P⋯ Ⅱ.①苏⋯ ②宋⋯ ③胡⋯ Ⅲ.①软件工具-程序设计-高等学校-教材 Ⅳ.①TP311.561

中国版本图书馆 CIP 数据核字(2021)第 242344 号

责任编辑:龙启铭
封面设计:常雪影
责任校对:徐俊伟
责任印制:沈　露

出版发行:清华大学出版社
　　　网　　址:https://www.tup.com.cn,https://www.wqxuetang.com
　　　地　　址:北京清华大学学研大厦 A 座　　　　邮　　编:100084
　　　社　总　机:010-83470000　　　　　　　　　　邮　　购:010-62786544
　　　投稿与读者服务:010-62776969,c-service@tup.tsinghua.edu.cn
　　　质量反馈:010-62772015,zhiliang@tup.tsinghua.edu.cn
　　　课件下载:https://www.tup.com.cn,010-83470236
印 装 者:北京同文印刷有限责任公司
经　　　销:全国新华书店
开　　　本:185mm×260mm　　　印　　张:18.75　　　字　　数:442 千字
版　　　次:2022 年 4 月第 1 版　　　　　　　　　　印　　次:2024 年 1 月第 3 次印刷
定　　　价:59.00 元

产品编号:095261-01

前言

人工智能如互联网浪潮一样，也必将创造一个全新的世界。Python 作为最接近人工智能的语言，就好比一把进入人工智能编程之门的钥匙。如今 Python 是全球最流行的编程语言之一，被各大互联网公司广泛使用，涉及 Web 开发、数据分析以及人工智能等领域。

作为一种解释型高级语言，Python 不但具备交互式、可移植、面向对象的特点且功能广泛适用于多种操作系统，而且有强大的标准库和丰富的工具包。相比其他编程语言而言，它简洁、高效且环保，应用范围越来越广泛。2016 年，教育部发布了《大学计算机基础课程教学基本要求》，首次建议将 Python 语言作为首门程序设计课程，在其推动下，国内各高校逐步开设了 Python 语言，使之成为教学改革热点。Python 代替 VB 进入教材，Python 语言课程化也将成为学生学习的一种趋势。教育界把 Python 在众多编程语言中的地位提升一个新高度。Python 语言作为一门发展了近 30 年的通用编程语言，语法简单，接近自然语言，是"复杂信息系统时代"最直观的表达工具。使学习者不需要了解计算机底层知识，从而更多关注应用计算机解决问题的思路和方法。

Python 是一门简单的语言，是一门语法简单、风格简约且易读的语言，它注重的是如何解决问题而不是编程语言本身的语法和结构。Python 语言丢掉了分号以及花括号这些仪式化的东西，使得语法结构更加简洁，代码的可读性显著提高。相较于 C、C++ 和 Java 等编程语言，Python 语言提高了开发者的开发效率，削减了 C、C++ 以及 Java 语言中一些较为复杂的语法，降低了编程工作的复杂程度。实现相同功能，Python 语言所包含的代码量最少，代码行数是其他语言的 1/5 到 1/3。

Python 是一种面向对象的语言，它作为一种新兴的编程语言，完全支持面向对象编程。面向对象的程序设计更加接近人类的思维方式，是对现实世界中客观实体进行结构和行为的模拟。Python 语言完全支持继承、重载运算符、派生以及多继承，与 C++ 和 Java 语言相比，它以一种非常强大而简单的方式实现面向对象的编程。

Python 是一种跨平台的语言。Python 语言具有开源性，它已经被移植到许多平台上。Python 程序可以完全不修改直接在主流平台上运行。比如，在 Linux 和 Windows 之间移植 Python 代码，只需要简单地在机器之间复制代码即可。Python 还提供了多种可选的独立程序，包括用户图形化界面、数据库接入、基于 Web 的系统等，甚至包括程序启动和文件夹处理等操作系统接口，不用考虑平台本身的差异性，可直接移植到其他平台上。

如果读者有其他程序设计语言的基础，那么在学习和使用 Python 的过程中，一定不要把其他语言的编程习惯和风格带到 Python 中来，因为这样可能会使代码变得冗长。读者应该思考从最简洁的角度出发，去解决问题，这样才更有利于学习 Python 语言。

本书内容结构

熟练掌握 Python 语言基础知识和基本数据结构是解决实际问题的基础。本书用了大量的篇幅介绍 Python 编程的基础知识，通过示例帮助读者更好地理解和掌握这门语言。每章配有本章小结和课程思政，在家国情怀教育的同时为有能力的读者提供更多的拓展类学习内容，多维度强化自身的学习；并通过计算机名家故事，将学科建设与培养专业人才的教学探索有机地统一起来。

全书共 13 章，在编写上遵循由易到难、循序渐进的原则，主要内容组织如下。

第 1 章讲解计算机硬件和程序的知识，初识 Python 语言，简单介绍了 Python 的功能，用 chaos 示例展示了 Python 语言的"魔法"，拓展了 Python 版本的选择和安装。

第 2 章讲解软件开发过程、程序要素、输出语句、赋值语句、循环等基础知识。

第 3 章讲解数值数据类型，如 int 型、float 型，以及 Python 内置的数值操作、类型转换和舍入、math 库函数使用。

第 4 章讲解简单的图形编程、图形对象的使用、如何绘制终值、交互式图形的处理，给出了 graphics 模块参考，该模块提供了类 Point、Line、Circle、Oval、Rectangle、Polygon 和 Text 等可绘制对象。

第 5 章讲解字符串的类型和处理，以及字符串编写编码、解码器，展示了日期转换的程序示例、文件的操作处理等。

第 6 章讲解函数的功能，加入函数的终值程序、返回值的函数、修改参数的函数。

第 7 章讲解两路判断和多路判断的实现、异常处理，用判断树、Python 等策略来完成"三者最大"的算法设计。

第 8 章讲解不定循环、交互式循环、文件循环、嵌套循环、布尔值计算和其他常见结构，展示"事件循环"示例。

第 9 章开发一个短柄壁球比赛的简单模拟，学习一些重要的设计和实现策略，以及伪随机数模拟，介绍了自顶向下和自底向上设计的实现过程，还有其他的设计技术。

第 10 章展示"多面骰子"程序示例，讲解定义新类，用类处理数据，用 projectile 类的示例，介绍了几种方法的类，讲述了按钮的创建、骰子类创建。最后详细展示了如何给炮弹示例添加一个更好的界面，实现动画的效果。

第 11 章讲解列表和数组的操作，可以用列表进行统计，用列表和类来完成设计。通过分析 Python 计算器的案例，学会设计界面、处理按钮，最后介绍了字典的基础知识。

第 12 章讲解 OOD 的过程，包括七步；研究壁球模拟案例，如何开发 GUI，讲解了构成面向对象开发的封装、多态和继承。

第 13 章讲解了错误的处理、调试、单元测试和文档测试。

本书特点

(1) 全面讲解。本书知识点紧凑、覆盖更全面、更深入。

(2) 示例丰富，贴近场景。本书提供了丰富的代码示例，这些示例大多选自工作中的各类场景,力求做到编程场景化,提高解决问题的能力,增加实战操作经验。

(3) 立体化教材的设计。每章都配有教案、PPT、自测题以及微课视频,提供多种教学资源,满足教师教学需要和学生学习需要。

(4) 知识拓展与课程思政。科学技术本身是冰冷的,是广大科学技术者的情感与梦想赋予其温度。"创新是民族的灵魂",通过计算机名家故事,以社会主义核心价值观为引领,坚持理论与实践相结合,将学科建设与培养国家优秀人才的先进教学探索相统一,引领师生知行合一、扎根中国、放眼世界,积极投身科技强国伟业。

本书适用读者

(1) 零基础的编程爱好者。
(2) Python 培训机构的教师和学生。
(3) 本科院校的教师和学生。
(4) 大中专院校或职业技术学校的教师和学生。

致教师

本书配有丰富的教学资源,包括 PPT 教案、习题、源代码、模拟试题,有需要的教师,请与 381844463@qq.com 联系。

编　者
2022 年 2 月

目录

第1章 计算机与程序设计基础 ·· 1
1.1 通用机器 ·· 1
1.2 程序的力量 ·· 1
1.3 计算机科学 ·· 2
1.4 硬件基础 ·· 2
1.5 编程语言 ·· 3
1.6 初识 Python ··· 5
1.7 Python 的"魔法" ·· 8
1.8 Python 程序内部 ··· 12
本章小结 ··· 13
知识扩展：Python 三十年技术演变史 ································ 13
课程思政：计算机教育与普及的辛勤耕耘者与奠基人——谭浩强 ··· 17

第2章 Python 编写简单程序 ··· 19
2.1 软件开发过程 ·· 19
2.2 示例程序：温度转换器 ·· 19
2.3 程序要素 ·· 21
2.4 输出语句 ·· 23
2.5 赋值语句 ·· 25
    2.5.1 简单赋值 ·· 25
    2.5.2 赋值输入 ·· 25
    2.5.3 同时赋值 ·· 26
2.6 确定循环 ·· 27
2.7 示例程序：竞猜年龄 ··· 29
本章小结 ··· 30
知识扩展：Python 关键字的含义 ·· 30
课程思政：职守核心技术——倪光南院士 ····························· 32

第3章 数值计算 ·· 34
3.1 数值数据类型 ·· 34

  3.2 类型转换和舍入 ……………………………………………………………… 38
  3.3 使用 math 库 ……………………………………………………………… 40
  3.4 累积结果：阶乘 …………………………………………………………… 41
 本章小结 …………………………………………………………………………… 43
 知识扩展：运算符优先级 ………………………………………………………… 43
 课程思政：创造了国产软件的骄傲——求伯君 ……………………………… 44

第 4 章 面向对象和图形 …………………………………………………………… 46

  4.1 概述 ………………………………………………………………………… 46
  4.2 对象的目标 ………………………………………………………………… 46
  4.3 简单图形编程 ……………………………………………………………… 47
  4.4 使用图形对象 ……………………………………………………………… 51
  4.5 绘制终值 …………………………………………………………………… 54
  4.6 选择坐标 …………………………………………………………………… 59
  4.7 交互式图形 ………………………………………………………………… 61
    4.7.1 获取鼠标单击 ……………………………………………………… 61
    4.7.2 处理文本输入 ……………………………………………………… 63
  4.8 graphics 模块参考 ………………………………………………………… 64
    4.8.1 GraphWin 对象 …………………………………………………… 65
    4.8.2 图形对象 …………………………………………………………… 66
    4.8.3 Entry 对象 ………………………………………………………… 70
 本章小结 …………………………………………………………………………… 71
 知识扩展：Python 开发常用工具 ……………………………………………… 71
 课程思政：中国"量子之父"——潘建伟院士 ……………………………… 72

第 5 章 字符串、列表和文件 ………………………………………………………… 74

  5.1 字符串数据类型 …………………………………………………………… 74
  5.2 简单字符串处理 …………………………………………………………… 77
  5.3 列表作为序列 ……………………………………………………………… 79
  5.4 字符串表示和消息编码 …………………………………………………… 80
    5.4.1 字符串表示 ………………………………………………………… 80
    5.4.2 编写编码器 ………………………………………………………… 81
  5.5 字符串方法 ………………………………………………………………… 82
    5.5.1 编写解码器 ………………………………………………………… 82
    5.5.2 更多字符串方法 …………………………………………………… 84
  5.6 列表的重要方法 …………………………………………………………… 85
  5.7 从编码到加密 ……………………………………………………………… 86
  5.8 输入/输出作为字符串操作 ……………………………………………… 87

	5.8.1 示例程序：日期转换 87
	5.8.2 字符串格式化 89
	5.8.3 优化的零钱计数器 91
5.9	文件处理 92
	5.9.1 多行字符串 92
	5.9.2 文件处理 93
	5.9.3 示例程序：批处理用户名 95
	5.9.4 文件对话框 96
5.10	正则表达式 99
本章小结 103
知识扩展：Python 的格式字符 103
课程思政：中国汉字激光照排之父——王选院士 104

第 6 章 函数 106

6.1	函数的功能 106
6.2	函数的非正式讨论 107
6.3	带有函数的终值程序 109
6.4	函数和参数 110
6.5	返回值的函数 113
6.6	修改参数的函数 115
6.7	函数和程序结构 118
本章小结 119
知识扩展：内置函数 119
课程思政：杀毒行业的先锋——王江民 120

第 7 章 判断结构 122

7.1	简单判断 122
	7.1.1 示例：健康警报器 122
	7.1.2 形成简单条件 124
7.2	两路判断 125
7.3	多路判断 127
7.4	异常处理 128
7.5	设计研究：求最大数 129
本章小结 133
知识扩展：Python 的标准库和常用的第三方库 133
课程思政：我要回中国了——姚期智院士 134

第 8 章　循环结构和布尔值 ………………………………………………… 137
8.1　for 循环：快速回顾 …………………………………………………… 137
8.2　不定循环 ………………………………………………………………… 138
8.3　常见循环模式 …………………………………………………………… 139
8.3.1　交互式循环 ………………………………………………………… 139
8.3.2　哨兵循环 …………………………………………………………… 140
8.3.3　文件循环 …………………………………………………………… 141
8.3.4　嵌套循环 …………………………………………………………… 143
8.4　布尔值计算 ……………………………………………………………… 144
8.4.1　布尔运算符 ………………………………………………………… 144
8.4.2　布尔代数 …………………………………………………………… 146
8.5　其他常见结构 …………………………………………………………… 147
8.5.1　直到测试循环 ……………………………………………………… 147
8.5.2　循环加一半 ………………………………………………………… 148
8.5.3　布尔表达式作为判断 ……………………………………………… 149
8.5.4　示例：一个简单的事件循环 ……………………………………… 150
本章小结 ………………………………………………………………………… 155
知识扩展：Python 工具——Anaconda 与 IPython …………………………… 155
课程思政：奥运精神之"亚洲飞人"——苏炳添 ……………………………… 156

第 9 章　模拟和设计 ……………………………………………………………… 157
9.1　模拟短柄壁球 …………………………………………………………… 157
9.1.1　一个模拟问题 ……………………………………………………… 157
9.1.2　分析和规格说明 …………………………………………………… 157
9.2　伪随机数 ………………………………………………………………… 158
9.3　自顶向下的设计 ………………………………………………………… 160
9.3.1　顶层设计 …………………………………………………………… 160
9.3.2　关注点分离 ………………………………………………………… 161
9.3.3　第二层设计 ………………………………………………………… 162
9.3.4　设计 simNGames() 函数 …………………………………………… 162
9.3.5　第三层设计 ………………………………………………………… 164
9.3.6　整理完成 …………………………………………………………… 166
9.3.7　设计过程总结 ……………………………………………………… 168
9.4　自底向上的实现 ………………………………………………………… 168
9.4.1　单元测试 …………………………………………………………… 168
9.4.2　模拟结果 …………………………………………………………… 169
本章小结 ………………………………………………………………………… 170
知识扩展：Python 编辑工具——Jupyter Notebook ………………………… 170

课程思政：程序员经典名言 ··· 172

第 10 章 类与对象 ··· 173
10.1 对象的快速复习 ·· 173
10.2 示例程序：炮弹 ·· 173
10.2.1 程序规格说明 ··· 174
10.2.2 设计程序 ·· 174
10.2.3 程序模块化 ··· 176
10.3 定义新类 ·· 177
10.3.1 示例：多面骰子 ·· 177
10.3.2 示例：Projectile 类 ··· 180
10.4 用类处理数据 ··· 182
10.5 对象和封装 ··· 185
10.5.1 封装有用的抽象 ·· 185
10.5.2 将类放在模块中 ·· 186
10.5.3 模块文档 ·· 186
10.5.4 使用多个模块 ··· 188
10.6 控件 ··· 189
10.6.1 示例程序：掷骰子程序 ·· 189
10.6.2 创建按钮 ·· 190
10.6.3 构建骰子类 ··· 192
10.6.4 主程序 ··· 195
10.7 动画炮弹 ·· 196
10.7.1 绘制动画窗口 ··· 196
10.7.2 创建 ShotTracker 类 ··· 197
10.7.3 创建输入对话框 ·· 198
10.7.4 主事件循环 ··· 200

本章小结 ··· 205
知识扩展：Python 工具——Skulpt ··· 206
课程思政：华为公司的重要性——5G 技术 ·· 206

第 11 章 数据收集 ··· 209
11.1 示例问题：简单统计 ··· 209
11.2 应用列表 ·· 210
11.2.1 列表和数组 ··· 211
11.2.2 列表操作 ·· 211
11.2.3 用列表进行统计 ·· 214
11.3 记录的列表 ··· 217

11.4　用列表和类设计 ··· 220
　　11.5　字典集合 ··· 224
　　　　11.5.1　字典集合基础 ·· 224
　　　　11.5.2　字典集合操作 ·· 225
　　　　11.5.3　示例程序：词频 ··· 225
　　本章小结 ·· 229
　　知识扩展：一个令人惊喜的实用项目——Python Cheatsheet ········· 229
　　课程思政：破解MD5算法的女强人——王小云院士 ···················· 230

第12章　面向对象设计 ·· 232
　　12.1　面向对象设计的过程 ··· 232
　　12.2　类和实例 ··· 234
　　12.3　数据封装 ··· 235
　　12.4　访问限制 ··· 237
　　12.5　继承和多态 ·· 240
　　12.6　获取对象信息 ··· 244
　　12.7　实例属性和类属性 ··· 249
　　12.8　案例研究：壁球模拟 ·· 250
　　　　12.8.1　候选对象和方法 ··· 250
　　　　12.8.2　实现SimStats类 ··· 251
　　　　12.8.3　实现RBallGame类 ·· 253
　　　　12.8.4　实现Player类 ·· 254
　　　　12.8.5　完整程序 ·· 255
　　本章小结 ·· 258
　　知识扩展：Python开发社区 ··· 258
　　课程思政：中国互联网运动的先锋——王志东 ··························· 258

第13章　异常处理与测试 ··· 260
　　13.1　错误处理 ··· 260
　　13.2　调试 ··· 268
　　13.3　单元测试 ··· 272
　　13.4　文档测试 ··· 277
　　本章小结 ·· 280
　　知识扩展：BaseException类的层次结构 ································· 280
　　课程思政：国家最高科学技术奖得主、杂交水稻之父——袁隆平院士 ······ 282

第 1 章 计算机与程序设计基础

1.1 通用机器

随着科技的迅速发展,计算机已成为人们工作、学习和生活中必不可少的工具。现代计算机功能强大,可以利用计算机在线购物、在线聊天、听音乐、看电影、玩游戏等,还可以利用计算机进行复杂的工作,如预测天气、设计汽车、部署军事工程等。

计算工具的演化经历了由简单到复杂、从低级到高级的不同阶段,例如,从"结绳记事"中的绳结,到算筹、算盘、计算尺、机械计算机等。它们在不同的历史时期发挥了各自的历史作用,同时也启发了现代电子计算机的研制思想。

现代计算机可以被定义为"在可改变的程序控制下,存储和操纵信息的机器"。该定义有两个关键要素。第一,计算机是用于操纵信息的设备。这意味着可以将信息放入计算机,可以将信息转换为新的、对我们有用的信息。第二,计算机不是唯一能操纵信息的机器。比如,用简单的计算器来加一组数字时,就是在输入信息(数字),而计算器就是在处理信息,计算连续的总和,然后显示。

计算机程序是一组详细的分步指令,告诉计算机确切地做什么。如果改变程序,计算机就会执行不同的动作序列,因而执行不同的任务。正是这种灵活性,让计算机在上一个时刻是文字处理器,在下一个时刻就变成了金融顾问,然后又变成了一个游戏机或电影播放机等休闲娱乐设备。机器保持不变,但控制机器的程序改变了。

正是因为计算机程序的出现,通过适当编程,可以使每台计算机实现各种功能。所以每台计算机实际上就是一台通用机,它可以实现各种想实现的功能,当然,前提是能正确编写程序。

1.2 程序的力量

我们已经知道了计算机的一个要点:软件(程序)主宰硬件(物理机器)。软件决定计算机可以做什么。没有软件,计算机只是一个空壳,创建软件的过程称为"编程",要成为一个合格的程序员,就必须能熟练地编写程序。

计算机编程是一项很具有挑战性的活动。良好的编程既要有全局观,又要注意细节。"成功等于 1% 的天赋加 99% 的汗水",并不是每一个人都有足够的天赋成为一个优秀的程序员,但是,只要有足够的耐心和足够的努力,每个人都可以成为一名合格的程序员。

学习编程有很多的乐趣。编程是一项脑力劳动,人们可以通过编写程序来控制计算机完成他们想表达的各种事情。首先,当完成一个功能时,你会得到很大的成就感;其次,编程也会锻炼你解决各种实际问题的能力,就像编程一样,将遇到的复杂而庞大的问题分解为一个个小问题,简化问题的难度,从而有助于快速解决问题。

随着计算机科学的发展,程序员的需求量也特别庞大。很多人开始转行学习计算机编程,因为它能给我们带来巨大的经济效益。无论你从事什么职业,了解计算机和拥有编程能力都可能会使你更有竞争优势。

1.3 计算机科学

用最简单的术语来说,计算机科学就是对"信息"(数据)的研究,以及通过如何"操纵"(算法)它来解决问题,主要是在理论上,但也在实践中。

计算机科学不仅仅是对计算机的研究,也不只是单纯地使用计算机。计算机科学更类似于数学,这就是为什么人们现在更喜欢使用"信息学"这个术语。

计算机科学经常与计算机工程、软件工程和信息技术三个领域混为一谈,其实这三个领域相关却又不完全相同:

(1) 计算机工程 —— 涉及数据和算法的研究,同时也涉及计算机硬件,例如,电子元件如何通信,如何设计微处理器,如何提高芯片组效率等。

(2) 软件工程 —— 可以将其视为"应用计算机科学",因为计算机科学家倾向于处理抽象理论,而软件工程师则编写包含理论和算法的程序。

(3) 信息技术 —— 信息技术涉及使用和掌握已有的软件和硬件。当某些人遇到某些程序或设备出现问题时,信息技术专业人员可提供帮助。

计算机科学可以说是当今应用最广泛的领域之一,如人工智能、生物信息学、计算理论、计算机图形学、游戏开发、机器人和安全性等都会用到计算机科学,可以说,无论何处的计算,都能应用计算机科学的知识和技能。

1.4 硬件基础

一名优秀的程序员并不需要了解计算机工作的所有细节,但了解计算机的基本原理将有助于更好地掌握程序运行所需的步骤。

虽然不同计算机在具体细节上会显著不同,但在更高的层面上,现代数字计算机都非常相似。图 1.1 展示了计算机的功能视图。中央处理单元(CPU)是机器的"大脑",是计算机执行所有基本操作的地方。CPU 可以执行简单的算术运算,如两个数相加;也可以执行逻辑操作,如测试两个数是否相等。

CPU 只能直接访问存储在主存储器(称为 RAM,即随机存取存储器)中的信息。主

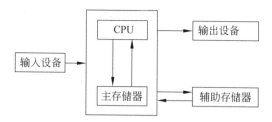

图 1.1　计算机的功能视图

存储器速度快,但它是易失性存储。也就是说,当电源关闭时,存储器中的信息会丢失。因此,还必须有一些辅助存储器(也称外部存储器),以提供永久存储。

在现代个人计算机中,主要的辅助存储器通常有硬盘驱动器(HDD)或固态驱动器(SSD)这两种。HDD 是一种主要的计算机存储媒介,由一个或者多个铝制或玻璃制的碟片组成。这些碟片外覆盖有磁性材料。绝大多数硬盘都是固定硬盘,被永久性地密封固定在硬盘驱动器中。HDD 将信息以磁模式存储在旋转磁盘上。SSD 是用固态电子存储芯片阵列而制成的硬盘,由控制单元和存储单元(FLASH 芯片、DRAM 芯片)组成。SSD 在接口的规范和定义、功能及使用方法上与传统硬盘的完全相同,在产品外形和尺寸上也完全与传统硬盘一致,但 I/O 性能相对于传统硬盘大大提升。大多数计算机还支持可移动介质作为辅助存储器,如 USB(俗称"U 盘",也是一种形式的闪存)和 DVD,后者以光学模式存储信息,由激光读取和写入。

人们通过输入输出设备与计算机进行交互。常见的外部输入输出设备有键盘、鼠标和显示器、音箱等。通过输入设备将信息交由 CPU 加工处理后,移送到主存储器或辅助存储器中进行保存。类似地,需要显示信息时,CPU 将处理后的信息发送给一个或多个输出设备。

当启动游戏或文字处理程序时,构成程序的指令从辅助存储器复制到主存储器中。一旦指令被加载,CPU 就从主存储器依次读取程序,并开始执行程序。这时,程序就开始运行了。

在技术上,CPU 遵循的过程称为"读取-执行循环"。从存储器读取第一条指令,进行解码以弄清楚它代表什么,并且执行适当的操作。然后,读取下一条指令,解码后执行。这样一步接着一步地循环继续执行,直至全部指令执行完毕或发生中断。

1.5　编程语言

程序是一系列指令,告诉计算机做什么。显然,需要用计算机可以理解的语言来提供这些指令。如果可以直接使用人类语言告诉计算机做什么当然是最好的,但目前这仅限于科幻电影中。设计一个完全理解人类语言的计算机程序仍然是一个待解决的问题。当然,目前人工智能领域也取得了长足的发展,我们相信,通过工程师们的努力,这一天应该会很快就会到来。

退一步说，即使计算机可以理解我们，人类语言也不太适合描述复杂的算法。自然语言充满了模糊和不精确。例如，小龙女说："我想过过过儿过过的生活。"这句话中的"过"怎么理解？我们大多数情况下都能理解彼此的意思，因为所有人都拥有广泛的共同知识和经验。但即便如此，误解也是很常见的。

计算机科学家已经设计了一些符号，以准确而无二义的方式来表示计算，从而避免了这类问题。这些特殊符号称为编程语言。编程语言中的每个结构都有精确的形式（它的"语法"）和精确的含义（它的"语义"）。编程语言就像一种规则，用于编写计算机将要遵循的指令。实际上，程序员通常将程序称为"计算机代码"(computer code)，用编程语言来编写算法的过程称为"编码"(coding)。

本书使用的是热门编程语言 Python，当然你可能已经听说过其他一些常用的语言，如 C、C++、Java、JavaScript、Ruby、Perl、Scheme。计算机科学家已经开发了成千上万种编程语言，而且语言本身随着时间演变，产生了多种不同的版本。虽然这些语言在许多细节上各有不同，但它们都有明确定义的、无二义的语法和语义。

上面提到的所有语言都是高级计算机语言，它们的设计目的是让人使用和理解。计算机硬件只能理解唯一的低级语言，即机器语言。

假设要让计算机对两个数求和。CPU 实际执行的指令可能是这样的：

※ ----伪代码----
※ 将内存地址为 2001 的空间存放的值加载到 CPU 中；
※ 将内存地址为 2002 的空间存放的值加载到 CPU 中；
※ 在 CPU 中对这两个数求和；
※ 将结果存储到内存地址为 2003 的空间。

两个数求和似乎有很多工作要做，实际上，它甚至比这更复杂，因为指令和数字都是通过二进制符号（即 0 和 1 的序列）表示的。

在像 Python 这样的高级语言中，两个数求和可以自然地表达为 c=a+b。但这里需要一些方法，将高级语言翻译成计算机可以执行的机器语言。有两种方法可以做到这点，那就是对高级语言进行"编译"或进行"解释"，这就需要编译器和解释器。

编译器是一个复杂的计算机程序，它接收以高级语言编写的程序，并将其翻译成某个计算机的机器语言表达的等效程序。图 1.2 展示了编译过程。高级程序称为源代码，得到的机器代码是计算机可以直接执行的程序。图 1.2 中的虚线表示机器代码的执行（也称为运行程序）。

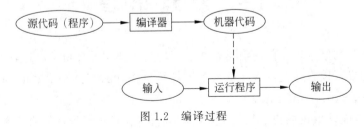

图 1.2　编译过程

解释器也是一个程序,不同的是,它是在模拟能理解高级语言的计算机。解释器不是将源程序翻译成机器语言的等效程序,而是根据需要一条一条地分析和执行源代码指令。图1.3展示了这个过程。

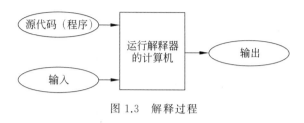

图 1.3 解释过程

解释和编译之间的区别在于,编译是一次性翻译。一旦程序被编译,它可以重复运行而不再需要编译器或源代码。在解释的情况下,每次程序运行时都需要解释器和源代码。编译的程序往往运行更快,因为翻译是一次完成的,但解释语言让它们拥有更灵活的编程环境,因为程序可以交互式开发和运行。

翻译过程突出了高级语言对机器语言的另一个优点:可移植性。计算机的机器语言由特定 CPU 的设计者创建。每种类型的计算机都有自己的机器语言。笔记本电脑中的 Intel i7 处理器程序不能直接在智能手机的 ARMv8 CPU 上运行。但是,只要存在合适的编译器或解释器,高级语言编写的程序是可以在许多不同种类的计算机上运行的。例如,笔记本电脑和平板电脑的 CPU 虽然不同,但它们都可以运行 Python 解释器,所以,它们可以运行完全相同的 Python 程序。

1.6 初识 Python

Python 在英语中有"蟒蛇"的意思,但是 Python 语言与蟒蛇没有什么实质性的联系。这个名字的由来,是因为 Python 之父 Guido van Rossum 对电视剧 *Monty Python's Flying Circus* 的热爱,所以把自己设计的语言命名为 Python。

Python 是一种非常简单同时又是解释型的、交互式的、面向对象的、可移植的高级语言,它具有非常清晰的语法特点,同时又适用于多种操作系统(如 Windows、Windows NT、Linux),并且 Python 语法简单,内置了多种数据结构,程序员非常容易上手。因此 Python 是一种在国际上深受好评的语言。Python 有一个交互式的开发环境。Python 是解释运行的,这可以大大节省每次编译的时间。

Python 作为一种通用的程序语言,究竟可以做些什么呢?

1. 系统编程

Python 对操作系统服务的内置接口,让它成为编写可移植的维护操作系统的管理工具和部件(有时也称为 Shell 工具)的理想工具。Python 程序可搜索文件和目录树、运行其他程序、用进程或线程进行并行处理。

2. Internet 模块

Python 提供了标准 Internet 模块,使得 Python 程序能够广泛地在服务器端或客户端等多种任务中发挥作用。使用 Python 可从发送给服务器端的 CGI 脚本的表单中提取信息;通过 FTP 传输文件;发送、接收、编写和解析 E-mail;从获取的网页中解析 HTML 和 XML 文件;通过 XML-RPC、SOAP 和 Telnet 通信等。

3. 游戏开发、人工智能、机器人等

利用 Pygame 系统对图形和游戏进行编程,实现游戏开发;用 PIL、Blender 和其他一些工具进行图像处理;用 PyRo 工具包进行机器人控制编程,与物联网等技术融合发展;使用神经网络仿真器和专业的系统 Shell 进行 AI 编程等。

4. 以安装 Python 3.8 为例

目前,Python 有两个版本,一个是 Python 2.x 版,一个是 Python 3.x 版,这两个版本是不兼容的。由于 Python 3.x 版越来越普及,本书将以最新的 Python 3.8 版本为基础。请确保你的计算机上安装的 Python 版本是最新的 3.8.x,这样,才能更好地学习本书。

(1) 在 Mac 上安装 Python。

如果使用的是 Mac,系统是 OS X 10.9 以上版本,那么系统自带的是 Python 2.7 版。要安装最新的 Python 3.8,有两个方法:

方法一:从 Python 官网下载 Python 3.8 的安装程序,下载后双击运行并安装;

方法二:如果安装了 Homebrew,直接通过 brew install python3 命令安装即可。

(2) 在 Linux 上安装 Python。

如果使用的是 Linux,且你具有 Linux 系统管理经验,那么自行安装 Python 3 没有问题,否则,请使用 Windows 系统。

(3) 在 Windows 上安装 Python。

首先,根据 Windows 版本(64 位还是 32 位),从 Python 的官方网站下载 Python 3.8 对应的 64 位或 32 位安装程序(https://www.python.org/ftp/python/3.8.0/python-3.8.0-amd64.exe 或 https://www.python.org/ftp/python/3.8.0/python-3.8.0.exe),然后,运行下载的安装包。安装界面如图 1.4 所示。

注意:要选中 Add Python 3.8 to PATH,然后单击 Install Now 即可完成安装。

5. 运行 Python

安装成功后,打开命令提示符窗口,输入 python 命令后,会出现如下两种情况。

情况一:看到图 1.5 的画面,就说明 Python 安装成功!

看到提示符>>>就表示已经进入 Python 交互式环境中了,在这里可以输入任何 Python 代码,按回车键后会立刻得到执行结果。例如,输入 exit() 并回车,就可以退出 Python 交互式环境(直接关掉命令行窗口也可以)。

图 1.4　安装 Python

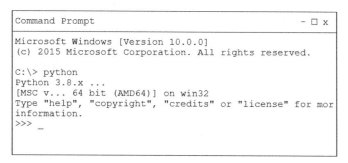

图 1.5　Python 安装成功

情况二：如出现图 1.6 的安装情况，提示了一个错误。

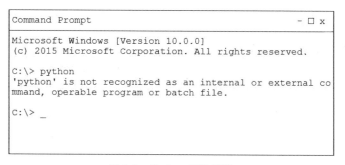

图 1.6　Python 安装错误

这是因为，Windows 会根据环境变量 PATH 设定的路径去查找运行程序 python.exe，如果没找到，就会报错。如果在安装时没有选中 Add Python 3.8 to PATH，那就要手动把 python.exe 所在的路径添加到 PATH 变量中。

如果不知道如何修改环境变量，建议把 Python 安装程序重新运行一遍，这次务必记

第 1 章　计算机与程序设计基础

得选中 Add Python 3.8 to PATH。

1.7　Python 的"魔法"

要使用 Python 来进行编程,首先需要安装 Python 解释器,用来编写 Python 代码。对于大多数的 Python 安装,可以用交互模式启动 Python 解释器,这称为 Shell。Shell 允许输入 Python 命令,然后显示执行它们的结果。启动 Shell 的具体细节因不同安装而异。如果你使用来自 www.python.org 的 Windows 或 Mac 的标准 Python 发行版,有一个名为 IDLE 的应用程序,它提供了 Python Shell。

当第一次启动 IDLE(或另一个 Python Shell)时,应该看到如下信息:

```
Python 3.6.8 (tags/v3.6.8:3c6b436a57, Dec 24 2018, 00:16:47) [MSC v.1916 64 bit (AMD64)] on win32
Type "help", "copyright", "credits" or "license()" for more information.
>>>
```

当然,启动信息根据安装的版本不同而不同。重要的是最后一行。>>> 是一个 Python 提示符,可以在其后输入命令。在编程语言中,一个完整的命令称为语句。

如下面的一个示例:

```
>>> print("Hello, world")
Hello, world
>>> print(2 + 3)
5
>>> print(2 - 3)
-1
>>> print(2 * 3)
6
>>> print(2 / 3)
0.5
>>> print("2+3 =", 2+3)
2+3 = 5
```

首先要明确,打印语句使用的是 print 命令。上面代码是使用了多条 print 语句的示例。第一条 print 语句要求 Python 显示文本短语"Hello,World"。Python 在下一行做出响应,输出该短语。下面的语句结合了 2 与 3 的四则运算,分别输出它们的计算结果。最后一条 print 语句综合了前面两种方法,Python 先输出引号中的"2+3=",然后再输出 2 加 3 的结果,即 5。

通常,我们需要输入多行的代码片段,并执行整个代码片段。Python 允许将一系列语句放在一起,创建一个全新的命令或函数。下面示例创建了一个名为 hello() 的新函数：

```
>>>def hello():
        print("Hello")
        print("Computers are fun!")

>>>
```

第一行的 def 告诉 Python,将定义一个函数,并将其命名为 hello。接下来的两行缩进,表明它们是 hello() 函数的一部分。最后的空白行（通过按两次回车键获得）,让 Python 知道定义已完成,并且 Shell 用另一个提示符进行响应。注意,输入定义并不会使 Python 输出任何东西,而是告诉 Python,当 hello() 函数用被调用时会实现什么功能,但并没有要求 Python 马上去执行它。

输入函数名称和括号,函数就被调用了。下面就调用了 hello() 函数：

```
>>> hello()
Hello
Computers are fun!
>>>
```

当调用 hello() 函数时,将运行 hello() 函数中的两个 print 语句,从而输出结果。

下面将使用函数的可变部分,即参数（或称为变元）。让我们看一个使用参数、自定义问候语的示例。先定义 greet() 函数：

```
>>> def greet(person):
        print("Hello", person)
        print("How are you? ")
```

调用 greet() 函数,打印出特定的问候语。

```
>>> greet("John")
Hello John
How are you?
>>> greet("Emily")
Hello Emily
How are you?
>>>
```

从输出结果可以看到,可以自己设定传入的参数,从而控制程序打印的结果。目前重要的是要记住,执行一个函数时,在函数名后必须包含括号,即使没有给出参数也是如此。例如,可以使用 print() 而不使用任何参数,创建一个空白的输出行：

```
>>> print()
>>>
```

但如果只输入函数名,省略了括号,函数将不会真正执行。相反,交互式 Python 会话将显示一些输出,表明该名称所引用的函数,如下面的交互所示:

```
>>> greet
<function greet at 0x8393aec>
>>> print
<built-in function print>
```

如果将函数交互式地输入到 Python Shell 中,像前面的 hello() 和 greet() 那样,会存在一个问题,也就是,当退出 Shell 时,定义就会丢失。如果希望下次再使用它们,必须重新输入。程序的创建通常是把定义写入独立的文件,称为模块或脚本文件。此文件保存在辅助存储器中,所以可以反复使用。

模块文件只是一个文本文件,可以用多种应用程序来编辑文本,例如记事本或其他脚本编辑器,只要将程序保存为纯文本文件即可。在实际编写程序过程中,往往会借助一些工具,让编写程序更加方便准确。有一种特殊类型的应用,称为集成开发环境(IDE),IDE 有助于程序员编写代码,包括自动缩进、颜色高亮显示和交互式开发等功能。

打开 IDLE,选择 File→New File 菜单选项,打开一个空白(非 Shell)窗口,将代码输入到其中。下面示例使用混沌(chaos)数学模型,Python 代码如下:

```
#1_1 chaos.py
#A simple program illustrating chaotic behavior.
def main():
    print("This program illustrates a chaotic function")
    x = eval(input("Enter a number between 0 and 1: "))
    for i in range(10):
        x = 3.9 * x * (1 - x)
        print(x)
main()
```

注意:

(1) eval() 函数用于将字符串 str 作为有效的表达式来求值并返回计算结果。语法如下:

```
eval(expression[, globals[, locals]])
```

其中,expression 为表达式;globals 为变量作用域,全局命名空间,如果被提供,则必须是一个字典对象;locals 为变量作用域,局部命名空间,如果被提供,可以是任何映射对象。

(2) input() 函数用于接收一个标准输入数据,返回为 string 类型。

代码输入完毕,此时选择 File→Save,并保存为 chaos.py。扩展名 .py 表示这是一个 Python 模块。以后需要再次运行该代码时,就可以直接打开该文件运行。

使用 IDLE 时,只需从模块窗口菜单中选择 Run→Run Module 即可运行程序。F5

是该操作的快捷键。当运行该程序时,在 Shell 窗口输入如下:

```
>>>=====================RESTART=====================
>>>
This program illustrates a chaotic function
Enter a number between 0 and 1: .25
0.73125
0.76644140625
0.6981350104385375
0.8218958187902304
0.5708940191969317
0.9553987483642099
0.166186721954413
0.5404179120617926
0.9686289302998042
0.11850901017563877
>>>
```

第一行是来自 IDLE 的通知,表明 Shell 已重新启动。IDLE 在每次运行程序时都会这样做,这样程序就运行在一个干净的环境中。然后 Python 从上至下逐行运行该模块。这就像在交互式 Python 提示符下逐行输入它们一样。例如,上面代码要求输入一个 0～1 的数,示例中输入的是".25",打印出了 10 个数字的序列。

在 IDLE 下运行模块,会将程序加载到 Shell 窗口中。也可以要求 Python 执行 main 命令,从而可以再次运行该程序。只需在 Shell 提示符下输入命令。继续上面的示例,下面是重新运行程序时它的样子,以".26"作为输入:

```
>>> main()
This program illustrates a chaotic function
Enter a number between 0 and 1: .26
0.75036
0.73054749456
0.767706625733
0.6954993339
0.825942040734
0.560670965721
0.960644232282
0.147446875935
0.490254549376
0.974629602149
>>>
```

混沌函数有一个有趣的属性,即随着公式被重复应用,初始值非常小的差异可以导致结果的巨大差异。这可以在 chaos 程序中看到这一点,只需输入稍微不同的数字。以下

是修改后的程序的输出,显示了初始值为 0.25 和 0.26 的结果:

```
input       0.25      0.26
--------------------------------
0.731250    0.750360
0.766441    0.730547
0.698135    0.767707
0.821896    0.695499
0.570894    0.825942
0.955399    0.560671
0.166187    0.960644
0.540418    0.147447
0.968629    0.490255
0.118509    0.974630
```

使用非常相似的起始值,在前面的几个迭代中,其输出保持相似,后面就显著不同了。大约到第五次迭代,两个模型之间就似乎没有任何关系了。

1.8 Python 程序内部

以 1.7 节的 chaos 示例来进行逐行分析。

首先程序的前两行以井号"#"字符开头,这些行称为"注释行"。它们是为程序的读者编写的,会被 Python 忽略。Python 解释器总是跳过从井号开始到行末之间的所有文本。

程序的下一行定义一个名为 main() 的函数,main() 函数内部的第一行是程序真正的开始。

```
print("This program illustrates a chaotic function")
```

这句打印"This program illustrates a chaotic function"。接着看下一行。

```
x = eval(input("Enter a number between 0 and 1: "))
```

这句将提示用户输入一个 0~1 的数,如上面的第一个示例,用户输入了".38",第二次用户输入".67"。再往后就是 for 循环语句。

```
for i in range(10):
    x = 3.9 * x * (1 - x)
    print(x)
```

将 10 次循环展开就像下面这样:

```
x = 3.9 * x * (1 - x)
print(x)
x = 3.9 * x * (1 - x)
print(x)
x = 3.9 * x * (1 - x)
print(x)
x = 3.9 * x * (1 - x)
print(x)
x = 3.9 * x * (1 - x)
print(x)
x = 3.9 * x * (1 - x)
print(x)
x = 3.9 * x * (1 - x)
print(x)
x = 3.9 * x * (1 - x)
print(x)
x = 3.9 * x * (1 - x)
print(x)
```

如当第一次输入 x 为 0.68，经过计算可以得到 x 为 0.84864。此时 0.84864 替代 x 称为输入，进行下一次的输入。

本 章 小 结

本章主要介绍了计算机和程序的知识，以及通过一些示例初步认识 Python 语言。计算机已经成为了我们生活中必不可少的工具，它包括软件和硬件两个部分。其中程序主宰着我们的计算机，编程语言的使用可以帮助人类向计算机描述复杂的算法，从而使计算机能够执行人类的指令。Python 是一种有"魔法"的程序语言，它具有语法清晰、容易上手等特点，为学习者快速入门并掌握提供可能。

知识扩展：Python 三十年技术演变史

1. Python 1.0 时代：起源与诞生

Guido van Rossum（下面称 Guido）是 Python 语言之父，他于 1982 年从阿姆斯特丹大学获得了数学和计算机硕士双学位，期间他接触了很多的语言，包括 Pascal、C、FORTRAN 等。

在那个计算机资源贫乏的年代,像计算机一样思考并编程是每个程序员必须面对的事情,这让他非常苦恼;同时他又非常欣赏 Shell。Shell 简单易编程的特性,可以让程序员更加专注于设计和逻辑本身。但 Shell 本质上是一个功能的调用,它没有自己的数据类型,更无法全面调用计算机功能,因此 Shell 不算是一门编程语言。

因此,他希望找到一种语言,既可以像使用 Shell 一样简单,又可以与 C 语言的功能相媲美。不过这种语言在那个年代并不存在。

1989 年的圣诞节,Guido 开始编写 Python 语言的编译器。Python 这个名字来源于他喜欢的电视剧 *Monty Python's Flying Circus*,而不是表面意义上的"蟒蛇"。他希望这个新的语言,能符合他的理想:介于 C 和 Shell 之间,功能全面、易学、易用又可扩展。

1991 年,Guido 推出了第一个 Python 编译器,这标志着 Python 正式诞生。它基于 C 语言,并具备了基础的类、函数、异常处理等功能特性,同时具备可扩展性。Python 语法很多来自 C 语言,又受到 C 语言的强烈影响。例如,来源于 C 语言强制缩进的规定本身可以让 Python 容易读,但如果缩进出错却会影响编译和执行。Python 本身不以性能为重,但当确实需要考虑性能时,Python 程序员却可以深入底层来编写 C 程序,并编译为 .so 文件引入到 Python 中使用。

Python 语言的魅力在于可以让程序员花更多的时间去思考程序的逻辑,而不是具体的实现细节,这一特性也得到 Guido 同事的欢迎。他们在反馈使用意见的同时,也参与到 Python 的改进中来,因此 Guido 和一些同事构成了 Python 最初的核心团队,当然,核心决策者还是 Guido 本人。

随后,Python 的使用扩展到研究所之外,并吸引了越来越多的程序员。

但是,最初 Python 的使用非常小众,因为在那个计算机资源非常有限的年代,大家都倾向于最大化利用计算机资源并提升运算效率,而 Python 显然不是为此而生的。

2. Python 2.0 时代:崛起

最初发布时,Python 在设计层面存在一些缺陷,例如 1994 年才正式发布满足跨语言、跨平台进行文本转换的 Unicode 字符编码标准,所以一直以来 Python 2.0 和之前的版本对 Unicode 并不完全支持。相信大家在使用 Python 2.0 版本处理中文时都遇到过这类问题。

2000 年发布的 Python 2.0 标志着 Python 的框架基本确定。重要框架方向包括如下。

(1) 简单明确。在设计 Python 语言时,开发者倾向于选择没有或者很少有歧义的语法。由于这种设计观念的差异,大家都认为 Python 源代码比 Perl 具备更好的可读性,并且能够支撑大规模的软件开发。

(2) 面向对象。任何 Python 的元素都可以视为对象,包括数据类型、类、函数、实例化元素等,完全支持继承、重载关系,这有利于增强代码的复用性。

(3) 动态类型。任何对象的数据类型都无需提前定义,拿来即用。即使在之前已经预先定义,后期也可随时修改。

(4) 胶水特性。Python 本身被设计为可扩展的,并非所有的特性和功能都集成到语言核心。Python 提供了丰富的 API 和工具,以便程序员能够轻松地使用 C、C++、Cython 来编写扩展模块。例如在 Google 对于 Google Engine 使用 C++ 编写性能要求极高的部分,用 Python 或 Java/Go 调用相应的模块。

(5) 可嵌入。可以把 Python 的功能嵌入到 C/C++ 程序中,从而实现 Python 功能在其他语言中的功能实现。

(6) 生态系统。Python 有强大的标准库,同时支持第三方库和包的扩展应用,甚至可以自定义任何库和包。Pypi(https://pypi.org/)是其第三方库的仓库,在这里你几乎可以找到任何领域的功能库。

(7) 解释器机制。Python 支持多种解释器,例如 CPython(官方版本,基于 C 语言开发,也是使用最广的 Python 解释器)、IPython(基于 CPython 之上的一个交互式解释器)、PyPy(一个追求执行速度的 Python 解释器,采用 JIT 技术对 Python 代码进行动态编译)、Jython(运行在 Java 平台上的 Python 解释器,可以直接把 Python 代码编译成 Java 字节码执行)、IronPython(和 Jython 类似,只不过运行在微软.NET 平台上)。

3. 后 Python 2 与 Python 3 时代:AI 让 Python 大放异彩

2008 年 12 月,Python 3 发布。Python 3 相对于 Python 2 的早期版本(主要是 Python 2.6 之前)是一个较大的升级,它在设计时没有考虑向下兼容,所以很多早期版本的 Python 程序无法在 Python 3 上运行。为了照顾早期的版本,推出过渡版本 2.6——基本使用了 Python 2.x 的语法和库,同时考虑了向 Python 3.0 的迁移,允许使用部分 Python 3.0 的语法与函数。同时,Python 还提供了 Python 2 到 Python 3 的 Python 文件转换功能,以帮助开发者升级。

2010 年 7 月发布了 Python 2.x 系列的最后一个版本,主版本号为 2.7。大量 Python 3 的特性被反向迁移到了 Python 2.7,2.7 版本比 2.6 版本进步非常多,同时拥有大量 Python 3 中的特性和库,并且照顾了原有的 Python 开发人群。Python 2.7 也是当前绝大多数 Linux 操作系统最新版本的默认 Python 版本。

从 2008 年开始,Python 2 与 Python 3 是并存发展的。但在 2018 年 3 月,Guido 宣布 Python 2.7 将于 2020 年 1 月 1 日终止支持,这意味着之后 Python 2 将不再被统一维护,与之对应的主流第三方库也不会再提供针对 Python 2 版本的开发支持。Python 2 的时代即将过去。

这一时期,Python 继续以其独特魅力吸引更多的开发者加入,但真正让 Python 大放异彩的却是 AI(人工智能)的爆发。

AI 并不是一个新生事物,而是从 20 世纪 50 年代就开始出现,随后经过了大概 20 年的黄金时期,又分别在 20 世纪 70 年代和 90 年代两次进入寒冬期。从 2006 年开始,神经网络、深度学习的出现,让 AI 进入爆发期。

在 AI 领域,Python 拥有很多相关库和框架。其中最著名的如下。

(1) sklearn:一个老牌机器学习库,其 neural_network 库可用来做神经网络训练。

(2) PyTorch:由 Facebook 公司于 2016 年发布,它基于曾经非常流行的 Torch 框架而来,为深度学习的普及迈出了重要一步,到目前为止它已经是人们用来做学术研究的首选方案。

（3）TensorFlow：Google 公司于 2015 年研发的第二代人工智能学习系统。借助 Google 的强大号召力以及在人工智能领域的技术实力，TensorFlow 已经成为目前企业真实生产环境中最流行的开源 AI 框架。更重要的是，TensorFlow 也是第一个（应该也是唯一一个）经过真实大规模生产环境（Google）检验过的框架。

在互联网领域，Facebook 和 Google 都是全球 IT 企业的标杆，具备行业领导力和风向指示意义。它们基于 Python 开发的 AI 库（PyTorch 和 TensorFlow）已经成为目前最流行的 AI 库，而且"到底选择 PyTorch 还是 TensorFlow"仍然是一个具有争议性的话题。

在 AI 时代，主要应用场景如下。

（1）计算机视觉：通过特定的图片模式训练，让计算机理解图像中的物体甚至内容。在这一领域，我们熟悉的场景包括图像识别、目标识别和跟踪。例如人脸识别便是图像识别的典型领域，广泛应用于企业员工考勤、门店客户识别、机场等公共领域反恐识别等。2011 年，吴恩达创立的 Google 大脑项目，能够在没有任何前期学习的情况下，仅仅通过观看无标注视频，学习到识别高级别的概念就能知道哪个是猫。

（2）语音识别：该过程是计算机将人类的自然语言识别并转换为文字的过程，广泛应用于工业、家电、通信、汽车电子、医疗、家庭服务、消费电子产品等各个领域，如把语音作为导航、App、车载设备等的指令输入，以及电信客服系统中的语音业务查询和办理等。

（3）自然语言理解：自然语言理解是一类任务的总称，而不是单一的任务。它旨在让计算机理解人类的语言所表达的表层和深层含义。目前常见的应用场景包括自动问答系统、机器翻译、信息检索和过滤、信息抽取等。

（4）个性化推荐：个性化推荐是一个相对成熟的领域，但基于深度学习和神经网络，可以将大量复杂、抽象特征的数据预处理工作最大程度地简化，甚至可以将海量的特征经过简单处理后直接丢到模型中便能获得比较理想的效果。

（5）游戏和竞技：在该领域，很多科技公司用经过训练后的 AI 与人类进行对弈。早在 20 世纪 90 年代，由 IBM 开发的"深蓝"与卡斯帕罗夫的世纪之战已经引起了世界的轰动；2017 年 AlphaGo 又击败围棋世界冠军柯洁，再一次让世人感受到 AI 的强大。

在不同的领域，Python 都能扮演非常重要的角色，因此，在各大榜单中，Python 已经成为最受欢迎的语言（或至少是之一）。不只在商业领域流行，国内很多地区和教育机构正将 Python 纳入教材之中。比如 Python 进入山东省小学六年级的教材；浙江省信息技术教材将放弃 VB 语言，改用 Python 语言；Python 列入全国计算机二级等级考试大纲等。

4. Python 的未来发展

在 Python 发展过程中，Guido 一直是核心人物，甚至被称为"终身仁慈人士"，但在 2018 年经历了退出管理层风波之后，他又在 2019 年以五大指导委员之一的身份重回决策层。这为 Python 迎来了新的治理方案：指导委员会模式。这种模式意味着 Python 的未来将从 Guido 一人决定变为五人决定，虽然仍然有民主化提升的空间（例如 PHP 的改进由社区投票决定），但也算是一种进步。

有关 Python 的每个提升计划,都是在 PEP(Python Enhancement Proposal)列表中——每个版本新特性和变化都通过 PEP 提案经过社区决策层讨论、投票决议,最终才有我们看到的功能。

目前,Python 的最新稳定的版本是 3.7,Python 3.8 也已经有了预览版,预计 2023 年左右 Python 4 便会问世。将来,Python 会如何发展?我们可以从 Python 软件基金会的董事会成员、Python 的核心开发人员 Nick Coghlan 透露的信息中略知一二:

首先,Python 的 PEP 流程和制度没有任何变化,通过增加新模块和功能来增强的基础能力。随着 Python 2 在 2020 年不再维护,社区在 Python 3 的资源和投入会相应增加。

其次,不同解释器的实现和功能扩展还将继续增强,发展方向包括 PyPy 关于 JIT 编译器生成和软件事务内存的尝试,以及科学和数据分析社区、面向数组编程的探索等。

再次,嵌入式应用的增强,核心是与其他虚拟机运行时(如 VM 和 CLR)的集成和改进,尤其是在教育领域取得的进展,可能会让 Python 作为更受欢迎的嵌入式脚本语言,在更大的应用程序中运行。

最后,对于为了兼容和维持 Python 2 的部分功能而存在于 Python 3 中的原有代码,在后续版本中应该会逐步优化甚至去掉。而对于其他更改,则会根据情况弃用、提出警告、逐步替代以及保留。

5. Python 版本选择

Python 官方网站目前同时发行 Python 2.x 和 Python 3.x 两个不同系列版本,两个版本之间并不兼容。它们的输入输出方式有所不同,Python 3.x 对 python 2.x 标准库进行了一定程度的拆分整合,使两个版本的函数实现也有所不同。

那么作为新手,该如何选择合适的 Python 版本呢?首先,要考虑清楚自己学习 Python 的目的,打算做哪方面的开发。接着,根据该方面的扩展库以及扩展库最高支持的 Python 版本来决定使用哪个版本。

若你还没想好要对哪个行业领域的应用进行开发,或者只是想简单学习这门易懂的语言,这里推荐选择 Python 3.x 系列的最高版本。

6. Python 的安装

打开 Python 的官方网址 https://www.python.org/,该网址提供了 Windows、Linux、Mac OS 以及其他操作系统的版本,可结合操作系统和使用需要,选择合适的 Python 版本进行下载并安装。注意,如果使用的是 Linux 系统,那么可能已经安装了某个版本的 Python,请根据需要升级 Python 版本。

课程思政:计算机教育与普及的辛勤耕耘者与奠基人——谭浩强

如果告诉一个外国专家,一本计算机方面的科技书籍卖出了 400 万册,他肯定会不相信。然而就是这本名为《BASIC 语言》的书发行量超过了 1200 万册,而它的作者就是谭浩强教授。在 20 世纪 80 年代,谭浩强教授在中央电视台主讲 BASIC 语言,观众人数达 100 万,而以后的几种计算机语言通过电视讲座的形式进行教学,使谭浩强教授的观众不断增多。许多人买书就是冲着"谭浩强"这个名字去的,有人说这个名字就是一个知名品牌。

谭浩强教授,1958 年清华大学自动控制系毕业,曾担任清华大学学生会主席、北京市学联副主席、全国学联执行委员、北京市人民代表;曾获"全国文教战线先进分子"等称号;曾任清华大学绵阳分校党委常委、清华大学分校(现北京联合大学)副校长、北京联合大学自动化工程学院副院长,现任北京联合大学教授,是我国计算机普及和高校计算机基础教育的开拓者之一。现担任全国高等院校计算机基础教育研究会荣誉会长、教育部全国计算机应用技术证书考试委员会主任委员、教育部全国计算机等级考试委员会顾问、中国老教授协会常务理事,是在我国有巨大影响的著名计算机教育专家。2004 年 2 月 19 日人民日报专栏文章中说:"20 世纪中国计算机普及永远绕不开一面旗帜,那就是谭浩强。"

谭浩强教授获全国高校教学成果奖国家级奖、国家科技进步奖、国务院特殊津贴、多项部委级优秀教材奖,北京市政府授予"有突出贡献专家称号"。被国家科委、中国科协表彰为"全国优秀科普工作者"。英国剑桥国际传记中心将他列入"世界名人录"。原全国政协副主席、国家科委主任、中国工程院院长宋健院士称誉他为"教授计算技术的大师、普及现代科技之巨擘"。全国人大常委、教育部原副部长吴启迪题词:"向计算机教育与普及的辛勤耕耘者与奠基人谭浩强教授致敬!"

在 2000 年 1 月由《计算机世界》报组织的"世纪评选"中,评为我国"20 世纪最有影响的十个 IT 人物"之一(排在第 2 位)。2001 年 10 月被《电脑报》评为"我国十大 IT 人物"。2004 年 1 月被《程序员》杂志评为"影响中国软件开发的 20 个人"中"教育先导"的第一人。2009 年在加拿大举行的国际信息教育大会上授予谭浩强教授"信息教育杰出成就奖"和"终身成就奖"。他的功绩是把千百万群众带入计算机的大门。2004 年 2 月 19 日《人民日报》发表专门文章介绍谭浩强教授的事迹,题目是《谭浩强浇灌平凡》,称赞他把平凡工作做成伟大。

他曾被同济大学、兰州大学、华中科技大学、西南交通大学、西南财经大学、上海海洋大学等 20 多所大学聘为客座教授。

从 2008 年起,谭浩强教授应邀到全国 280 多所大学做了《怎样走向成功之路》的报告,累计听众逾 20 万人,报告会盛况空前,场场爆满,有的大学生站着听了近 3 小时的报告,学生反映十分强烈,认为是"多年未听到过的震撼人心的报告"。

第 2 章 Python 编写简单程序

2.1 软件开发过程

从第 1 章可以看到,要实现一个功能,必须要有一段准确的代码。所以如何准确地编写代码就显得尤为重要。

软件工程规范要求软件开发的过程有以下几个步骤。

(1) 分析问题:软件需求分析的目的就是明确软件要做什么?它是一个对用户的需求进行去粗取精、去伪存真、正确理解,然后把它用软件工程开发语言(形式功能规约,即需求规格说明书)表达出来。

(2) 确定规格说明:明确软件需求、规划项目、确认进度、组织软件开发并测试。对于简单程序,主要包括仔细描述程序的输入和输出是什么以及它们之间的相互关系。

(3) 创建设计:规划程序的总体结构。这是描述程序怎么做的部分,主要任务是设计算法来满足规格说明。

(4) 实现设计:将设计翻译成计算机语言并输入计算机。在本书中,我们会将算法实现为 Python 程序。

(5) 测试:软件测试的目的是以较小的代价发现尽可能多的错误。两种常用的测试方法是黑盒法和白盒法。黑盒法和白盒法是依据软件的功能或软件行为描述,发现软件的接口、功能和结构方面的错误。

(6) 维护:维护是指在完成了对软件的研制(分析、设计、编码和测试)工作并交付使用以后,对软件产品所进行的一些维护活动。即根据软件运行的情况,对软件进行适当修改,以适应新的要求,以及纠正在运行中发现的错误。这里需要编写软件问题报告、软件修改报告。

2.2 示例程序:温度转换器

本节通过一个真实世界的简单示例来体验软件开发过程。本示例实现一个将摄氏温度转换为华氏温度的程序。

1. 分析问题

本示例的需求很清楚,需要将摄氏温度转换为华氏温度。

2．确定规格说明

本示例的输入为摄氏温度，输出为华氏温度，所以需要明确摄氏温度和华氏温度之间的转换关系。

通过查阅资料可知，0 摄氏度（冰点）等于 32 华氏度，100 摄氏度（沸点）等于 212 华氏度。有了这个信息，计算出华氏度与摄氏度的比率为 $(212-32) \div (100-0) = (180 \div 100) = 9 \div 5$。使用 F 表示华氏温度，C 表示摄氏温度，转换公式的形式为 $F = (9 \div 5) \times C + k$，其中 k 为某个常数。令 C 和 F 分别为 0 和 32，可得 $k = 32$。所以最后的关系公式是 $F = (9 \div 5) \times C + 32$。

3．创建设计

这是一个非常简单的算法，遵循标准模式"输入、处理、输出"（IPO）。程序会提示用户输入一些信息（摄氏温度），处理它，得出华氏温度，然后在计算机屏幕上显示结果，作为输出。使用"伪代码"编写算法：

※ ----伪代码----
※ 输入摄氏度温度(称为 celsius)
※ 计算华氏度为 (9÷5)celsius + 32
※ 输出华氏度

4．实现设计

将此设计转换为如下 Python 程序。

```
#2_1 convert.py
#A program to convert Celsius temps to Fahrenheit
#by: Susan Computewell
def main():
    celsius = eval(input("What is the Celsius temperature?"))
    fahrenheit = 9/5 * celsius + 32
    print("The temperature is", fahrenheit, "degrees Fahrenheit.")
main()
```

5．测试

输入摄氏温度，测试输入是否正确。

```
What is the Celsius temperature? 0
The temperature is 32.0 degrees Fahrenheit.
What is the Celsius temperature? 100
The temperature is 212.0 degrees Fahrenheit.
```

2.3 程序要素

通过上面的示例我们已经知道了一个软件开发的基本步骤。那么,接下来就需要进一步完善编程了。本书使用 Python 语言,所以下面几节将讨论一些 Python 的技术细节,这也是编程的基础,对以后的学习是至关重要的。

1. 名称

名称是编程的重要组成之一。Python 中包括模块名(包名)、函数名、变量名、类名和常量名,这些名称统称为标识符。每种名称都有各自的命名规则。表 2-1 分别列出了各种名称的命名规则。

表 2-1 各种名称的命名规则

类 型	命 名 规 则	举 例
模块名/包名	全小写字母,简单有意义,如果需要可以使用下画线	math、sys
函数名	全小写字母,可以使用下画线以增加可读性	foo()、my_func()
变量名	全小写字母,可以使用下画线以增加可读性	age、my_var
类名	采用 PascalCase 命名规则,由多个单词组成,其中每个单词的首字母大写	MyClass
常量名	全部大写字母,可以使用下画线增加可阅读性	LEFT、TAX_RATE

需要注意的是,Python 语言是区分大小写的,如 Dolph、dolph、dolPh 表示的意义是不同的。还有一些标识符是 Python 内置的,这些称为保留字或关键字,这些标识符具有特定的意义,不同于普通的标识符。Python 关键字的完整列表如表 2-2 所示。

表 2-2 Python 的关键字

and	as	assert	break	class	continue
def	del	elif	else	except	finally
for	from	False	global	if	import
in	is	lambda	nonlocal	not	None
or	pass	raise	return	try	True
while	with	yield			

2. 表达式

最简单的表达式为字面量,对字面量进行求值,将返回一个该值所对应类型的对象(字符串、字节串、整数、浮点数、复数)。对于浮点数和复数,该值可能为近似值。如前面示例 chaos.py 中,数字 3.9 和 1,这些都表示数字的字面量。

程序还以一些简单的方式处理文本数据。这些文本数据通常称为字符串。你可以将字符串视为可打印字符的序列。Python 通过将字符括在英文引号(" ")中来表示字符串字面量,如前面示例中的"Hello"和"Enter a number between 0 and 1:"。这些字面量产生的字符串包含引号内的字符。请注意,引号本身不是字符串的一部分,它们只是 Python 创建一个字符串的机制。

如下表达式就是使用字面量和字符串表示的:

```
>>> 58
58
>>> "Hello world"
'Hello world'
>>> "58"
'58'
```

这里应该注意到,Shell 显示字符串的值时,它将字符序列放在单引号中,这样就知道该值实际上是文本而不是数字(或其他数据类型)。在上面最后的一次交互中,可以看到表达式"58"产生的是一个字符串,而不是一个数字。在这种情况下,Python 实际上是存储字符"5"和"8",而不是数字 58 的表示。

在 Python 中,表达式也可以作为一个标识符,比如下面的 a+b。当标识符作为表达式出现时,它的值会作为表达式的结果而被取出。

```
>>> a = 5
>>> a
5
>>> b = 6
>>> b
6
>>> a+b
11
>>> print(a+b)
11
>>> print(c)
Traceback (most recent call last):
  File "<stdin>", line 1, in <module>
NameError: name 'c' is not defined
```

在上面示例中,先给 a 和 b 分别赋值 5 和 6,随后分别要求 Python 对 a 和 b 做出响应,Python Shell 打印出 5 和 6,后面同样的道理打印出 a+b 表达式的输出值 11。最后一个表达式如果尝试使用未赋值的变量,此时 Python 找不到值,所以它报告 NameError,这说明没有该名称的值。这里的要点是:变量必须先赋一个值,然后才能在表达式中使用。

复杂表达式都是由简单表达式组合而成的。Python提供了基本的四则运算表达式：加法用"＋"表示；减法用"－"表示；乘法用"＊"表示；除法用"/"表示；乘方用"＊＊"表示；取余用"％"；整除用"//"表示（只保留整数部分的结果）。

```
>>> a = 5
>>> b = 6
>>> a + b
11
>>> a - b
-1
>>> a * b
30
>>> a / b
0.8333333333333334
>>> a ** b
15625
>>> a // b
0
```

Python的数学运算符也遵循四则运算的优先级以及交换律、结合律等。这里需要注意的是表达式中只允许圆括号出现，即不允许使用方括号和花括号。如果需要，可以使用多个圆括号嵌套。例如，创建如下的表达式：

```
>>> ((a + b) * (a - b / a)) ** (b - a)
41.8
```

同时，Python还提供了字符串的运算符。例如，可以"加"字符串。

```
>>> "I" + " " + "love" + " " + "python"
'I love python'
```

这称为连接。如你所见，其效果是创建一个新的字符串，把两个字符串"粘"在一起。

2.4 输出语句

在学习了基本的标识符和表达式之后，就可以更深入地编写各种Python语句了。到目前为止，已经学习了几个示例，知道了print()函数是怎样输出结果的，但还没有详细地介绍print()函数的打印功能。与其他编程语言一样，Python对每个语句的语法（形式）和语义（意义）都有一套精确的规则。计算机科学家已经开发了复杂的符号表示法，称为"元语言"，用于描述编程语言。在本书中，将通过一套简单的模板符号表示法来说明各种语句的语法。

Python 中有两种输出方式：表达式语句和 print() 函数。另外还有一种输出方式，即使用文件对象的 write() 方法，标准输出文件可以使用 sys.stdout 进行引用。

Python 中 print() 为内置语句，使用 print() 函数时与其他函数的使用方法一样。输入 print，后面括号中列出需要打印的参数。下面给出 print() 函数的一般形式。

```
print(<expr>, <expr>, ..., <expr>)
print()
```

第一行的 print() 语句包含了函数名 print，后面是带圆括号"()"的表达式序列，各表达式之间用逗号分隔。模板中的尖括号＜ ＞表示可以由 Python 的其他代码填充。括号内的名称 expr 表示一个表达式。第二行的 print() 语句表明，不打印任何表达式的 print() 也是合法的，其作用是打印一个空行。

如下面给出了 print() 的几种打印形式：

```
>>> print(3)
3
>>> print(3,2+4)
3 6
>>> print("hello world")
hello world
>>> print("the sum is", 3+4 )
the sum is 7
```

关于 print() 函数的用法还要注意一点，当需要把多个 print() 函数的打印结果输出为一行时，可以用 end 关键字作为参数。

```
print("The answer is", end=" ")
print(3 + 4)
```

产生如下单行输出：

```
The answer is 7
```

当需要将输出转换成字符串时，可以使用 repr() 函数或 str() 函数来实现。其中，str() 函数返回一个函数易读的表达形式，而 repr() 函数则返回一个解释器易读的表达形式。下面分别举例来比较两者的差异。

```
>>> s = 'hello world'
>>> str(s)
'hello world'
>>> repr(s)
"'hello world'"
```

从上面示例可以看到,当把一个字符串传给 str()函数再打印到终端时,输出的字符不带引号。而将一个字符串传给 repr()函数再打印到终端时,输出的字符外层多加了一对引号""。

2.5 赋值语句

赋值语句是 Python 中最重要的语句之一。

2.5.1 简单赋值

简单赋值语句具有以下形式:

```
<variable> = <expr>
```

这里 variable 是一个标识符,expr 是一个表达式。赋值的语义是:右侧表达式的值被求出来后,产生的值与左侧命名的变量相关联,即将右侧表达式的值赋给左边的标识符,这个运算是从右向左进行的。

```
>>> x = 5
```

变量可以多次赋值,但总是保留最新的赋值。

```
>>> x = 6
>>> x
6
>>> x = 7
>>> x
7
>>> x = x+1
>>> x
8
```

2.5.2 赋值输入

输入语句的目的是从运行程序的用户那里获取一些信息并存储到变量中。有的编程语言由特殊的语句来实现。在 Python 中,输入是用一个赋值语句结合一个内置函数 input()来实现的。

对于文本输入,语句如下所示:

```
<variable> = input(<prompt>)
```

这里的<prompt>是一个字符串表达式,用于显示提示信息,告知用户将要输入数据。提示一般是一个字符串表达式（即用引号括起来的一些文本）。

当Python遇到调用input()时，就会出现一些文本信息提示用户输入数据，输入完成后按回车键。用户输入的任何内容都会被存储为字符串。

```
>>> str = input("请输入:")
请输入:哈哈
>>> print ("你输入的内容是: ", str)
你输入的内容是： 哈哈
```

可以看到当Python遇到input()时，程序会提示"请输入"，用户输入"哈哈"，程序执行效果是：输入的字符串被存储在str变量中，然后运行print()函数可打印出结果。

如果需要输入的是一个数字，则需要形式稍复杂一点的input()语句：

```
<variable> = eval(input(<prompt>))
```

这里添加了另一个内置的Python函数eval()，它将input()函数包含在内部。在这种形式中，用户输入的文本会被Python理解为一个表达式，并将产生的值存储到变量中。举例来说，字符串"32"就变成数字32。

注意：如果希望从用户输入的数据中得到一个数字，而不是一些原始文本（字符串），就一定要对input()使用eval()。比如下面示例：

```
>>> str  = input("请输入数字:")
请输入数字:4+5
>>> str
'4+5'
>>> str = eval(input("请输入数字:"))
请输入数字:4+5
>>> str
9
```

通过上面的示例可以看出，没有使用eval()函数时，输出的是输入的字符串，而使用了eval()函数后，则会进行求和计算，输出求和结果。

注意：eval()函数功能非常强大，也有"潜在的危险"。eval()函数不仅是对用户输入进行求值，而且Python还允许用户输入一段程序并求值。心怀叵测的人就会利用这一功能输入一些恶意指令，如查看记录在他人计算机上的私人信息或删除文件等。这就是非常典型的"代码注入"攻击。因此，程序开发者要时刻提高警惕，防止攻击者将恶意代码注入正在运行的程序中，对计算机进行破坏。

2.5.3　同时赋值

Python还有一种赋值语句的替代形式，允许用户同时对几个变量赋值，Python把这称为"同时赋值"。形式如下所示。

```
<var1>, <var2>, ..., <varn> = <expr1>, <expr2>, ..., <exprn>
```

一个很常见的问题,将 x 和 y 的值交换。通常的做法是定义一个 temp,将 x 与 y 的值相互交换,就像下面这样:

```
temp = x
x = y
y = temp
```

但当用 Python 进行"同时赋值"时,这个问题就变得很简单了,举个示例如下:

```
>>> x = 5
>>> y = 7
>>> x,y = y,x
>>> x
7
>>> y
5
```

可以看到,这种方法特别简单,不需要重新定义一个变量,只用一行就可以解决两数互相交换的问题。因为赋值是同时的,所以 Python 避免了借助临时变量来交换的过程,提高了代码编写的效率。

接下来,可以结合上节的 input() 语句进行同时赋值操作,示例如下:

```
#2_2 AVERAGE.py
def main():
    print("求 3 个数的平均值")
    score1, score2, score3= eval(input("请输入 3 个值: "))
    average = (score1 + score2 + score3) / 3
    print("平均值为: ", average)
main()
```

输出结果如下:

```
求 3 各数的平均值
请输入 3 个值:34,45,56
平均值为:45.0
```

2.6 确定循环

顾名思义,循环就是多次重复执行一系列语句,最简单的循环称为"确定循环",即在循环程序开始时,程序已经知道了确定的循环次数。如下面的 for 循环举例:

```
>>> for i in range(5):
        print(i)

0
1
2
3
4
```

这个特定的循环模式称为"计数循环",它用 Python 的 for 语句构建。for 循环是一种很常见的循环表达,其一般格式如下:

```
for <variable> in <sequence>:
    <statements>
else:
    <statements>
```

关键字 for 后面的变量称为"循环索引",它依次取 sequence 中的每个值,并针对每个值都执行一次循环体中的语句。通常,sequence 部分由值列表构成,如下面示例:

```
>>> languages = ["C", "C++", "Perl", "Python"]
>>> for x in languages:
        print (x)

C
C++
Perl
Python
```

在上面示例中,依次使用列表中的每个值来执行循环体。列表的长度决定了循环执行的次数。该示例列表包含 4 个值,此时循环执行了 4 次,并分别打印出列表中的值。

回到前面的示例:

```
for i in range(5):
```

将它与 for 循环的模板进行比较可以看出,最后一个部分 range(5) 必定是某种序列。事实上,range() 是一个内置的 Python 函数,用于生成一个数字序列。我们可以将其以列表的形式打印出来,看看其具体的值有哪些:

```
>>> list(range(5))
[0, 1, 2, 3, 4]
```

可以看到,该列表从 0 开始,产生了 0~4 的列表。一般来说,range(<expr>)将产生一个数字序列,从 0 开始,但不包括 expr 的值,而表达式的值确定了结果序列中的项数。

正如前面提到的,这种模式称为"计数循环",它是确定循环的一种很常见方式。如果希望在程序中做某些确定次数的事,就可以使用含有合适 range 范围的 for 循环语句来实现,语句格式如下:

```
for <variable> in range(<expr>):
```

表达式的值确定了循环执行的次数。实际上索引变量的名称并不重要,程序员经常使用 i 或 j 作为计数循环的循环索引变量。

for 循环的流程图如图 2.1 所示。

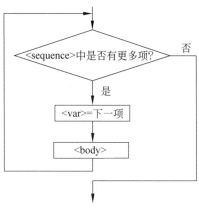

图 2.1　for 循环的流程图

2.7　示例程序:竞猜年龄

2.6 节介绍了 for 循环的一些知识,下面利用一个示例来结束本章:使用 for 循环来竞猜年龄,当输入的猜测年龄正确时,此时程序会提示"你猜对了"的字样,并且程序会退出;如果输入的猜测年龄小于指定年龄,则会提示"请输入更大的年龄";如果输入的猜测年龄大于指定年龄,则会提示"请输入更小的年龄"。

首先分析问题,输入为年龄,输出为字符串。这就分为三种情况,比指定年龄大,比指定年龄小,以及正好与指定年龄相等,于是可以使用 for 循环和 range()函数的结合形式来设计代码。伪代码如下:

```
※ ----伪代码----
※ 指定年龄
※ 指定所能竞猜的次数
※ 输入你猜测的年龄
※ 进行判断,并输出结果
```

根据伪代码的分析，将其转换为 Python 代码，则得到完整的代码如下：

```python
#2_3 guess_age.py
age_of_oldboy = 56                              #事先设定的年龄，即正确答案
count = 0
for i in range(3):                              #循环 3 次，即限定猜错的次数最多为 3 次
    guess_age = int(input("输入猜测的年龄:"))
    if guess_age == age_of_oldboy:
        print("你猜对了 ")
        break
    elif guess_age > age_of_oldboy:
        print("请输入更小的年龄:")
    else:
        print("请输入更大的年龄:")
else:
    print("你输入的年龄超过了 3 次,游戏结束")
```

本 章 小 结

本章主要介绍的是 Python 的入门基础，其中，软件开发分为了分析问题、确定规格说明、创建设计、实现设计、测试共五个步骤。用示例介绍了如何用 Python 语言实现温度转换的程序。在名称命名规则中特别要注意，Python 语言是区分大小写的。在字面量产生的字符串中，引号并不属于字符串的一部分。除此之外还介绍了输出语句、赋值语句和循环语句的使用，帮助大家更好地了解 Python 语言。

知识扩展：Python 关键字的含义

Python 关键字的含义如表 2-3 所示。

表 2-3 Python 关键字的含义

关 键 字	含 义
false	常量，逻辑假
none	常量，空值
true	常量，逻辑真
and	逻辑与运算符
as	在 import 或 except 语句中给对象起别名

续表

关 键 字	含 义
assert	断言,用来确认某个条件必须满足,可用来帮助调试程序
break	用于循环中,提前结束 break 所在层次的循环
class	用于定义类
continue	用于循环中,提前结束本次循环
def	用于定义函数
del	用于删除对象或对象成员
elif	用于选择结构中,表示 else if 的意思
else	可以用于选择结构,循环结构和异常处理结构中
except	用于异常处理结构中,用来捕获特定类型的异常
finally	用于异常处理结构中,用来表示不论是否发生异常都会执行的代码
for	构造 for 循环,用来迭代序列或可迭代序列中的所有元素
from	明确指明从哪个模块中导入什么对象
global	定义或声明全局变量
if	用于选择结构中
import	用于导入模块中的对象
in	成员测试
is	同一性测试
lambda	用于定义 lambda 表达式,类似于函数
nonlocal	用于声明 nonlocal 变量
not	逻辑非运算
or	逻辑或运算
pass	空语句,执行该语句时什么都不做,常用作占位符
raise	用于显示抛出异常
return	在函数中用来返回值,如果没有指定返回值,表示返回空值 none
try	在异常处理结构中用来包含可能会引发异常的语句块,与 except、finally 结合使用
while	用于构造 while 循环结构
with	上下文管理,具有自动管理资源的功能
yield	用于在函数中依次返回值

课程思政：职守核心技术——倪光南院士

"为什么经历过失败、非议，还要坚持？"当时79岁的中国工程院院士倪光南记得被这样问道。"没去考虑这些事情，我们能够做的就是在一定条件下尽可能去争取。1.0往往不太好用，那没人做就不去做了吗？也得做，1.0是一个过程，没有1.0哪有2.0？"

倪光南院士作为改革开放后第一批下海的科学家，他大半生的心血都倾注在中国IT核心技术上，尤其是芯片和操作系统上。在中科院计算所时，倪光南院士参与研制出我国第一台大型计算机，并首创在汉字输入中应用联想功能。

1. 爱国情怀

1933年出生的倪光南院士对"国弱被人欺"有着切肤之痛。"从小逃难的经历是我永远不会忘记的，它让我明白，国家应该富强起来，才不会受人家的欺负。"1983年，倪光南院士毅然放弃了加拿大的高薪工作，选择回国报效祖国。"如果我不回来，此后我所做的一切都不会对中国制造有所帮助。"

2. 芯片技术

芯片，也称集成电路，是信息技术产业的核心。集成电路产业的技术水平和发展规模成为衡量一个国家产业竞争力和综合国力的重要标志之一。芯片也是中美贸易摩擦中美国从关键技术上扼制中国的主要命门。

关键核心技术是国之重器，必须切实提高我国关键核心技术创新能力，把科技发展主动权牢牢掌握在自己手里，为我国发展提供有力科技保障。突破关键核心技术，关键在于有效发挥人的积极性。

倪光南院士力主自主核心技术，想要抢占科技高点，要从设计入手做芯片。2001年4月，中国第一片自己设计的嵌入式芯片"方舟1号"诞生。尽管在技术上还不成熟，但作为第一款可以商业化的32位芯片，"方舟1号"一出生就备受瞩目。

倪光南院士认为"中兴事件主要暴露了芯片问题，停止供应芯片，中兴就瘫痪了。而华为事件主要暴露了软件问题。有短板，问题早晚都会暴露出来。"

我国的芯片设计水平和全球领先水平旗鼓相当，但芯片制造方面太过依赖国外技术。因此，我国可以设计大部分芯片但生产不了芯片。芯片、软件产业需要国家进行很大的投入，华为、中兴事件将会大大加快中国补齐短板的速度。

倪光南院士一直主张，核心技术必须自主可控，技术受制于人是最大的隐患。"改革开放初期，中国可以学习国外先进技术，将其引进之后进行消化吸收再创新。但现在，一般技术都很难引入，更不要说核心技术了。中兴和华为事件反复告诉我们，核心技术是买不来、要不来、讨不来的。所以我们要以'国产化替代'，实现'安全可控'。"芯片技术领域的自主可控也不可忽视，应当将自主可控作为保障技术安全和网络安全的必要条件。此外，还要制定相应的标准，交由专业机构去评测，以此保证我国的网络安全。在芯片技术领域做到自主可控,这样才能真正保障网络安全。新一代信息技术是推动下一轮科技发展、新旧动能转换、传统产业升级改造的强大动力。

3. 对青年学生的期望

倪光南院士表示,希望青年学生抓住时机,积极参与"芯"大赛类的实践活动,培养创新精神,提高实践能力,投身到中国集成电路产业事业中,为祖国的集成电路事业贡献力量。

第 3 章 数值计算

3.1 数值数据类型

计算机刚研发出来时,它们主要被视为数字处理器,也就是协助科学家完成科学计算的工作,现在这仍然是一个重要的应用。正如你所见,涉及数学公式的问题很容易转化为 Python 程序。在本章中,我们将仔细考查一些程序,这些程序的目的是执行数值计算。计算机程序存储和操作的信息通常称为"数据"。不同类型的数据以不同的方式存储和操作。比如下面这个计算零钱的程序:

```
#3_1 change.py
#A program to calculate the value of some change in dollars
def main():
    print("Change Counter")
    print()
    print("请输入你的各种硬币个数.")
    yuan = eval(input("有多少 1 元的硬币: "))
    fifty_cents = eval(input("有多少 5 角的硬币: "))
    twenty_cents = eval(input("有多少 2 角的硬币: "))
    ten_cents = eval(input("有多少 1 角的硬币: "))
    total = yuan * 1.0 + fifty_cents * .50 + twenty_cents * .20 + ten_cents * .10
    print()
    print("你拥有的硬币总额是", total)

main()
```

下面是输出示例:

```
Change Counter

请输入你的各种硬币个数.
有多少 1 元的硬币: 5
有多少 5 角的硬币: 3
有多少 2 角的硬币: 4
```

有多少 1 角的硬币：6

你拥有的硬币总额是 7.9

这个程序实际上操作两种不同的数字。用户输入的值(5，3，4，6)是整数，它们没有任何小数部分。硬币的值(1.0，.50，.20，.10)是分数的十进制表示。在计算机内部，整数和具有小数部分的数值的存储方式是不同的，从技术上讲，这是两种不同的"数据类型"。

对象的数据类型决定了它可以具有的值以及可以对它执行的操作。整数用 int 表示，int 型的值可以是正数和负数。具有小数部分的数字为浮点(float)型。当需要判断数字是什么数据类型时，可以使用 Python 内置的 type() 函数，如下所示。

```
>>> type(5)
<class 'int'>
>>> type(5.0)
<class 'float'>
>>> a = 5
>>> type(a)
<class 'int'>
>>> a = 5.0
>>> type(a)
<class 'float'>
```

从上面可以看到两种数据类型：int 型和 float 型。那为什么会有多种数据类型呢？其中的一个原因是程序风格，如 int 型表示的数据不能带有小数部分，比如不能说有 3.8 只小动物等；另一个原因是各种数据类型的操作效率问题，如对 int 型的处理，计算机一般比较快。当然，当今的处理器，CPU 的浮点运算是高度优化的，可能与 int 型运算一样快。

int 型和 float 型之间的另一个区别是，float 型可以表示数学中的实数。我们会看到，存储值的精度(或准确度)存在限制。由于 float 型不精确，而 int 型总是精确的，所以一般的经验法则应该是：如果不需要小数值，就使用 int 型。

当然，Python 除了支持 int 型和 float 型，还支持长整(long)型和复数(complex)型。表 3-1 列出了一些数值类型的示例。

表 3-1　一些数值类型的示例

int	long	float	complex
10	519243964254752	0.0	3.14j
−10	−47218852996548	3.21	3j
0o56(八进制)	0o5734542234233251(八进制)	56.25	9.322e−32j
−0o56(八进制)	−0o573454223433251(八进制)	−32.54e100	3e+23j
0x10(十六进制)	0xDEFABCECBDAECBFBAE		
−0x10(十六进制)	−0x19323		

```
>>> i = 10
>>> i
10
>>> a = 0o56
>>> a
46
>>> b = 0x10
>>> b
16
>>> c = 519243964254752            #十进制长整型
>>> c
519243964254752
>>> d = 0o56345422342345223251     #八进制长整型
>>> d
8367384121744452393
>>> e = 0xDEFABCECBDAECBFBAE       #十六进制长整型
>>> e
4113244760468049623982
>>> f = -32.54e100                 #浮点数
>>> f
-3.254e+101
>>> g = 3e+23j                     #复数 3e 为实部,23j 为虚部
>>> g
3e+23j
```

值的数据类型决定了可以进行什么样的操作。Python 支持对数值的一般数学运算。表 3-2 总结了这些操作。

表 3-2 Python 内置的数值操作

操 作 符	操 作	操 作 符	操 作
+	加	**	指数
-	减	abs()	绝对值
*	乘	//	整数除
/	浮点除	%	取余

看看如下的 Python 交互：

```
>>> 3 + 4
7
>>> 3.0 + 4.0
7.0
>>> 3 * 4
```

```
12
>>> 3.0 * 4.0
12.0
>>> 4 ** 3
64
>>> 4.0 ** 3
64.0
>>> 4.0 ** 3.0
64.0
>>> abs(5)
5
>>> abs(-3.5)
3.5
```

在大多数情况下,程序员不必明确操作的是什么类型的数据。整数加法和浮点数加法计算方法相同。但除法会有所不同,在 Python 3.0 之后提供了两种不同的运算符,以前常见的符号斜线(/)用于常规除法,双斜线(//)用于整型除法。通过代码来比较它们的差异:

```
>>> 100 / 3
33.333333333333336
>>> 100 // 3
33
>>> 100.0 / 3.0
33.333333333333336
>>> 100.0 // 3.0
33.0
>>> 100.00 // 3.00
33.0
>>> 100 % 3
1
>>> 100.0 % 3.0
1.0
```

请注意,操作符"/"总是返回一个浮点数。即使操作数是 int 型,除法产生的结果也是带小数的浮点数。这与 C 系列语言和 Java 语言有所不同。你可能注意到了,在 Python 中,100/3 和 100.0/3.0 的结果最后都有一个 6,这是因为浮点数总是近似值。

要获得返回整数结果的除法,可以使用整数除法运算"//",因为整数除法总是产生一个整数。可以把整数除法看作整除。表达式 10//3 得到 3。虽然整数除法的结果总是一个整数,但结果的数据类型却取决于操作数的数据类型。整数整除浮点数得到一个浮点数,它的分数分量为 0。

最后两行展示了余数运算%。请再次注意,结果的数据类型取决于操作数的类型。

求余数的操作采用"%",可以把一个数用"//"和"%"表示出来,例如:

```
a=(a//b)(b)+(a%b)
```

3.2 类型转换和舍入

前面已经知道了同种数据类型数据的基本运算,但在某些情况下,可能会将两种不同的数据类型进行计算,这时就要将一种数据类型转换成另一种数据类型进行运算。例如一个整型数据与一个浮点型数据相加,此时 Python 会如何处理?比如计算下面示例:

```
x = 5.0 + 2
```

如果两者都为整型或都为浮点型,此时结果很简单,分别为 7 和 7.0。当遇到示例这种情况时,我们首先想到的是将两者变为同一种数据类型,其中一种是将浮点型 5.0 变为整型 5,然后再与 2 相加;另一种是将整型 2 变为浮点型 2.0,再与 5.0 相加。

通常情况下,将浮点型转换为整型会使计算结果不精确,从而导致发生严重的错误,因为当浮点型小数点后不为 0 时,将浮点型转换为整型,小数部分就会被截去,从而导致结果错误。而将整型转换为浮点型,只需要在整型后加上小数点即可,所以,在混合类型表达式中,Python 会自动将整型转换为浮点数,并执行浮点运算以产生浮点数结果,这种转换,称为"隐式转换"。

当然,程序员也可以通过显式转换来指定数据的类型转换。Python 提供了内置的转换函数 int()和 float()。

```
>>> int(3.14)
3
>>> float(3)
3.0
>>> float(int(3.14))
3.0
>>> int(float(3))
3
```

如你所见,转换为整型就是丢弃浮点值的小数部分,该值将被截断,而不是舍入。对数值进行四舍五入的通常方法是使用内置的 round()函数,它可以将数值四舍五入到最接近的整数值。

```
>>> round(3.14)
3
>>> round(3.5)
4
```

请注意，像这样调用 round() 函数将会产生一个整型的值。因此，对 round() 的简单调用是将浮点型转换为整型的另一种方法。

```
>>> pi = 3.141592653589793
>>> round(pi, 2)
3.14
>>> round(pi, 3)
3.142
```

类型转换函数 int() 和 float() 还可以将数字字符串转换为数字类型：

```
>>> int("1234")
1234
>>> float("1234")
1234.0
>>> float("1234.5")
1234.5
```

通过上面的分析，完全可以利用这种方法替代 eval() 函数，获取用户的数字数据，这特别有用，而且降低了"代码注入"攻击的风险。下面是零钱计数程序的一个改进版本：

```
#3_2 new_change.py
#A program to calculate the value of some change in dollars
def main():
    print("Change Counter")
    print()
    print("请输入你的各种硬币个数")
    yuan = int(input("有多少 1 元的硬币: "))
    fifty_cents = int(input("有多少 5 角的硬币: "))
    twenty_cents = int(input("有多少 2 角的硬币: "))
    ten_cents = int(input("有多少 1 角的硬币: "))
    total = yuan * 1.0 + fifty_cents * .50 + twenty_cents * .20 + ten_cents * .10
    print()
    print("你拥有的硬币总额是", total)

main()
```

注意：在 input 语句中使用的是 int() 函数而不是 eval() 函数，可以确保用户只能输入有效的整数。任何非法（非整数）输入都会导致程序崩溃和错误消息，从而避免代码注入攻击的风险。另外，还有一个好处是，这个版本的程序强调输入应该是整数。

使用数字类型转换代替 eval() 函数的唯一的缺点是，它不支持同时输入（即不能在单个输入中获取多个值）。

```
>>> #simultaneous input using eval
>>> x,y = eval(input("Enter (x,y): "))
Enter (x,y): 3,4
>>> x
3
>>> y
4
>>> #does not work with float
>>> x,y = float(input("Enter (x,y): "))
Enter (x,y): 3,4
Traceback (most recent call last):
File "<stdin>", line 1, in <module>
ValueError: could not convert string to float: '3,4'
```

这样代价很小,但换来了额外的安全性。在第 5 章,你将学习如何克服这个限制。作为一种良好的实践,在编写程序时,应该尽可能使用适当的类型转换函数去代替 eval( ) 函数。

3.3 使用 math 库

Python 标准库 math 提供了很多有用的数学函数,利用 math 库可以使用浮点值完成复杂的数学运算,包括三角函数运算、对数运算等。库就是一个模块,包含了很多封装好的函数表达式,可以极大地方便程序员解决问题,如利用 math 库来解决二次函数问题。

在数学中学习过,一元二次方程的标准式为 $ax^2+bx+c=0$,求该方程的解,可以利用一元二次方程求解公式来进行求解:

$$x=\frac{-b\pm\sqrt{b^2-4ac}}{2a}$$

这里可以利用 math 库来完成该方程的求解。首先要求用户输入方程中参数 a、b、c 的值,最后通过程序处理输出方程的两个解。

```
#3_3 math.py
#A program to math
import math

def main():
    print("求解一元二次方程")
    print()
    a = float(input("输入系数 a: "))
    b = float(input("输入系数 b: "))
```

```
        c = float(input("输入系数 c: "))
        discRoot = math.sqrt(b * b - 4 * a * c)
        root1 = (-b + discRoot) / (2 * a)
        root2 = (-b - discRoot) / (2 * a)
        print()
        print("方程的解为:", root1, root2)

main()
```

该程序调用了 math 库中的 sqrt()函数来求平方根。但这个程序仍然存在一个问题,大家都知道求解一元二次方程时,只有在 $b^2-4ac \geq 0$ 时方程有实数解,否则方程无实数解。所以当我们输入的系数使得 $b^2-4ac<0$ 时,会导致程序崩溃。如何解决这个问题,大家可以思考一下。

熟练利用各种库,可以将复杂代码简单化,简化编写步骤,增强可读性。Python 的标准库 math 还提供了很多的函数,如表 3-3 所示。

表 3-3　math 库的一些函数

Python 的函数	数　　学	描　　述
sqrt(x)	$\sqrt{x}$	x 的平方根
sin(x)	sin(x)	x 的正弦值
cos(x)	cos(x)	x 的余弦值
tan(x)	tan(x)	x 的正切值
asin(x)	arcsin(x)	x 的反正弦
acos(x)	arccos(x)	x 的反余弦
atan(x)	arctan(x)	x 的反正切
log(x)	ln(x)	x 的自然对数
log10(x)	lgx	x 的常用对数
exp(x)	e^x	e 的 x 次方
ceil(x)	$\lceil x \rceil$	最小的大于或等于 x 的值
floor(x)	$\lfloor x \rfloor$	最大的小于或等于 x 的值

3.4　累积结果:阶乘

在数学中,一个正整数的阶乘是所有小于或等于该数的正整数的积,且 0 的阶乘为 1,自然数的阶乘记为 n!。

大家肯定遇到过这样的问题,6 个人随便站队排列,求一共有多少种可能性? 这是一个排列组合问题,可以很快地给出答案,一共有6!种排列组合,更详细一点为6×5×4×3×2×1=720种排列方式。

编写一个程序,让计算机来处理用户输入数字的阶乘。程序的基本结构遵循"输入、处理、输出"模式:

```
※ ----伪代码----
※ 输入要计算阶乘的数,n
※ 计算n的阶乘,fact
※ 输出fact
```

整个过程的难点在第二步求解n的阶乘。为了求解阶乘,先来看看阶乘n的表达式:n!=n×(n−1)×(n−2)×…×2×1。从表达式可以看到,每次相乘的数都比前一个数小1,且整个过程是一个重复相乘(即累乘)的过程,所以,可以使用循环结构来实现这个过程。因此得到一般模式如下:

```
※ ----伪代码----
※ 初始化累加器变量
※ 循环直到得到最终结果
※ 更新累加器变量的值
```

前面已经学习了range()函数,range(n)产生一个数字序列,从0开始,增长到n,但不包括n。range还有一些其他调用方式,可用于产生不同的序列。可以利用range()函数的两个参数,即range(start,n),产生一个以值start开始的序列,增长到n,但不包括n。range()函数还有3个参数的使用方法,如range(start,n,step),这个形式十分类似于双参数,它的第3个参数step的作用是作为每个数字之间的增量,即前后两个数字的差值。

利用range()函数可以得到其中一种求解阶乘的方法,如下:

```python
#3_4 factorial.py
#A program to factorial
def main():
    n = int(input("请输入n:"))
    fact = 1
    for i in range(1,n+1):
        fact = fact * i
    print(n,"的阶乘为",fact)

main()
```

当然,求解阶乘还有很多别的方法,这只是其中的一种。有兴趣的话,读者可以自己再设计几种实现阶乘求解的程序。

本 章 小 结

本章介绍了数字的计算,主要是整型和浮点型数据的计算。对于数值类型的转换和运用,要注意的是,Python 一般会把整型转换为浮点型进行计算。内置的 round() 函数能将数字四舍五入到最近的整数值。本章还举例说明了如何实现阶乘的运算。除此之外,列举了一些 math 库的函数,方便进行一些数学运算。

知识扩展:运算符优先级

优先级和结合性是 Python 表达式中比较重要的两个概念,它们决定了先执行表达式中的哪一部分。Python 支持几十种运算符,被划分成将近二十个优先级,只有相同优先级别的运算符才遵循从左到右计算,否则优先级高的运算符优先计算,运算符优先级如表 3-4 所示。

表 3-4 运算符优先级

Python 运算符	运算符说明	优 先 级	结 合 性
( )	小括号	19	无
x[i]或 x[i1:i2[:i3]]	索引运算符	18	左
x.attribute	属性访问	17	左
**	乘方	16	右
~	按位取反	15	右
+(正号)、-(负号)	符号运算符	14	右
*、/、//、%	乘除	13	左
+、-	加减	12	左
>>、<<	位移	11	左
&	按位与	10	右
^	按位异或	9	左
|	按位或	8	左
==、!=、>、>=、<、<=	比较运算符	7	左
is、is not	is 运算符	6	左
in、not in	in 运算符	5	左
not	逻辑非	4	右
and	逻辑与	3	左
or	逻辑或	2	左
exp1, exp2	逗号运算符	1	左

课程思政：创造了国产软件的骄傲——求伯君

金山办公于 2019 年 11 月 18 日，正式在上交所科创板挂牌交易，股票简称"金山办公"，市值超过 600 亿。其主打产品 WPS Office，大家不会陌生。正如金山集团董事长、小米集团董事长兼 CEO 雷军所说："金山 WPS 是一家有梦想、有使命感的公司。31 年坚持做一件事，并且越做越好！"

回顾 WPS 的成长之路，不得不提一个人，他就是 WPS 创作者、金山软件创始人求伯君。求伯君是金山软件股份有限公司创始人之一，有"中国第一程序员"之称。他是个名副其实的学霸，高考以数学满分、县里第一的成绩考上了国防科技大学。

1. 天赋与钻研劲并存

毕业后的一天，求伯君有个同学的打印机出问题了，请他过去帮忙。求伯君发现故障原因是打印机驱动不兼容。他的钻研劲儿上来了，认真思考着："我为什么不搞个通用的打印机驱动呢？"于是他用了 9 个晚上，写了一个 5 万行汇编程序语言的支持多种打印机的驱动程序，把打印机驱动的问题解决了。同学建议他去四通公司，四通公司的人看见求伯君的打印驱动以后，马上提出要买下这个程序的全部版权。后来，求伯君就留在了四通公司。同样的情况再次出现了，四通公司的合作伙伴金山公司的老板张旋龙，有一批机器的输入输出系统出现了问题，计算机无法启动。他手下团队里的那些专业人士都对这个问题一筹莫展，四通公司就派了求伯君去试试看，求伯君只花了一晚上就把问题给解决了。

2. 办公软件 WPS 1.0 横空出世

到了金山以后，求伯君打算做一件大事，他觉得当时市面上主流的汉字处理系统 Word Star 不好用，想写一个更好的出来。于是，求伯君对着一台 386 计算机开始埋头苦写代码，只要醒着，就不停地写；困得看不清计算机屏幕了，才躺下来眯一会儿。有时忙得两三天才记起来吃一顿饭。就这样敲了一年零四个月的代码后，求伯君愣是一个人敲完了 122000 行代码，WPS 1.0 横空出世！

WPS 的诞生具有跨时代的意义，它极大地提升了中文办公的效率。短短的时间内就成了中国计算机的标配，占据了 90% 的中国市场。求伯君也因此名扬四海，25 岁的求伯君被人们称为"中国第一程序员"。

3. 金山陷入危机

1996 年，微软公司希望金山公司将 WPS 格式与微软公司共享，使两者可以兼容。当时 WPS 只有 DOS 系统版本，微软公司得到兼容格式后，快速将 WPS 的老用户转移到 Windows 平台，抢占了中国的市场份额，整个金山公司岌岌可危，求伯君于是准备用 3 年时间重写 WPS。因为亏损，没有资金，求伯君二话没说就把自己的房子卖了。在市场上沉默了几年之后,金山公司推出了 WPS 97,凭借以往的用户基础,两个月内就售出了 13000 多套。

4. 中国第一代程序员心中国产软件的骄傲

在求伯君的身上集结着很多的第一:1988 年成功开发国内第一套文字处理软件 WPS 1.0;1995 年推出中国第一个游戏软件《中关村启示录》等。值得一提的是,面对微软公司的 Office 在国内一统江湖的竞争局面,WPS 2005 实现了与 Office 在内容和格式上的"深度兼容",满足了用户在使用习惯上的要求,而整个软件采用开发式架构,更有利于对未来各种格式的升级。多年来肩扛民族软件大旗的金山公司宣称,WPS 2005 的发布意味着 Office 和 WPS 之战,将由战略相持阶段转向 WPS 全面反攻阶段。2011 年 11 月 18 日,求伯君宣布退休。现如今,他已经不再插手繁杂的事务。但是,WPS 始终是求伯君年少时梦想的化身,始终是中国第一代程序员心中国产软件的骄傲。

也许从世俗的名利上来讲,求伯君没有比尔·盖茨改变世界的野心,没有登上福布斯,没有上名人榜。这些我们以为的成功,他似乎从来都没有在乎过。求伯君被称为"中国第一程序员",不是因为他熬得了写程序的苦,也不是因为他写代码的能力强大到无人可及,更多的是他在那个中国处处被国外卡脖子的年代,让我们自己的软件,一直站着,没有跪下!

第 4 章 面向对象和图形

4.1 概 述

到第 3 章为止，一直是在学习使用 Python 内置的数值和字符串数据类型来编写程序。不难发现，每个数据类型都可以表示一组特定的值，并且每个数据类型都有一组对应的相关操作。在实践上，可以将数据视为一些被动实体，通过主动操作来控制和组合它们。这是一种传统看待计算的视角。然而，为了构建复杂的系统，采用更丰富的视角来看待数据和操作之间的关系是更为有利的一种程序设计方式。

现代大多数的计算机程序都是用"面向对象"（OO）方法构建的。面向对象不太容易通过文字来进行定义，因为面向对象包含了许多设计和实现软件的原则。我们将从现在开始，在后面的章节中反复地学习。本章先通过一些计算机图形提供的对象概念来做一些介绍。

学习图形编程是一件十分有趣的事情，因为程序的运行结果是可以直观地看到的，比如游戏程序，而且图形编程还提供了一种极好的方式来学习面向对象。在此过程中，还将学习计算机图形学的一些基本原理，它们是许多现代计算机应用程序开发的基础。你熟悉的大多数应用开发程序都可能涉及对"图形用户界面"（GUI）的使用，它提供了诸如窗口、图标（代表性图片）、按钮和菜单等可视元素。Python 是开发实际应用程序 GUI 比较出色的语言之一，因为 Python 自带标准 GUI 模块 Tkinter，而 Tkinter 是最易用的 GUI 框架之一。

本章的主要目标是介绍对象和计算机图形学的基本原理。为了让这些基本概念更容易掌握，本章将会学习使用图形库（graphics.py）。这个库是 Tkinter 的一层包装，它更适合刚入门的初级程序员，而且它是免费提供的，程序代码已经放在本书的配套资料中。

4.2 对象的目标

面向对象开发的基本思想，是将一个复杂的系统视为一些较简单"对象"的交互。这里使用的"对象"一词有特定的技术意义。面向对象编程的一部分挑战是弄清楚词汇表。你可以将面向对象视为一种结合数据和操作的主动数据类型。简单来说，对象拥有一些特定的属性（它们包含的数据），并且可以"做一些事情"（它们做的某些操作）。对象通过彼此发送消息来进行交互,消息就是请求对象执行它的一个操作。

这里通过一个简单的示例来理解对象。假设我们希望为学院或大学开发一个学生数据处理系统。这个数据处理系统需要记录相当多的信息。首先,必须记录入学学生的信息。每个学生都可以在程序中表示为一个对象。每个学生对象将包含一些特定数据,如姓名、ID 号、所选的课程、校园地址、家庭地址、GPA(平均学分绩点)等。每个学生对象也能够响应某些请求,例如,为每个学生打印一个校园地址,此任务可能由事先编辑好的 printCampusAddress() 方法去操作处理。如果向一个特定的学生对象发送 printCampusAddress 消息,它就打印出该学生的地址。要打印出所有的地址,程序将循环遍历学生对象的集合,并依次发送 printCampusAddress 消息。这就是对象,既有数据也有操作。

对象可以引用其他对象。在上面示例中,学院中的每门课程也可能由一个对象表示。每个课程对象也包含一些信息,如教师是谁,课程中有哪些学生,以及课程的上课时间和地点。添加学生的操作可以是 addStudent() 方法,它可以完成学生在课程中的注册操作。正在注册的学生将通过适当的学生对象表示。教师是另一种对象,房间也是,甚至时间也是。你可以看到这些想法如何不断细化,从而得到一个相当复杂的整所大学的数据信息结构模型。

4.3 简单图形编程

要使用本书的运行示例,首先需要安装 graphics 库,这个库文件 graphics.py 已经包含在本书配套资料的"代码"文件夹中。安装 graphics 库很简单,第一种方法是直接将其复制到你的图形示例的同一文件夹下;第二种方法是将其复制到 Python 的库安装目录下(如笔者自己的库安装目录为 C:\Users\Administrator\AppData\Local\Programs\Python\Python36\Lib\site-packages),这样就可以在任何地方使用它。

通过 graphics 库可以轻松地体验交互方式的图形编程,编写简单的图形程序。通过本节的学习,将掌握面向对象编程和计算机图形学的基本原理,为开发更复杂的图形编程做准备。

在使用 graphics 库进行图形编程时,首先要保证 graphics 已经被正确安装配置。通过下面的方法,可以测试你是否已经正确安装了 graphics 库。其实十分简单,就是在 IDE 中导入 graphics 库:

```
>>> import graphics
>>>
```

如果执行导入后,没有任何的问题,则说明 graphics 库安装正确,可以被正确使用;如果无法正确导入,则有可能说明 graphics 库文件没有被正确复制到库安装目录下。

接下来,需要在屏幕上创建一个用来显示图形的窗口,即 GraphWin,它由 graphics 库提供。

```
>>> win = graphics.GraphWin()
>>>
```

注意,这里使用点符号来调用位于 graphics 库中的 GraphWin()函数。GraphWin()函数在屏幕上创建一个新窗口。该窗口的标题是"Graphics Window"。图 4.1 展示了一个屏幕视图的样子。

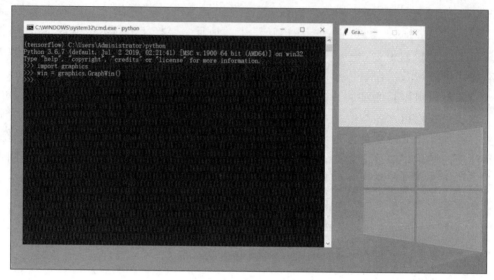

图 4.1　GraphWin 屏幕截图

GraphWin 是一个对象,将它赋给变量 win。现在可以通过这个变量来操作窗口对象。例如,使用完窗口后,可以关闭它,通过调用 close()方法即可:

```
>>> win.close()
>>>
```

调用 close()方法将使得窗口从屏幕中消失。

注意,这里再次使用了点符号,但现在使用它时,在点的左侧不再是 graphics 库,而是换成了变量名 win。这是为什么呢?因为 win 已被赋为 GraphWin 类型的实例对象,所以后面所有的操作,都是针对 win 这个对象而言的,win 才是真正意义的窗口,要关闭窗口就可以使用 win.close()。可以将该命令视为调用与这个窗口相关联的 close()方法,结果是窗口从屏幕中消失。

当需要使用 graphics 库里的更多函数时,如果直接用 import 导入库,则以后每次使用 graphics 库的函数时都需要在前面加上"graphics.",这样就会十分麻烦,降低了代码的编写效率。其实还可以使用另一种导入方式:

```
>>> from graphics import *
```

from 语句允许从库模块加载特定的定义,可以单个列出要导入的名称,也可以使用星号(如上面所示)导入模块中的所有内容。这样导入的库函数可直接被使用,而无需使用模块名前缀。完成这个导入后,可以更简单地创建 GraphWin 的实例对象:

```
>>> win = GraphWin()
```

成功导入 graphics 库后,接下来使用它来完成一些基本的绘图操作。图形窗口实际上是一些小点的集合,这些小点称为像素(图像元素的缩写)。通过控制每个像素的颜色,可以控制窗口中显示的内容。默认情况下,GraphWin 的宽度为 200 像素,高度为 200 像素,也就是垂直方向有 200 个像素,水平方向也有 200 个像素。这意味着 GraphWin 实例对象中生成了 4 万个像素。通过为每个单独的像素分配颜色来绘制图像将是一个艰巨的挑战,也没有哪个程序员会这么操作。作为替代的做法是,利用一个图形对象库来完成图像绘制。其中的每种类型对象都记录自己的信息,并知道如何将自己绘制到 GraphWin 中。

图形模块中最简单的对象是 Point(点)。在几何中,点是空间中的位置。通过参考坐标系来定位点。图形对象 Point 与此类似,它可以表示 GraphWin 对象中的一个位置。通过提供坐标(x,y)来定义一个点。x 值表示点在 GraphWin 对象中的水平位置,y 值表示点的垂直位置。

一般情况,图形程序员将点(0,0)定位在窗口的左上角。因此,x 值从左到右增加,y 值从上到下增加。在 GraphWin 对象中默认最大为 200×200,左上角坐标为(0,0),右下角坐标为(199,199)。绘制点将设置 GraphWin 中对应像素的颜色。绘图的默认颜色为黑色。

除了点对象,graphics 库还包含了许多其他的图形对象,比如线段、圆、矩形、椭圆、多边形和文本。这些对象都使用与点对象类似的方式来进行创建和绘制。下面的示例将演示在 GraphWin 实例对象中绘制各种形状对象。

```
#4_1 base_graphics.py
from graphics import *

#设置画布实例对象的窗口名和尺寸
win = GraphWin('CSSA', 700, 700)

#绘制点对象
pt = Point(100, 100)
pt.draw(win)

#绘制圆对象,圆心坐标(200,200),半径 75
cir = Circle(Point(200, 200), 75)
cir.draw(win)
cir.setOutline('red')            #外围轮廓颜色
cir.setFill('yellow')            #填充颜色
```

```
#绘制线对象,线段起点坐标(650,100),终点坐标(250,100)
line = Line(Point(650, 100), Point(250, 100))
line.draw(win)

#绘制矩形对象,矩形左上角坐标(300,300),右下角坐标(400,400)
rect = Rectangle(Point(300, 300), Point(400, 400))
rect.setFill('red')                    #填充颜色
rect.draw(win)

#绘制椭圆对象,确定矩阵左上角坐标(450,450),右下角坐标(600,600)后,绘制的是矩形的内
#切椭圆
oval = Oval(Point(450, 450), Point(600, 600))
oval.setFill('red')                    #填充颜色
oval.draw(win)

#显示文字对象,确定文字的锚点(文本居中的点),x为窗口宽度的一半,y为20
message = Text(Point(win.getWidth()/2, 20), '单击界面任意地方可退出.')
message.draw(win)

#关闭画布窗口
win.getMouse()
win.close()
```

生成的结果如图4.2所示。

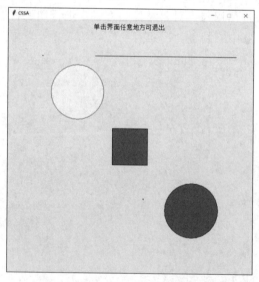

图4.2 GraphWin生成的各种形状

4.4 使用图形对象

为了真正理解 graphics 模块，需要通过面向对象的视角来理解。记住，对象是数据与操作的结合。如果要求对象执行一个操作，就执行其方法。为了使用对象，你需要知道如何创建它们以及如何请求操作。

在上面的示例中，我们处理了几个不同的对象，这些都是类的实例。每个对象都是某个类的实例，类描述了实例所具有的属性。关于类和实例的联系，可以举个示例来进一步理解。

假设小白是一条狗，那么它就是犬科动物中的一个特定个体。用面向对象术语来说，小白就是狗类的一个实例。可以知道，小白有以下属性：四条腿、一条尾巴、冷而湿润的鼻子，还有一些动作：吠叫、奔跑、吃东西。如果此时知道小黑也是一条狗，就可以判定小黑也具有这些属性，因为所有狗类都具有这些相同的属性。这也就是使用类的意义，使得所有属于这一类的实例对象都具备相同的属性和动作，只是每个对象个体的细节有所变化，如白毛或是黑毛，跑得快还是跑得慢。

对于图形对象也同样成立。创建两个单独的 Point 实例，例如 p1 和 p2。由于它们都属于同一个类，因此每个点都有 x 和 y 值，它们都支持相同的操作集，如 getX()、getY() 和 draw() 等。然而，不同的实例可以在特定细节（诸如它们的坐标值）上变化，也就是得到了不同的点。

要创建一个类的新实例，可以使用一个特殊操作，称为构造函数。对构造函数的调用是一个表达式，它创建了一个全新的对象。一般形式如下：

```
<class-name>(<param1>, <param2>, ...)
```

这里 class-name 是要创建新实例的类名称，例如 Circle 或 Point，括号中的表达式是初始化对象所需的参数，参数的数量和类型取决于该类构造函数的定义，如 Point 类的构造函数就需要两个数字值参数，而 GraphWin 则可以不使用任何参数。通常，在赋值语句的右侧使用构造函数，生成的对象立即赋给左侧的变量，然后用它来操作该对象。

一个具体的示例如下：

```
p = Point(50,60)
```

Point 类的构造函数需要两个参数，给出新点的 x 和 y 坐标。这些值作为"属性"存储在对象内。在这种情况下，Python 创建了一个 Point 的实例，其 x 值为 50，y 值为 60。然后将生成的点赋给变量 p，这样，就称 p 为 Point 类的一个对象实例，而 Point 则称为 p 的类。

为了让对象执行操作，可以向对象发送一条消息。对象响应的消息集称为对象的方法。可以把方法看作是存在于对象中的函数，调用对象的一个操作。可以如下使用点表示法来调用方法：

```
<object>.<method-name>(<param1>, <param2>, ...)
```

参数的数量和类型由被调用的方法决定，也就是说，方法在定义时其参数的数量和类型就已经被设定好了，在调用时只需要根据设定好的参数数量和类型进行传递实际参数即可。也有一些方法可能根本不需要参数，如 getX() 方法和 getY() 方法。getX() 方法和 getY() 方法分别返回点的 x 和 y 值。这些方法有时称为"取值方法"，因为它们可以从对象的属性中访问对应的信息。

大部分的方法都需要参数，如可以让图形对象移动的方法 move()。move(dx,dy) 让对象在水平方向上移动 dx 单位，在垂直方向上移动 dy 单位。如要将点向右移动 10 个单位长度，此时表达语句可以写成：

```
move(10,0)
```

这改变了对象 p 的 x 属性，即添加了 10 个单位。如果该点当前在 GraphWin 中绘制，则 move() 方法将负责擦除旧图像并在新位置绘制。改变对象状态的方法有时称为"设值方法"。

move() 方法必须提供两个简单的数字参数，指示沿每个维度移动对象的距离。还有一些方法需要的参数本身也是复杂对象。例如，将 Circle 绘制到 GraphWin 中涉及两个对象。来看一个命令序列：

```
circ = Circle(Point(50,50), 20)
win = GraphWin()
circ.draw(win)
```

上述命令代码中第一行创建一个圆，设定圆心坐标为 (50,50)，半径为 20，第二行创建了 GraphWin，第三行则将所生成的圆在 GraphWin 中显示出来。

注意，draw() 方法的参数就是一个复杂对象，存在于 circ 对象内部。通过属性中的圆心和半径等信息绘制图形，draw() 方法向 GraphWin 发出适当的绘图命令序列，也就是一系列的方法调用。Point、Circle 和 GraphWin 这三个对象之间的交互概念图如图 4.3 所示。其实，大可不必担心这些细节，它们都由图形对象自动处理的。程序员只需要创建对象、调用适当的方法，其他的工作让 Python 自己完成即可。这就是面向对象编程的力量。

在使用对象时，两个不同的变量可以同时指向一个对象，所以当改变其中的一个变量，另外一个变量也会发生相应改变。例如，写一段绘制笑脸的代码。首先，创建两个相距 20 个单位的眼睛。下面是绘制眼睛的代码序列：

```
leftEye = Circle(Point(80, 50), 5)
leftEye.setFill('yellow')
leftEye.setOutline('red')
rightEye = leftEye
rightEye.move(20,0)
```

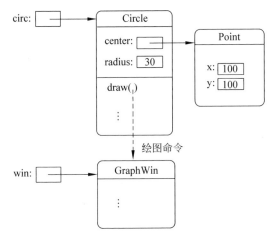

图 4.3 绘制圆的对象交互

基本思想：先绘制左眼，然后将其复制，再移动 20 个单位形成右眼。结果发现这并不是我们期望的图形。其实这里只创建了一个 Circle 对象，先赋值给了 leftEye 变量，但是 rightEye = leftEye 这个赋值语句的作用是将 Circle 对象又赋值给了 rightEye，而没有创建新的对象，只是两个不同的变量同时指向同一个对象而已。

图 4.4 展示了这种情况。在最后一行代码中移动圆时，rightEye 和 leftEye 都指向右边的新位置。这种两个变量引用同一个对象的情况称为"别名"，它有时会产生意想不到的结果。

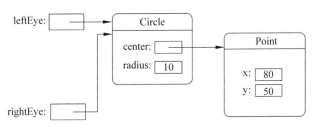

图 4.4 变量 leftEye 和 rightEye 是别名

graphics 库提供了一个很好的解决方案，所有图形对象都支持复制对象的 clone()方法（即克隆）。利用 clone()方法，改进后的完整代码如下：

```
#4_2 Eyes.py
from graphics import *

win = GraphWin('眼睛',300,300)
leftEye = Circle(Point(100, 150), 25)
leftEye.setFill('yellow')
leftEye.setOutline('red')
rightEye = leftEye.clone()
rightEye.move(100,0)
```

```
leftEye.draw(win)
rightEye.draw(win)

win.getMouse()
win.close()
```

得到的眼睛结果图如图 4.5 所示。

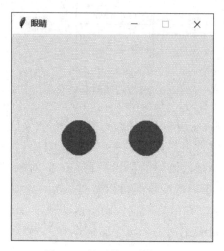

图 4.5　得到的眼睛结果图

4.5　绘　制　终　值

在对如何使用 graphics 的对象有了一些了解之后,就可以尝试一些真正的图形编程。比如有这么一个示例,将钱存入银行,求 10 年后账户中有多少钱？针对这个问题,可以创建一个条形图来汇总收入情况。

首先分析问题,将钱存入银行,根据年利率,每年可以得到本金,公式为 principal＝principal×(1＋apr),计算逐年的本金变化。假设以 10％的利率存入 2000 元。表 4-1 展示了 10 年期间账户的增长情况。程序将在柱形图中显示此信息。图 4.6 以图形方式显示了相同的数据。该图形包含 11 个柱形,第一个柱形显示本金的原始值。为了引用方便,可以根据累计利息的年数对这些柱形进行编号,即 0～10。

表 4-1　以 10％的利率计算 2000 元的增长情况

年	值/元	年	值/元
0	2000.00	2	2420.00
1	2200.00	3	2662.00

续表

年	值/元	年	值/元
4	2928.20	8	4287.18
5	3221.02	9	4715.90
6	3542.12	10	5187.49
7	3897.43		

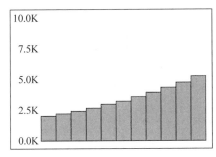

图 4.6 柱形图显示在 10% 利率时 2000 元的增长

下面是程序大致的设计思路：

※ ------伪代码------
※ 打印简介
※ 从用户处获取 principal 和 apr
※ 创建一个 GraphWin
※ 在窗口的左侧绘制刻度标签
※ 在位置 0 处绘制柱形，高度对应 principal
※ 对接下来的 1~10 年
※ 计算 principal = principal * (1 + apr)
※ 绘制该年的柱形，高度对应 principal
※ 等待用户按下回车键。

最后一步产生的"等待用户按下回车键"对于保持图形窗口显示是十分有用的一种操作，这样可以保持窗口的显示结果。如果没有等待，程序执行结束后，GraphWin 会立即消失，用户根本看不到图像的最终结果。

这个伪代码设计，为算法提供了比较粗略的描述，有一些非常重要的细节被掩藏了，例如必须确定图形窗口的大小，其他图形对象在此窗口中如何定位等相关操作。

关于指定图形窗口大小，前面的示例已经给出，当创建 GraphWin 时，可以通过设定参数来设置标题以及该表窗口的大小。如果要创建一个大小为 320×240 的窗口，并设置标题为"投资增长图表"，语句如下：

```
win = GraphWin("投资增长图表", 320, 240)
```

接下来讨论沿着窗口左侧边缘显示标签的问题。为了简化问题,图形的最大刻度为10000元,有5个标签,如图4.6示例窗口所示。问题是如何绘制这些标签呢?这里需要添加一些Text对象。创建Text对象时,可以指定锚点(文本居中的点)以及用作标签的字符串。

显示标签字符串不难。最长的标签是5个字符,标签应该都在列的右侧排列,因此较短字符串的左侧将用空格填充。选择标签的位置需要一点计算和尝试。通过几次交互尝试,水平方向上长度为5的字符串,将中心放在从左边缘开始20个像素的位置,在边缘只留下一点空白,这样看起来就十分美观。

在垂直方向,为240像素。简单的刻度将是用100像素代表5000元。这意味着5个标签应该间隔50像素。用200像素表示范围为0~10000,留下240％200=40像素,分开来作为顶部和底部边距。在设计时,希望在顶部多留一点边距,以容纳超过10000元的值。通过几次比较实验表明,将0.0K标签放在离底部10像素(位置230),这样看起来会比较协调。

细化算法,包括"在窗口的左侧绘制刻度标签"等一系列的步骤:

※ ------伪代码------
※ 在(20, 230)绘制标签" 0.0K"
※ 在(20, 180)绘制标签" 2.5K"
※ 在(20, 130)绘制标签" 5.0K"
※ 在(20, 80)绘制标签" 7.5K"
※ 在(20, 30)绘制标签"10.0K"

下一步设计需要绘制对应于本金初始值的柱形。通过考查,很容易找到这个柱形的左下角应该在哪里。0.0K的垂直位置在像素230处,标签的中心距离左边缘20像素。再加上20个像素就是标签的右边缘。因此,第0个柱形的左下角应该在位置(40,230)。

现在只需要明确柱形的对角(右上角)应该在哪里,就可以绘制一个合适的柱形。在垂直方向上,柱形的高度由本金的值确定。在绘制刻度时,决定100像素等于5000元。这意味着$100 \div 5000 = 0.02$像素对应1元。这就说明,2000元的本金应该产生高度$2000 \times (0.02) = 40$像素的柱形。一般来说,右上角的y位置将由表达式$230 - (principal) \times (0.02)$给出(记住,230是0点,y坐标向上增加)。

最后需要确定柱形应该有多宽。该窗口宽为320像素,但40个像素被左边的标签0占据。这就有280像素来绘制11个柱形:$280 \div 11 = 25.4545$。如果每个柱形25像素,就会在右边留出一点边距。因此,第一个柱形的右边缘应在位置$40 + 25 = 65$像素处。

此时,已经完成了解决这个问题需要的所有前期准备和计算工作,剩下的就是将这些细节体现到算法的其余部分。图4.7展示了带尺寸的窗口布局图纸。

这个图可以很清晰地看到每个柱形的左下角在哪里。如果选择的柱形宽度是25,那么每一个连续年份的柱形将从上一年右边25像素开始。可以使用变量year代表年份数,计算左下角的x坐标的表达式为$(year) \times (25) + 40$。当然,这个点的y坐标仍然是230(图的底部)。

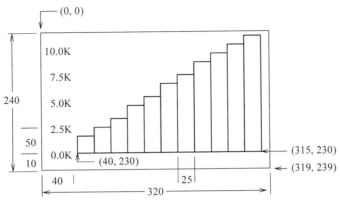

图 4.7 图像元素在柱形图中的位置

要找到柱形的右上角,可以将左下角的 x 值加上 25(柱形的宽度)。右上角的 y 值通过(更新的)本金值来确定,像确定第一个柱形一样。下面是细化的算法:

```
※ ------伪代码------
※ 对于 year 从 1 增长到 10:
※   计算 principal = principal * (1 + apr)
※   计算 xll = 25 * year + 40
※   计算 height = principal * 0.02
※   从左下角坐标(xll, 230) 至右上角坐标 (xll+25, 230 - height) 绘制一个柱形
※ 变量 xll 表示 x 左下角:柱形左下角的 x 值。
```

综上所述,得到详细的算法如下:

```
※ ------伪代码------
※ 打印简介
※ 从用户处获取 principal 和 apr
※ 创建一个 320x240 的 GraphWin,标题为"投资增长图表"
※ 在(20, 230)绘制标签"0.0K"
※ 在(20, 180)绘制标签"2.5K"
※ 在(20, 130)绘制标签"5.0K"
※ 在(20, 80)绘制标签"7.5K"
※ 在(20, 30)绘制标签"10.0K"
※ 从(40, 230) 至 (65, 230 - principal * 0.02)绘制一个矩形
※ 对于 year 从 1 增长 10:
※   计算 principal = principal * (1 + apr)
※   计算 xll = 25 * year + 40
※   计算 height = principal * 0.02
※   从左下角坐标(xll, 230) 至右上角坐标(xll+25, 230 - height)绘制一个矩形
※ 等待用户按下回车键
```

下面就可以将这个算法翻译成实际的 Python 代码了。利用 graphics 库中的对象可

以直接进行翻译。下面是程序：

```python
#4_3 futval_graph.py
from graphics import *
def main():
    print("10年的本金增长情况")
    #输入本金和利率
    principal = float(input("输入初始本金："))
    apr = float(input("输入利率："))
    #创建GraphWin并设置标题和窗口大小
    win = GraphWin("投资增长图表", 320, 240)
    win.setBackground("white")
    Text(Point(20, 230), ' 0.0K').draw(win)
    Text(Point(20, 180), ' 2.5K').draw(win)
    Text(Point(20, 130), ' 5.0K').draw(win)
    Text(Point(20, 80), ' 7.5K').draw(win)
    Text(Point(20, 30), '10.0K').draw(win)
    #为初始本金绘制柱形
    height = principal * 0.02
    bar = Rectangle(Point(40, 230), Point(65, 230-height))
    bar.setFill("green")
    bar.setWidth(2)
    bar.draw(win)
    #绘制柱形图
    for year in range(1,11):
        #计算下一年的本金
        principal = principal * (1 + apr)
        #绘制柱形
        xll = year * 25 + 40
        height = principal * 0.02
        bar = Rectangle(Point(xll, 230), Point(xll+25, 230-height))
        bar.setFill("green")
        bar.setWidth(2)
        bar.draw(win)
    input("按回车键退出")
    win.close()

main()
```

通过输入本金和利率，可以绘制出不同的增长图表。

4.6 选择坐标

在 4.5 节的示例中,其绘制柱形的过程,大部分时间都在设计控件在屏幕中的精确位置,大多数图形编程问题都需要做一定的变换,即把来自真实世界问题的值变成窗口坐标,映射到计算机屏幕上。在该示例中,要将年份 x 与本金 y 通过变换映射到 320×240 的窗口中。这个过程比较复杂,使得编程也变得枯燥无味。那么,有没有更好的方法解决这个问题呢? 答案是肯定的。

坐标转换在计算机图形学中占有很重要的地位,是计算机图形学中一个完整的组成部分,经过深入研究,转换过程总是遵循相同的模式。graphics 库中提出了一种简单的机制,使得遵循该模式的事情可以自动完成,减少了坐标系之间来回进行显示转换的麻烦。创建 GraphWin 时,可以用 setCoords() 方法为窗口指定坐标系。该方法需要分别指定左下角和右上角的坐标等 4 个参数,然后可以在窗口中用此坐标系将图形对象放入,从而简化转换过程。

举一个简单的示例,比如需要在 GraphWin 窗口中画出一个五角星,五角星有 5 个角,则 graphics 只需要设置 5 个角的坐标就能将其绘制出来。先将两个维度的坐标定义为 0~2,问题就变为了分别绘制 5 条线段。代码如下:

```
#4_4 five_pointed_star.py

from graphics import *

#创建图形窗口
win = GraphWin("Tic-Tac-Toe")
#两维度的坐标分为 0~2
#注意(0,0)在左下角,(2,2)在右上角
win.setCoords(0.0, 0.0, 2.0, 2.0)
#分别绘制五角星的 5 条线段
Line(Point(0,1), Point(2,1)).draw(win)
Line(Point(0,0), Point(2,1)).draw(win)
Line(Point(0,0), Point(1,2)).draw(win)
Line(Point(1,2), Point(2,0)).draw(win)
Line(Point(2,0), Point(0,1)).draw(win)

win.getMouse()
win.close()
```

该方法还有个好处,就是当你改变窗口大小时,对绘制的图形是没有影响的。因为该窗口使用了 setCoords() 方法,即相对坐标,所以在改变窗口大小时,相对坐标不变,图形将自动适应新窗口大小而进行缩放。而使用"原始的"窗口坐标,则需要重新改变这些线

段的定义。

将该思想应用到4.5节的示例中，年份 x 为 0～10，本金 y 为 0～10000，则可以设置左下坐标和右上坐标。

```
win = GraphWin("投资增长图表", 320, 240)
win.setCoords(0.0, 0.0, 10.0, 10000.0)
```

然后为任何年份和本金的值创建一个柱形就简单了。每个柱形开始于给定年份，基线为0，并且增长到下一年，高度等于本金。

```
bar = Rectangle(Point(year, 0), Point(year+1, principal))
```

这个方案有一个小问题。当用上面的方法设置左下和右上坐标时，11个柱形将填充整个窗口，没有在边缘留下任何空间给标签或边距。这里只要稍微扩展窗口的坐标就可以解决问题。由于柱形从0开始，完全可以定位左侧的标签为−1，让坐标稍微超出图形所需的坐标，从而在图形周围添加一些空白。这个窗口定义如下：

```
win = GraphWin("Investment Growth Chart", 320, 240)
win.setCoords(-1.75,-200, 11.5, 10400)
```

改进后的代码如下：

```python
#4_5 new_futval_graph.py
from graphics import *
def main():
    print("10年的本金增长情况")
    #输入本金和利率
    principal=float(input("输入初始本金:"))
    apr=float(input("输入利率:"))
    #创建图形窗口
    win=GraphWin("投资增长图表",320,240)
    win.setBackground("white")
    win.setCoords(-1.75,-200,11.5,10400)
    Text(Point(-1,0),'0.0K').draw(win)
    Text(Point(-1,2500),'2.5K').draw(win)
    Text(Point(-1,5000),'5.0K').draw(win)
    Text(Point(-1,7500),'7.5k').draw(win)
    Text(Point(-1,10000),'10.0K').draw(win)
    #为初始本金绘制柱形
    bar=Rectangle(Point(0,0),Point(1,principal))
    bar.setFill("green")
    bar.setWidth(2)
    bar.draw(win)
    #为每一年绘制柱形
```

```
    for year in range(1,11):
        principal=principal* (1+apr)
        bar=Rectangle(Point(year,0),Point(year+1,principal))
        bar.setFill("green")
        bar.setWidth(2)
        bar.draw(win)
    print("单击任意处退出")
    win.getMouse()
    win.close()
main()
```

请注意它是如何消除复杂坐标计算的。此代码更改 GraphWin 的大小变得容易。将窗口大小更改为 640 像素×480 像素，同样会生成更大而且正确的柱形图。而在原来的程序中，必须重新计算所有的内容，以适应改变后的窗口。

4.7 交互式图形

图形界面可用于输入和输出。在 GUI 环境中，用户可以通过单击按钮，从菜单中选择菜单项，或在屏幕文本框中输入信息来与应用程序进行交互。这就是称为"事件驱动"的编程技术。实际上，程序在屏幕上绘制一组界面元素（通常称为"控件"），然后等待用户做某事，从而触发事件，执行对应的代码指令，完成特定的功能。

如果用户移动鼠标、单击按钮或在键盘上输入一个键，就会生成一个"事件"。其实，事件是一个对象，封装了刚刚发生事情的数据，然后事件对象被发送到程序对应的代码进行处理。例如，单击按钮可能产生"按钮事件"。该事件将被传递到按钮处理代码，执行按钮对应的适当动作。

事件驱动编程对于初学编辑的人员可能会有点难度，因为在任意给定时刻很难弄清楚"谁负责"触发事件，或者是应该怎样触发事件。graphics 模块隐藏了底层事件处理机制，并提供了在 GraphWin 中获取用户输入的一些简单方法。

4.7.1 获取鼠标单击

下面示例通过 GraphWin 类调用 getMouse()方法。当在 GraphWin 上调用 getMouse()方法时，程序将暂停，等待用户在图形窗口中某处单击鼠标。用户单击的位置作为一个 Point 对象返回给程序。下面显示了单击 10 次鼠标的坐标。

```
#4_6 click.py
from graphics import *
def main():
    win = GraphWin("Click Me!")
```

```
        for i in range(10):
            p = win.getMouse()
            print("You clicked at:", p.getX(), p.getY())
main()
```

getMouse()方法的返回值是一个 Point 对象,可以像使用任何其他 Point 对象一样使用它,还可以使用 getX()和 getY()等取值方法,以及 draw()和 move()等其他方法。

下面给出一个示例,用户可以在窗口中用鼠标单击任意两个点,根据这两点绘制出一个圆。该示例完全是图形化的,使用 Text 对象作为提示,不需要与 Python 文本窗口进行交互。

```
#4_7 triangle.py
from graphics import *
from math import *
def main():
    win=GraphWin("绘制一个圆")
    win.setCoords(0.0, 0.0, 10.0, 10.0)
    message=Text(Point(5,0.5),"单击任意两个点")
    message.draw(win)
    #单击两个点并计算两点之间的距离
    p1=win.getMouse()
    p1.draw(win)
    x1=p1.getX()
    y1=p1.getY()
    p2=win.getMouse()
    x2=p2.getX()
    y2=p2.getY()
    #求出两点的距离作为圆的半径
    d=sqrt(pow((x1-x2),2)+pow((y1-y2),2))
    #根据两点绘制出圆
    circle=Circle(p1,d)
    circle.setFill("peachpuff")
    circle.setOutline("cyan")
    circle.draw(win)
    #单击任意处退出
    message.setText("单击任意处退出")
    win.getMouse()
main()
```

graphics 提供了一个绘制圆的类,只需要提供圆心和圆的半径即可。通过用户单击的两个点,然后分别获取这两个点的坐标,再根据 math 库中提供的函数计算它们的距离得到圆的半径,最后利用 Circle 类的函数进行圆的绘制。

在这个程序中,还应该学习到如何利用 Text 对象来实现提示功能。要使用 Text 对象,可以在程序的开头部分定义并创建单个 Text 对象:

```
message = Text(Point(5, 0.5), "单击任意两个点")
message.draw(win)
```

要更改提示,不需要重新创建一个新 Text 对象,只需要改变显示的文本即可。这个方法可以在接近程序结束处使用 setText()方法来实现,代码如下:

```
message.setText("单击任意处退出")
```

4.7.2 处理文本输入

在上面的画圆示例中,所有输入都通过鼠标单击来完成,Python 还允许用户通过键盘与图形窗口进行交互。图形库提供了一个 Entry 对象,允许用户输入数据到 GraphWin 中,从而增强了程序的交互性。

Entry 对象会在屏幕上绘制一个可以输入文本的框。它就像 Text 对象的 setText()方法和 getText()方法一样,它们的区别在于,Entry 对象允许用户编辑和修改内容,而 Text 对象的 setText()方法在输入并回车后就不可以修改。下面将第 2 章的温度转换程序修改为带有图形用户界面的版本。

```
#4_8 Entry.py
from graphics import *
def main():
    win=GraphWin("摄氏温度转换器",400,300)
    win.setCoords(0.0,0.0,3.0,4.0)
    #绘制界面
    Text(Point(1,3),"摄氏温度:").draw(win)
    Text(Point(1,1),"华氏温度:").draw(win)
    inputText=Entry(Point(2.25,3),5)
    inputText.setText("0.0")
    inputText.draw(win)
    outputText=Text(Point(2.25,1),"")
    outputText.draw(win)
    button=Text(Point(1.5,2.0),"转换")
    button.draw(win)
    Rectangle(Point(1,1.5), Point(2,2.5)).draw(win)
    #单击鼠标
    win.getMouse()
    #输出转换结果
    celsius=float(inputText.getText())
    fahrenheit=9.0/5.0 * celsius+32
    #显示输出并改变按钮
    outputText.setText(round(fahrenheit,2))
```

```
button.setText("退出")
#单击鼠标退出
win.getMouse()
win.close()
main()
```

这个程序运行时,会生成一个窗口,其中包含用于输入摄氏温度的输入框和用于执行转换的按钮,这个按钮目前显示为"转换",其实只是提示信息,并没有真正意义上的按钮功能。程序实际上处于暂停状态,等待在窗口中的任何位置单击鼠标,从而继续执行程序。图 4.8 显示了程序启动时的界面。

最初,输入框设置为初始值 0.0。用户可以删除这个值并输入一个值。程序暂停,直到用户单击鼠标。注意,用户单击鼠标的坐标值并没有被保存,getMouse()方法仅用于暂停程序,直到用户在输入框中输入值。

然后程序用 3 个步骤处理输入的值:首先,输入框中的文本被转换为数字(通过 float()函数);然后将此数字转换为华氏度;最后,结果数字显示在输出文本区域中。虽然华氏温度是一个浮点值,但 setText()方法会自动将其转换为字符串,以便在输出文本框中显示。

图 4.9 展示了用户输入温度值并单击鼠标后窗口的结果。请注意,转换后的温度显示在输出区域,按钮上的标签也变更为"退出",表示再次单击将退出程序。使用 graphics 库中的一些选项,还可以改变各种控件的颜色、大小和线宽,让这个示例变得更漂亮。这里程序的代码特意采用简洁的方式来突出展示 Entry 的功能。

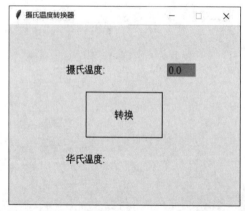

图 4.8 温度转换器的初始界面

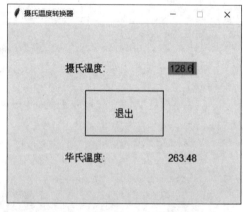

图 4.9 用户输入后的转换界面

4.8 graphics 模块参考

本章前面的示例涉及了 graphics 模块中的大多数元素。本节提供了 graphics 中的对象和功能的完整参考。由模块提供的对象和函数集有时称为应用程序编程接口(API)。

学习 API 的最大障碍之一,就是如何熟悉所使用的各种数据类型。在阅读参考文档时,应特别注意各种方法的参数类型和返回值。例如,创建一个圆时,需要提供的第一个参数必须是一个 Point 对象(作为圆心),第二个参数必须是一个数字(作为半径)。在使用不正确的类型时则会立即得到错误消息,但在另外一些情况下,问题可能到后面才会突然出现,比如绘制对象时,要先定义对象的一些属性,再绘制对象,但往往是在绘制出结果后才发现前面的定义就已经出错了。

4.8.1 GraphWin 对象

GraphWin 对象表示屏幕上可绘制图形图像的窗口。程序可以定义任意数量的 GraphWin 对象。GraphWin 对象包含的方法如下:

GraphWin(title,width,height)构造一个新的图形窗口,用于在屏幕上绘图。参数是可选的,默认标题为"Graphics Window",默认大小为 200 像素×200 像素。例如:

```
win=GraphWin("Investment Growth",640,480)
```

plot(x,y,color)在窗口中(x,y)处绘制像素,颜色是可选的,黑色是默认值。例如:

```
win.plot(35,128,"blue")
```

plotPixel(x,y,color) 在"原始"位置(x, y)处绘制像素,忽略 setCoords()设置的任何坐标变换。例如:

```
win.plotPixel(135,128,"blue")
```

setBackground(color)将窗口背景设置为给定的颜色。默认背景颜色取决于系统。例如:

```
win.setBackground("white")
```

close()关闭屏幕窗口。例如:

```
win.close()
```

getMouse()暂停和等待用户在窗口中单击鼠标,并用 Point 对象返回鼠标单击的位置。例如:

```
clickPoint=win.getMouse()
```

checkMouse()与 getMouse()类似,但不会暂停和等待用户单击,将返回鼠标单击的最后一个点,如果自上次调用 checkMouse()或 getMouse()后未单击窗口,则返回 None。这对于控制动画循环特别有用。例如:

```
clickPoint= win.checkMouse()
```

注意：clickPoint 的值可能为 None。

getKey()暂停和等待用户在键盘上输入一个键,并返回一个表示被按下键的字符串。例如：

```
keyString=win.getKey()
```

checkKey()与 getKey()类似,但不会暂停和等待用户按下一个键,将返回被按下的最后一个键,如果从上一次调用 checkKey()或 getKey()后没有按下任何键,则返回空字符串。这对于控制简单的动画循环特别有用。例如：

```
keyString=win.checkKey()
```

注意：keyString 的值可能是空字符串""。

setCoords(xll,yll,xur,yur)设置窗口的坐标系,左下角是(xll,yll),右上角是(xur,yur)。当前绘制的对象被重绘,而后续的绘制将相对于新的坐标系(plotPixel()除外)。例如：

```
win.setCoords(0,0,200,100)
```

4.8.2 图形对象

该模块提供了类 Point、Line、Circle、Oval、Rectangle、Polygon 和 Text 的可绘制对象。

1. Point()方法

Point(x,y)构造具有给定坐标的点。例如：

```
aPoint = Point(3.5,8)
```

getX()返回点的 x 坐标。例如：

```
xValue = aPoint.getX()
```

getY()返回点的 y 坐标。例如：

```
yValue = aPoint.getY()
```

2. Line()方法

Line(point1,point2)构造从 point1 到 point2 两个点之间的线段。例如：

```
aLine=Line(Point(1,3),Point(7,4))
aLine.draw(win)
```

setArrow(endString)设置线段的箭头状态,可以在第一端点、最后端点或两个端点上绘制箭头。endString 的可能值为"first"、"last"、"both"和"none"。默认设置为"none"。例如:

```
aLine.setArrow("both")
aLine.draw(win)
```

getCenter()返回线段中点的坐标值。例如:

```
midPoint=aLine.getCenter()
```

getP1()、getP2()返回线段的对应端点的坐标值。例如:

```
startPoint=aLine.getP1()
```

3. Circle()方法

Circle(centerPoint,radius)构造具有给定圆心和半径的圆。例如:

```
aCircle=Circle(Point(30,40), 10.5)
aCircle.draw(win)
```

getCenter()返回圆心的坐标。例如:

```
centerPoint=aCircle.getCenter()
```

getRadius()返回圆的半径。例如:

```
radius=aCircle.getRadius()
```

getP1()、getP2()的返回值为该圆边框的对应点,对应点指的是该圆外接正方形的对角点。例如:

```
cornerPoint=aCircle.getP1()
```

4. Rectangle()方法

Rectangle(point1,point2)构造一个对角点为 point1 和 point2 的矩形。例如:

```
aRectangle=Rectangle(Point(100,300),Point(400,400))
aRectangle.draw(win)
```

getCenter()返回矩形中心点的坐标值。例如：

```
centerPoint=aRectangle.getCenter()
```

getP1()、getP2()返回用于构造矩形的对角点的坐标值。例如：

```
cornerPoint=aRectangle.getP1()
```

5. Oval()方法

Oval(point1,point2)在由point1和point2确定的边界框中构造一个椭圆，即通过矩形来确定内切椭圆。例如：

```
anOval=Oval(Point(100,100),Point(300,400))
anOval.draw(win)
```

getCenter()返回椭圆形中心点的坐标。例如：

```
centerPoint=anOval.getCenter()
```

getP1()、getP2()返回用于构造椭圆的对角点的坐标。例如：

```
cornerPoint=anOval.getP1()
```

6. Polygon()方法

Polygon(point1,point2,point3,…)构造一个以给定点为顶点的多边形，也可以接收单个参数，即顶点的列表。例如：

```
aPolygon=Polygon(Point(150,200),Point(300,400),Point(350,260))
```

又如：

```
aPolygon=Polygon([Point(150,200),Point(300,400),Point(350,260)])
aPolygon.draw(win)
```

getPoints()返回一个列表，包含用于构造多边形的点的坐标。例如：

```
pointList=aPolygon.getPoints()
```

7. Text()方法

Text(anchorPoint,textString)构造一个文本对象，显示以anchorPoint为锚点（中心点）的文本字符串，文本水平显示。例如：

```
message=Text(Point(3,4),"Hello!")
```

setText(string)将对象的文本设置为字符串。例如：

```
message.setText("Goodbye!")
```

getText()返回当前字符串。例如：

```
msgString=message.getText()
```

getAnchor()返回锚点的坐标。例如：

```
centerPoint=message.getAnchor()
```

setFace(family)将字体更改为给定的系列，可能的值包括"helvetica"、"courier"、"times roman"和"arial"等。例如：

```
message.setFace("arial")
```

setSize(point)将字体大小更改为给定的点大小，从 5 点到 36 点是合法的。例如：

```
message.setSize(18)
```

setStyle(style)将字体更改为给定的样式，可能的值包括"normal"、"bold"、"italic"和"bold italic"等。例如：

```
message.setStyle("bold")
```

setTextColor(color)将文本的颜色设置为彩色。注意，setFill()方法有同样的效果。例如：

```
message.setTextColor("pink")
```

最初创建的所有对象都有未填充的黑色轮廓。所有图形对象都支持以下通用的方法集。

setFill(color)将对象的内部设置为给定的颜色。例如：

```
someObject.setFill("red")
```

someObject 为已定义的图形对象，下面的方法类似。

setOutline(color)将对象的轮廓设置为给定的颜色。例如：

```
someObject.setOutline("yellow")
```

setWidth(pixels)将对象的轮廓宽度设置为所需的像素数(不适用于 Point)。例如：

```
someObject.setWidth(3)
```

draw(aGraphWin)将对象绘制到给定的 GraphWin 中并返回绘制对象。例如：

```
someObject.draw(someGraphWin)
```

undraw()从图形窗口中擦除对象。如果对象当前未绘制，则不采取任何操作。例如：

```
someObject.undraw()
```

move(dx,dy)在水平方向上移动对象 dx 单位，在垂直方向上移动 dy 单位。如果对象当前已绘制，则将图像调整到新位置。例如：

```
someObject.move(10,15.5)
```

clone()返回对象的副本。克隆始终以未绘制状态创建。除此之外，与被克隆的对象一样。例如：

```
objectCopy=someObject.clone()
```

4.8.3　Entry 对象

Entry 类型的对象显示为一个文本输入框，用户可在文本框中编辑内容。Entry 对象支持通用的图形方法 move()、draw(graphwin)、undraw()、setFill(color) 和 clone()。Entry 特有的方法如下。

Entry(centerPoint,width)构造具有给定中心点和宽度的文本输入框。宽度是指在文本框中可显示的文本字符个数，并不会限制文本输入的字符个数。例如：

```
inputBox=Entry(Point(130,140),5)
inputBox.draw(win)
```

getAnchor()返回输入框居中点的坐标。例如：

```
centerPoint=inputBox.getAnchor()
```

getText()返回当前在输入框中的文本字符串。例如：

```
inputStr=inputBox.getText()
```

setText(string)将输入框中的文本设置为给定字符串。例如：

```
inputBox.setText("32.0")
```

setFace(family)将字体更改为给定的系列,可能的值包括"helvetica"、"courier"、"times roman"和"arial"等。例如:

```
inputBox.setFace("courier")
```

setSize(point)将字体大小更改为给定的点大小。从 5 点到 36 点是合法的。例如:

```
inputBox.setSize(12)
```

setStyle(style)将字体更改为给定的样式,可能的值包括"normal"、"bold"、"italic"和"bold italic"等。例如:

```
inputBox.setStyle("italic")
```

setTextColor(color)设置文本的颜色。例如:

```
inputBox.setTextColor("green")
```

本 章 小 结

本章主要介绍了对象和图形,包括 Point、Line、Circle、Oval、Rectangle、Polygon、Text 和 Entry 对象,以及创建、修改它们的方法,其中重点是要理解图形对象的使用。交互式图形这一节可能会感觉比较难,内容也比较多,但在后期的 GUI 中,会广泛使用到本章介绍的对象,具有很强的实用性,希望大家课后多加练习。

知识扩展:Python 开发常用工具

Altair 是一个专为 Python 编写的可视化软件包,它是由华盛顿大学的数据科学家 Jake Vanderplas 编写的,它能让数据科学家更多地关注数据本身及其内在的联系。

Upterm 是一个全平台的终端,可以说是终端里的 IDE,有着强大的自动补全功能。之前的名字为 BlackWindow。

Ptpython 是一个交互式的 Python 解释器。它支持语法高亮、提示,甚至是 vim 和 emacs 的输入模式。

Python Tutor 是由 Philip Guo 开发的一个免费教育工具,可帮助学生攻克编程学习中的基础障碍,理解每一行源代码在程序执行时的过程。通过这个工具,教师或学生可以直接在 Web 浏览器中编写 Python 代码,并逐步可视化地运行程序。如果你不知道代码在内存中是如何运行的,不妨把它复制到 Tutor 中可视化执行一遍,加深理解,其地址为 http://www.pythontutor.com/。

课程思政：中国"量子之父"——潘建伟院士

2020年年底，一则科技大新闻登上全球热搜。中国量子计算机"九章"后来居上，计算能力超过了美国Google公司的"悬铃木"。这一突破，使我国成为全球第二个实现"量子优越性"的国家，也将全球量子计算研究推向下一个里程碑。

"九章"成为世界级重大科研成果，也让被媒体誉为中国"量子之父"的中国科技大学教授、中科院院士潘建伟成为"顶流明星"。

1. 200秒与6亿年

由潘建伟院士、陆朝阳教授等学者组成的研究团队，与中国科学院上海微系统所、信息技术研究所、国家并行计算机工程技术研究中心合作，构建了76个光子的量子计算原型机"九章"。

处理5000万个样本的高斯玻色取样问题，"九章"只需200秒，而目前世界上最快的超算则需要6亿年；处理100亿个样本，"九章"需10个小时，超算则需要1200亿年。

即便是与全球第一个实现"量子优越性"（也有媒体称之为"量子霸权"）的"悬铃木"（由Google公司开发）相比，"九章"也具有运算速度更快、环境适应性更强、克服技术漏洞这三大优势。"悬铃木"只有在小样本的情况下快于超算，"九章"则在小样本和大样本上都超过了超算。

"好比赛跑，谷歌的机器短跑能跑赢超算，长跑跑不赢；我们的机器短跑、长跑都能跑赢。"与潘建伟一起研发"九章"的中国科技大学陆朝阳教授说。

"希望通过15年到20年的努力，研制出通用的量子计算机，这样它就可以用来解决很多非常广泛的问题。"潘建伟说。随着计算能力的进一步提升，量子计算机将有望在密码破译、材料设计、药物分析等具有实用价值的领域发挥重要作用。

更关键的是，"九章"量子计算机成功问世后，不少业内人士认为，中国一直被"卡脖子"的芯片、光刻机等技术难题，或许有了新的解决思路。

据悉，"九章"的原型是通过我国自主创新的量子光源、量子干涉、单光子探测器等构建，使用的是光子，与使用硅基芯片的传统计算机完全不同。有不少人提出，若未来使用光子、离子、原子等的通用量子计算机问世，"卡脖子"问题将迎刃而解。

2. 距"不可破解"一步之遥

其实，不仅是此次的"九章"，回顾2020年，潘建伟院士及其团队还有很多世界领先的创新。

2020年2月12日，潘建伟院士、包小辉教授及其他团队同事在实验室中实现了50公里的量子纠缠。

构建全球化量子网络，并在此基础上实现量子通信，是量子信息研究的终极目标之一。基于卫星的自由空间信道可以实现广域大尺度覆盖，但普遍认为地面覆盖还是需要通过光纤网络。

但是，光信号在光纤内呈现指数衰减，50公里光纤中光信号将衰减至十亿亿分之一，使得量子通信无法实现。潘建伟院士及其团队经过创新，使得上述光信号在50公里的光纤中仅衰减至百分之一以上。

2020年6月15日，《自然》发表了潘建伟院士团队的一项新突破——在国际上首次实现千公里级基于纠缠的量子密钥分发。

量子密钥分发，是利用量子通信的方式，让通信双方拥有共同的密钥。在此前的研究中，现场点对点光纤量子密钥分发的安全距离只有百公里量级，若想实现千公里级，就需要依靠卫星。但是，如果把卫星作为中继节点，万一卫星被第三方挟持，其发送的密钥信息就可能被泄露。而潘建伟院士团队让卫星作为纠缠源，只负责分发纠缠，不掌握任何密钥信息。这样一来，即使纠缠源来自不可信的第三方，只要用户间能检测到量子纠缠，仍可以产生安全的密钥。

虽然目前的成果还属于原理演示，但是量子通信距离完全不可破解的应用只剩一步之遥。

第 5 章 字符串、列表和文件

5.1 字符串数据类型

到目前为止,本书一直在讨论操作数字和图形的程序。正如你所知,计算机对于存储和操作文本信息也很重要。事实上,个人计算机最常见的用途之一就是文字处理。本章将主要介绍文本应用程序,讲解一些关于文本如何存储在计算机上的重要设计思路。

文本在程序中由字符串数据类型表示。你可以将字符串看成一个字符序列。在第 2 章中已经介绍过,通过用双引号将一些字符括起来形成字符串字面量。Python 还允许字符串由单引号分隔。它们没有区别,但使用时一定要配对。字符串也可以保存在变量中,像其他数据一样。下面举一个示例,来说明两种形式的字符串字面量。

```
>>> str1 = "hello"
>>> str2 = 'world'
>>> print(str1,str2)
hello world
>>> type(str1)
<class 'str'>
>>> type(str2)
<class 'str'>
```

通过上面的代码演示,你已经知道了如何打印字符串,你也了解了如何获取用户输入的字符串。回想一下,input()函数可以返回用户输入的任何字符串对象。这意味着如果你希望得到一个字符串,可以使用其"原始"形式的输入。来看一下这种简单交互:

```
>>> str = input("请输入你的名字:")
请输入你的名字:张三
>>> print("你好"+str)
你好张三
```

请注意上面的示例,是如何用变量来保存用户名称,然后又如何用该变量将名称打印出来的?

对于复杂的问题处理,总是会涉及很多关于字符串的相关操作。首先来了解一下如何访问字符串的每个元素。在 Python 中,可以利用索引来实现这个操作。为了方便理解,可以利用表格将索引表示出来。以"hello world!"为例,字符串的索引如图 5.1 所示。字符串索引以 0 开始,从左到右。索引的一般形式是<string>[<expr>],其中 expr 的值确定从字符串中选择哪个字符。

图 5.1　字符串的索引

以下是一些交互式的索引示例:

```
>>> str = "hello world!"
>>> str[0]
'h'
>>> str[5]
' '
>>> str[10]
'd'
>>> str[11]
'!'
```

请注意,在有 n 个字符的字符串中,因为索引从 0 开始,所以最后一个字符的索引为 n−1。中文字符串与英文字符串的访问方式一致。顺便说一下,Python 还允许使用负索引,从字符串的右端索引,即 −1 为最右侧的一个字符,然后 −2、−3 依次向左递减。

```
>>> str[-1]
'!'
>>> str[-2]
'd'
>>> str[-12]
'h'
```

有时候,可能需要选取字符串中的某个字符或某段"子字符串",在 Python 中,可以使用"切片"的操作来实现。你可以把切片想象成在字符串中索引一系列位置的方法。切片的形式是<string>[<start>:<end>]。start 和 end 都应该是整型表达式。切片产生从 start 直到 end 位置(不包括 end)的子串,即数学中的一个"左闭右开"的取值范围。

还以上面 str 的示例来展示切片操作:

```
>>> str[2:4]
'll'
>>> str[2:7]
'llo w'
>>> str[:7]
'hello w'
```

第 5 章　字符串、列表和文件

```
>>> str[2:]
'llo world!'
>>> str[:]
'hello world!'
```

从上面的示例可以看出,切片操作为"左闭右开"的形式。当切片从 2 到 4 时,只选择索引为 2 和 3 的字符。最后 3 个示例表示,如果任何一个表达式缺失,字符串的开始和结束都是假定的默认值。最后的表达式实际上给出了整个字符串。

索引和切片是将字符串切成更小片段的有用操作。字符串数据类型还支持将字符串放在一起的操作。其中连接(+)和重复(*)是很常见的操作。连接(+)是通过将两个字符串"合并"在一起来构建新的字符串;重复(*)是通过字符串与多个自身连接,来构建新的字符串。另一个很有用的是 len()函数,它的作用是返回字符串中有多少个字符。由于字符串是字符序列,因此可以使用 Python 的 for 循环来遍历这些字符。

```
>>> s1 = "hello"
>>> s2 = " world"
>>> s3 = "!"
>>> print(s1+s2+s3)
hello world!
>>> print(3 * s2)
 world world world
>>> print(2 * s1+3 * s2+3 * s3)
hellohello world world world!!!
>>> m = len(s1)
>>> print(m)
5
>>> for ch in range(m):
        print(s1[ch])

h
e
l
l
o
```

基本的字符串操作总结如表 5-1 所示。

表 5-1 Python 的字符串操作

操 作 符	含 义
+	连接
*	重复

续表

操 作 符	含 义
<string>[ ]	索引
<string>[:]	切片
len(<string>)	长度
for <var> in <string>	迭代遍历字符串

5.2 简单字符串处理

许多计算机系统会使用用户名和密码组合来认证系统用户。系统管理员必须为每个用户分配唯一的用户名。通常，用户名来自用户的实际姓名。在国外，有一种用于生成用户名的方案：使用用户名的第一个首字母，然后是用户姓氏的最多前七个字母。利用这种方法，Zaphod Beeblebrox 的用户名为"zbeebleb"，而 John Smith 的为"jsmith"。

可以尝试编写一个程序，读取一个人的名字并计算相应的用户名。程序将遵循基本的输入、处理、输出模式。

```
#5_1 username.py
def main():
    print("这个程序生成用户名.\n")
    #获取用户姓和名
    first=input("请输入你的姓(请以字母表示):")
    last=input("请输入你的名(请以字母表示):")
    #选择名的第一个字母和姓的前七位字母
    uname=last[0]+first[:7]
    #输出用户名
    print("你的用户名为:",uname)
main()
```

这个程序首先利用 input() 函数从用户获取字符串,然后组合使用索引、切片和连接来生成用户名。下面是运行结果：

```
这个程序生成用户名

请输入你的姓(请以字母表示): zhang
请输入你的名(请以字母表示): san
你的用户名为: szhang
```

其中第一行 print 语句使用了换行符(\n)，实现输出一个空白行。这是一个简单的技巧，输出一些额外的空白行，使得结果更加清楚明了。

下面是另一个示例,打印给定月份数对应的月份缩写。程序的输入是一个整型值,代表一个月份(1~12),输出是相应月份的缩写。例如,如果输入为3,则输出应为 Mar,即3月。

根据字符串的思想,将所有月份名存储在一个字符串变量中:

```
months = "JanFebMarAprMayJunJulAugSepOctNovDec"
```

由于每个月份都是3个字符,如果知道一个给定的月份在字符串中开始的位置,就可以很容易提取出缩写。

```
monthAbbrev = months[pos:pos+3]
```

上面代码将获得从 pos 指示位置开始的长度为3的子字符串。

如何计算这个位置?先分析一下几个示例(如表5-2所示),看看有什么发现?记住,字符串索引从0开始。

表 5-2 月份缩写字符串中的位置

月 份	数 字	位 置
Jan	1	0
Feb	2	3
Mar	3	6

显然,这些位置都是3的倍数。为了得到正确的倍数,从月份数中减去1,然后乘以3。所以对于1,可以得到(1−1)×3=0×3=0,对于12,有(12−1)×3=11×3=33。

下面为实现的代码:

```
# 5_2 months.py
def main():
    # 将月份组成一个大字符串
    months = "JanFebMarAprMayJunJulAugSepOctNovDec"
    n = int(input("输入一个月份 (1-12): "))
    # 计算第 n 个月的起始位置
    pos = (n-1) * 3
    # 提取第 n 个月的名称
    monthAbbrev = months[pos:pos+3]
    # 输出结果
    print("月份的英文缩写为", monthAbbrev + ".")
main()
```

这个示例使用"字符串作为查找表"的方法,但它有一个缺点,即仅当子串都有相同的长度时程序才是有效的。

5.3 列表作为序列

Python 列表也是一种序列,这就说明列表同样可以切片、连接和索引列表。列表的一个好处是它比字符串更通用。字符串总是字符序列,而列表可以是任意对象的序列。你可以创建数字列表或字符串列表。事实上,你甚至可以混合它们,来创建一个既包含数字又包含字符串的列表,示例如下:

```
>>>list= [1,"hello",2,"world"]
>>>list
[1, 'hello', 2, 'world']
```

在以后的章节,将经常使用列表,即将所有的东西都放在列表中,各种操作都以列表的形式进行。

如 5.2 节读取月份的示例,还记得这个程序的缺点吗?当字符串不相等时,这种方法无法实现。现在利用列表就可以轻松地解决这个问题。

```
#5_3 months_new.py
def main():
    #将所有的月份存储为一个列表
    months = ["Jan", "Feb", "Mar", "Apr", "May", "Jun","Jul", "Aug", "Sep", "Oct", "Nov", "Dec"]
    n = int(input("请输入月份 (1-12): "))
    print("月份的英文缩写是", months[n-1] + ".")

main()
```

列表与字符串一样,从 0 开始索引,因此在此列表中,值[0]是字符串"Jan"。一般来说,第 n 个月在位置 n−1,直接在 print 语句中用表达式 months[n−1]即可。

这个缩写问题的解决方案不仅更简单,而且更灵活。例如,修改前面的示例,打印出整个月份的名称,则只需要重新定义查找列表,就可以很轻松地解决问题了。

虽然字符串和列表都是序列,但两者之间有一个非常重要的区别:列表是可变的,而字符串是不可变的。这意味着列表中项的值可以使用赋值语句来修改。另外,需要注意的是,字符串不能在"适当位置"改变。下面看一个示例交互,说明其中的区别:

```
>>> list = [2,3,"a","b"]
>>> list[2] = 4
>>> list[0] = 5
>>> list
[5, 3, 4, 'b']
>>> str = "hello world"
```

```
>>> str[2] = "r"
Traceback (most recent call last):
  File "<stdin>", line 1, in <module>
TypeError: 'str' object does not support item assignment
```

第一行建立了一个数字与字符混合的列表 list，然后将索引位置 0 赋值为 5，索引位置 2 赋值为 4，赋值后，列表被成功替换。而字符串变量 str 则不能这样进行修改。

5.4 字符串表示和消息编码

5.4.1 字符串表示

在计算机中，表示字符串的方式就是将每个字符串翻译为一个二进制的数字，整个字符串作为二进制数字序列存储在计算机存储器中。只要计算机的编码/解码过程一致，用什么数字表示任何给定字符并不重要，最终都可以得到原来的字符串。

现在计算机统一了标准编码。一个重要的标准编码为 ASCII（美国信息交换标准代码）。ASCII 用数字 0~127 来表示美式键盘上所有的字符以及被称为控制代码的某些特殊值，用于协调信息的发送和接收。例如，大写字母 A~Z 的 ASCII 码为 65~90，小写字母的 ASCII 码为 97~122。

ASCII 编码存在一个问题，就是它以美国为中心，没有涉及其他语言和文字的需要。国际标准组织已经开发了一套扩展 ASCII 编码，用来纠正这种情况。大多数现代系统正在向 Unicode 字符集转移，这是一个更大的标准，旨在包括几乎所有国家或地区的书面语言的字符。Python 字符串支持 Unicode 字符集，因此，只要你的操作系统有适当的字体来显示字符，就可以处理来自任何语言的字符。

Python 提供了几个内置函数，允许在字符与表示它们的数值之间来回切换。ord() 函数返回单字符串的数字编码，而 chr() 函数刚好相反。下面是一些交互的示例：

```
>>> ord("a")
97
>>> ord("A")
65
>>> chr(97)
'a'
>>> chr(90)
'Z'
```

关于计算机存储字符的原理，底层的 CPU 通常处理固定大小的内存数据。最小可寻址段通常为 8 位，称为存储器字节。单字节可以存储 $2^8 = 256$ 个不同的值。这足以代表每个可能的 ASCII 字符。但是单字节远远不足以存储所有 10 万个可能的 Unicode 字符。为了解决这个问题,Unicode 字符集定义了将 Unicode 字符打包成字节序列的各种编码方案。最常见的编码称为 UTF-8。UTF-8 是一种可变长度编码方案,用单字节存储 ASCII 的字符,但可能需要最多 4 字节来表示一些更为深奥的字符。这意味着长度为 10 个字符的字符串最终将以 10~40 字节的序列存储在内存中,具体取决于字符串中使用的实际字符。然而,从拉丁字母的使用经验来看,一个字符平均需要大约一字节的存储是相对比较安全的一种方案。

5.4.2 编写编码器

下面利用 Python 的 ord()函数和 chr()函数来编写一个简单的程序,实现将消息转换为数字序列再转换回来的过程。假设要将一段话转换为 Unicode 码表示,编码的算法很简单,设计如下:

```
※ ------伪代码------
※ 对消息进行编码
※ for ch in message:
※ 打印字符的 Unicode 码
```

用户获取消息,只需要一个 input()函数即可。

实现循环首先需要针对消息的每个字符进行操作。回想一下前面学习过的使用 for 循环遍历一系列对象的方法。由于字符串是一种序列,因此可以用 for 循环遍历消息的所有字符:

```
for ch in message:
```

最后将每个字符转换为数字。最简单的方法就是对消息中的每个字符转换为 Unicode 码,直接使用 ord()函数即可实现。

下面是消息编码的最终代码:

```
#5_4 encodes_Unicode.py
def main():
    print("将文本消息转换为序列")
    print("消息的 Unicode 码\n")
    #获取编码消息
    message = input("输入待编码的文本: ")
    print("\nUnicode 编码:")
    #循环消息并打印出 Unicode 码
    for ch in message:
        print(ord(ch), end=" ")
    print()
main()
```

输出结果如下：

```
将文本消息转换为序列
消息的 Unicode 码

输入待编码的文本：轻轻的我走了,正如我轻轻的来

Unicode 编码为：
36731 36731 30340 25105 36208 20102 65292 27491 22914 25105 36731 36731 30340 26469
```

5.5 字符串方法

5.5.1 编写解码器

5.4 节通过编写编码器了解到，要想理解字符的 Unicode 码所表示的内容，就需要对应的解码器。接下来一起看看如何解决这个问题。解码器程序提示用户输入一系列 Unicode 码，然后打印出带有相应字符的文本消息。这个程序具有几个挑战性的难度，下面就通过学习，一起来解决这些问题。

解码器程序的总体轮廓看起来与编码器程序非常类似。解码器会在字符串中收集消息的字符，并在程序结束时打印出整条消息。为此，需要用一个累加器变量。下面是解码器算法：

```
※ ------伪代码------
※ 得到要解码的数字序列
※ message = ""
※ for each number in the input:
※    将数字转换为相应的 Unicode 码
※    将字符添加到消息的末尾
※ 打印 message
```

在循环之前，累加器变量 message 被初始化为空字符串，即不包含字符的字符串（""）。每次通过循环，输入的数字被转换为相应的字符，并附加到之前构造的 message 末尾。

为了得到要解码的数字序列，还需要依靠更多的字符串操作，具体步骤如下：首先利用输入将整个数字序列读入为单个字符串；其次，可以将大字符串拆分为一系列较小的字符串，每个字符串代表一个数字；最后，通过遍历更小的字符串列表，将每个字符串转换为一个数字，并使用该数字来产生相应的 Unicode 字符。下面是完整的算法：

```
※ ------伪代码------
※ 以 string,inString 的形式获取数字序列
```

※ 将 inString 分解成一系列小字符串
※ message = ""
※ for each number in the input:
※ 将数字转换为相应的 Unicode 码
※ 将字符添加到消息的末尾
※ 打印 message

对于解码器,可以使用 split() 函数。此方法的作用是将字符串拆分为子串列表。默认情况下,它会在遇到空格时拆分字符串。当然也可以指定其他分隔符。下面是一个示例:

```
>>> myString = "hello world!"
>>> myString.split()
['hello', 'world!']
>>> String = "a,b,c,d"
>>> String.split(",")
['a', 'b', 'c', 'd']
```

也可以利用 split() 函数获取多个输入数据。例如,可以获取单个输入字符串中的一个点的 x 值和 y 值,使用 split() 函数将其转换为列表,然后索引得到的列表,获取单个字符串部分,具体的示例如下:

```
>>> coords = input("输入点的坐标(x,y): ").split(",")
输入点的坐标(x,y): 3,5
>>> coords
['3', '5']
>>> coords[0]
'3'
```

再回到解码器的问题,可以使用类似的技术。由于程序应该接收编码器程序产生的相同格式,即一系列具有空格的 Unicode 码,使用 split() 函数就可以十分轻松地解决问题,提升编程的效率。

同样,如果不是数字列表,而是字符串列表,只不过这些字符串包含数字,那么,又将如何提取这些数字呢?下面通过举一个示例来解释说明一下。在这个示例中的字符串都是整型字面量,因此可以把 int() 函数应用于每一个字符串,将其转换为 Unicode 码,然后再进行解码处理。

使用 split() 函数和 int() 函数,编写解码器如下:

```
#5_5 decodes_Unicode.py
def main():
    print("将 Unicode 码序列转换为文本字符串")
    print("文本字符串\n")
```

```
#获取数字序列
inString = input("输入 Unicode 码: ")
#遍历每个子字符串并构建 Unicode 消息
message = ""
for numStr in inString.split():
    codeNum = int(numStr)
    message = message + chr(codeNum)
print("\n解码的结果为:", message)
main()
```

下面是该程序执行的结果:

将 Unicode 码序列转换为文本字符串
输入 Unicode 码: 36731 36731 30340 25105 36208 20102 65292 27491 22914 25105 36731 36731 30340 26469

解码的结果为:轻轻的我走了,正如我轻轻的来

5.5.2 更多字符串方法

现在已经学习了编码和解码两个程序,进行 Unicode 码的序列的消息处理。由于 Python 的字符串数据类型以及内置的序列操作和字符串方法功能的强大,使得程序员编写程序变得相当简单。要编写操作文本数据的程序,还需要再介绍一下有用的字符串方法,表 5-3 列出了这样一些字符串方法,值得一起探讨学习一下。

表 5-3 一些字符串方法

函 数	含 义
s.capitalize()	只有第一个字符大写的 s 的副本
s.center(width)	在给定宽度的字段中居中的 s 的副本
s.count(sub)	计算 s 中 sub 的出现次数
s.find(sub)	找到 sub 出现在 s 中的第一个位置
s.join(list)	将列表连接到字符串中,使用 s 作为分隔符
s.ljust(width)	类似 center,但 s 是左对齐
s.lower()	所有字符小写的 s 的副本
s.lstrip()	删除前导空格的副本
s.replace(oldsub, newsub)	使用 newsub 替换 s 中的所有出现的 oldsub
s.rfind(sub)	类似 find,但返回最右边的位置
s.rjust(width)	类似 center,但 s 是右对齐

续表

函　数	含　义
s.rstrip()	删除尾部空格的 s 的副本
s.split()	将 s 分割成子字符串列表
s.title()	s 的每个单词的第一个字符大写的副本
s.upper()	所有字符都转换为大写的 s 的副本

注意：
- s 表示父字符串，即要操作的字符串；
- sub 表示子字符串，即协助操作的字符串。

5.6　列表的重要方法

与字符串一样，列表也是对象，也带有自己的一组方法。下面将介绍列表的一些重要方法。

append()方法可以在列表末尾添加一项。这通常用于每次一项的构建列表。下面示例所示展示了前 100 个自然数的平方列表：

```
squares = []
for x in range(1,101):
    squares.append(x * x)
```

在这个示例中，使用 square = [ ]来创建一个空列表，利用 for 循环，将 1～100 的自然数字计算平方并附加到列表中。循环完成时，squares 将是列表[1，4，9，…，10000]。这实际上就是累加器的模式在发挥作用，得到一个 1～100 的自然数的平方列表。

再回头分析一下上面的解码器程序（例 5_5 decodes_Unicode.py），程序使用字符串变量作为解码输出消息的累加器。语句 message=message+chr(codeNum)作用的本质是创建了一个到当前为止的 message 的完整副本，然后再在字符串的末端增加一个字符。

使用列表就可以避免这种不断重复复制消息的现象。消息可以作为字符列表来累积字符串，也就是将每个新字符附加到已有列表的末尾。记住，列表是可变的，所以在列表的末尾添加字符只是改变当前的列表，而不必将已有内容复制到一个新的对象中。一旦操作完成了列表中的所有字符，就可以用 join()方法将这些字符一下子连接成一个字符串，这样一个小的改变，就有效地解决了用字符串变量来直接处理的诸多问题。

下面是改进后的解码器代码：

```
#5_6 new_decodes_Unicode.py
def main():
    print("将 Unicode 码序列转换为文本字符串")
```

```
    print("文本字符串\n")
    #获取待解码的文本
    inString = input("输入Unicode码: ")
    #遍历每个子字符串并构建Unicode消息
    chars = []
    for numStr in inString.split():
        codeNum = int(numStr)
        chars.append(chr(codeNum))
    message = "".join(chars)
    print("\n解码结果为:", message)
main()
```

在这段代码中,将字符附加到名为 chars 的列表中,从而收集字符。最终消息是用空字符串作为分隔符把这些字符连接在一起而获得的。因此,原始字符连接在一起,之间没有任何额外的空格。

5.7 从编码到加密

前面已经学习了计算机如何将字符串表示为编码的处理方法。字符串中的每个字符由一个数字表示,该数字通过二进制的形式存储在计算机中。但这个代码根本没有什么真正的秘密,只是简单地进行字符到数字的行业标准映射。只要有一点计算机科学知识的人都能轻易破解这些代码,根本不是加密处理。

为了保密或秘密传输而对信息进行编码的过程才称为真正意义上的加密。加密方法的研究是数学和计算机科学的一个子研究领域,业内称之为密码学。例如,当你在互联网上购物,你的个人信息(如姓名和信用卡号码等)就十分重要,必须采用安全的编码来传输,防止网络上潜在的窃听者窃取。

前面的简单编码、解码程序示例使用的只是替换编码方式,算不上是加密。真正的加密包含明文和密文两个要素:原始消息的每个字符(称为"明文")被来自"密码字母表"的相应符号替换,生成的代码称为"密文"。

前面的编码示例即使密码不是使用著名的 Unicode 编码,仍然很容易被破解为原始消息。由于每个字母总是由相同的符号编码,因此解码器可以使用关于各种字母出现频率的统计信息和一些简单的试错法测试来发现原始消息。这种简单的加密方法显然不能完成确保在全球网络上通信的任务,毕竟高水平的黑客太多了。

现代加密方法是先将消息转换为数字,就像前面的编码程序那样,然后采用复杂的数学算法将这些数字转换为其他数字。通常,这种变换基本上是将消息与一些特殊值(也就是人们常说的"密钥")进行组合,生成加密后的数字。为了解密消息,接收方需要具有对应的密钥,以便反转编码,恢复原始消息。

加密分为私钥和公钥两种方式。

在私钥(也称为"共享密钥")系统中,使用相同的密钥进行加密和解密消息。需要通信的双方都知道密钥,且必须对外界保密。这是人们在考虑加密通信时通常比较容易想到的方法。这种加密方式称之为对称加密,常见的对称加密算法有 DES、AES、3DES 等。

而在公钥系统中,存在用于加密和解密的两个不同但相关的密钥,一个作为公开的公钥,另一个作为私钥。公钥加密的信息,只有私钥才能解密。私钥加密的信息,只有公钥才能解密。它们的加密、解密功能是可以互换的。公钥可以对外公开,而私钥是保持私有的。任何人都可以用公钥将信息进行加密,然后安全地发送消息,而只有持有私钥的一方才能够解密消息。这种加密方式称为非对称加密。常见的非对称加密算法有 RSA 和 ECC 等。

例如,安全网站可以向 Web 浏览器发送其公钥,浏览器可以用它对信用卡信息进行编码,再在因特网上发送,然后只有请求信息的公司才能够用正确的私钥来解密和读取它。

5.8 输入/输出作为字符串操作

除了文本操作外,字符串操作也是非常常见的操作。

5.8.1 示例程序:日期转换

举一个具体的示例,将月份缩写程序扩展成日期转换。用户若输入一个日期,例如"05/24/2020",程序则显示日期为"May 24,2020"。下面是该程序的算法:

```
※ ------伪代码------
※ 以月/日/年的形式输入日期数据
※ 将输入的数据分解为月、日、年
※ 将月的字符串转换为第几月份
※ 利用得到的月份来寻找月的名称
※ 再利用日和年生成新的字符串
※ 输出生成的新的字符串
```

首先可以通过前面学到的知识,实现代码中的前两步:

```
dateStr = input("Enter a date (mm/dd/yyyy): ")
monthStr, dayStr, yearStr = dateStr.split("/")
```

利用 input()函数获取日期数据,通过 split()函数以"/"为分隔符,将其分为 3 个字符串,分别存储到变量 monthStr、dayStr 和 yearStr 中。

接下来实现第 3 和第 4 步,第 3 步就是将字符串数据变为整型,再通过得到的整型数据查找对应月的名称。

```
months = ["January", "February", "March", "April",
          "May", "June", "July", "August",
          "September", "October", "November", "December"]
monthStr = months[int(monthStr)-1]
```

查找名称用到了前面学到的索引,注意索引从 0 开始。

最后以新的字符串输出:

```
print("The converted date is:", monthStr, dayStr+",", yearStr)
```

下面是完整的代码:

```
#5_7 change_month.py
def main():
    #获取日期
    dateStr = input("输入日期 (月/日/年): ")
    #以斜杠为分隔符分解日期
    monthStr, dayStr, yearStr = dateStr.split("/")
    #得到月的名称
    months = ["January", "February", "March", "April",
    "May", "June", "July", "August",
    "September", "October", "November", "December"]
    monthStr = months[int(monthStr)-1]
    #输出
    print("转换的日期为:", monthStr, dayStr+",", yearStr)
main()
```

运行时,输出如下结果:

```
输入的日期(月/日/年): 04/05/2023
转换的日期为: April 05, 2023
```

在软件开发过程中,常常需要将数字转成字符串。在 Python 中,大多数数据类型可以用 str() 函数来转换为字符串。下面举两个简单的示例:

```
>>> str(500)
'500'
>>> value = 3.14
>>> str(value)
'3.14'
>>> print("The value is", str(value) + ".")
The value is 3.14.
```

请特别注意最后一个示例。通过将值 3.14 转换为字符串,用字符串连接,并在句子的结尾处放置句点。如果不先将值转换为字符串,print()函数中包含的最后一个小数点"."不是数值,是不能参与计算的,而 Python 会将"+"解释为数值运算中的加法运算符,导致产生错误。

表 5-4 总结了这 4 种 Python 类型转换函数,可用于各种 Python 数据类型之间的转换。

表 5-4 类型转换函数

函　　数	含　　义
float(<expr>)	将 expr 转换为浮点值
int(<expr>)	将 expr 转换为整数值
str(<expr>)	返回 expr 的字符串表示形式
eval(<string>)	将字符串作为表达式求值

将数字转换为字符串有一个主要的原因,即字符串操作有利于控制打印的格式。例如,执行日期计算时,必须将月、日和年作为数值操作,对于格式化的输出,这些数值又将被转换回字符串。

5.8.2　字符串格式化

基本的字符串操作可以用来构建正确的格式化输出。这种技术对于简单的格式化是方便有用的,但通过较小字符串切片和连接来构建复杂的输出是十分困难的。Python 提供了一个强大的字符串格式化操作,让程序编写变得更为容易。

下面以第 3 章最开始的零钱示例来举例说明。这个示例的输出如下:

```
请输入你的各种硬币个数.
有多少 1 元的硬币: 5
有多少 5 角的硬币: 3
有多少 2 角的硬币: 4
有多少 1 角的硬币: 6
你拥有的硬币总额是¥7.9
```

最终值以保留一个小数位的小数形式给出。如果表示为人民币,用户希望给出的形式为¥7.90。此时,只需要改变最后一句的输出就可以解决:

```
print("你拥有的硬币总额是¥{0:0.2f}".format(total))
```

修改之后打印的消息如下所示:

```
你拥有的硬币总额是¥7.90
```

format()方法是内置的 Python 字符串方法。对于比较基础的格式化输出,可以采用"％"方法。format()方法功能更强大,该方法把字符串当成一个模板,对传入的参数进行格式化,并且使用大括号"{}"作为特殊字符代替"％",字符串格式化的形式为:

```
<template-string>.format(<values>)
```

在模板字符串 template-string 中可以使用花括号{}标记出"插槽",提供的值将插入该位置。花括号中的信息指示插槽中的值以及该值应如何格式化。在本书中,插槽说明具有以下形式:

```
{<index>:<format-specifier>}
```

例如:

```
>>> "{0}:计算机{1}的 CPU 占用率为{2}%。".format("2025-12-31","Python",10)
'2025-12-31:计算机 Python 的 CPU 占用率为 10%。'
```

索引的作用是告诉第几个参数被插入到对应的第几个插槽中。像 Python 的惯例一样,索引从 0 开始。在上面的示例中,有 3 对花括号,即有 3 个插槽。format()中的 3 个逗号分隔了 3 个参数。索引 0 用于表示第一个参数插入该插槽,即 format()中第一个逗号前面的参数。与此类似,索引 1、索引 2 对应第 2 个和第 3 个参数。所以,打印的结果是填入了 3 个参数的完整字符串。

{<index>:<format-specifier>}中冒号后的描述部分指定了值插入插槽时该值的外观。请再次看"你拥有的硬币总额是¥{0:0.2f}".format(total)这个示例,其格式说明符为 0.2f。该格式说明符的格式为<宽度>.<精度><类型>。宽度指明了值应占用多少"空间",如果值小于指定的宽度,则用额外的字符填充(默认值为空格);如果这个值需要的空间比分配的更多,它会占据显示该值所需的空间,所以在这里放置一个 0 基本上是说"使用你需要的空间"。精度是 2 则说明 Python 将值舍入到两个小数位。最后,类型字符 f 表示该值应显示为定点数。这意味着,将始终显示指定的小数位数,即使它们为 0 也如此。

下面再举个示例来理解一下:

```
>>> "I love {0} {1} {2}".format("Python","C++","Java")
'I love Python C++ Java'
```

一般情况下,输出的结果需要改变宽度和精度,例如:

```
>>> "{0:3}".format(5)                    #宽度为 3,右对齐
'  5'
>>> "{0:5}".format(5)                    #宽度为 5,右对齐
'    5'
>>> "{0:5.3}".format(3.14159)            #宽度为 5,含小数点,右对齐;非定点浮点数为 3,
                                         #表示精度指明要打印的有效数字的个数为 3 位
```

```
'3.14'
>>> "{0:5.3f}".format(3.14159)      #宽度为5,含小数点,右对齐;定点浮点数为3f,
                                    #表示精度指明要打印的小数位数为3位
'3.142'
>>> "{0:0.3}".format(3.14159)       #0宽度,即自定义需要的空间,左对齐;非定点浮
                                    #点数为3,表示有效数字的个数为3位
'3.14'
>>> "{0:0.3f}".format(3.14159)      #0宽度,即自定义需要的空间,左对齐;定点浮点
                                    #数为3f,小数位数为3位
'3.142'
```

请注意,对于正常(非定点)浮点数,精度表示输出结果有效数字的个数;对于定点(由指定符末尾的 f 表示),精度则表示小数位数。

你可能会注意到,默认情况下,数值是右对齐的,这有助于在列中排列数字。而在"自定义需要的空间"(即用 0)的情况下,字符串在其字段中是左对齐的。通过在格式说明符的开头包含显式调整字符,可以更改默认行为。对于左、右和居中对齐,所需的字符分别为<、>和^。

```
>>> '输出左对齐定长为 10 位 [{:<10}]'.format('12')
'输出左对齐定长为 10 位 [12        ]'
>>> '输出右对齐定长为 10 位 [{:>10}]'.format('12')
'输出右对齐定长为 10 位 [        12]'
>>> '输出居中对齐定长为 10 位,填充 x [{:x^10}]'.format('12')
'输出居中对齐定长为 10 位,填充 x [xxxx12xxxx]'
```

5.8.3 优化的零钱计数器

为了用更确切的值来存储钱,对于零钱计数器这个示例,可以用人民币的"分"来记录货币,并用整型的值来存储它,然后在输出步骤中将它转换为元和分。假设需要处理正数,如果 total 代表以分为单位的值,那么就可以通过整数除法 total//100 得到元,通过 total%100 得到分。这两个都是整数计算,因此会给出确切的结果。下面是优化后的程序:

```
#5_8 best_change.py
#A program to calculate the value of some change in dollars
def main():
    print("Change Counter")
    print()
    print("请输入你的各种硬币个数.")
    yuan = int(input("有多少 1 元的硬币: "))
    fifty_cents = int(input("有多少 5 角的硬币: "))
```

```
        twenty_cents = int(input("有多少2角的硬币: "))
        ten_cents = int(input("有多少1角的硬币: "))
        total = yuan * 100 + fifty_cents * 50 + twenty_cents * 20 + ten_cents * 10
        print("你拥有的硬币总额是 ¥{0}.{1:0>2}".format(total//100, total%100))
main()
```

print 语句中的字符串格式化包含两个插槽，一个用于元，是整型，另一个用于角。角插槽说明了格式说明符的另一种变化。角的值用格式说明符"0＞2"打印。前面的调整字符 0 告诉 Python 用 0 来填充字段(如果必要)，而不是空格。这确保 10 元 5 角这样的值打印为 10.50 元，而不是 10.5 元。

5.9　文件处理

5.9.1　多行字符串

从概念上理解，文件是存储在磁盘驱动器的数据序列。文件可以包含任何数据类型，但最简单的文件是包含文本的文件。文本文件的优点是可以被人类直接阅读和理解，并且它们可以轻松地使用通用文本编辑器(如操作系统自带的文本工具)和字处理程序(如WPS、Word 等)来创建和编辑。在 Python 中，文本文件操作非常灵活，因为它很容易在字符串和其他类型之间来回转换。

你可以将文本文件看成一个存储在磁盘上的字符串。当然，一般的文件通常都包含了多行的文字。在文本文件中，特殊字符或字符序列用于标记每行的结尾。行结束标记有许多形式，Python 使用常规换行符(\n)来处理。

下面来看一个具体的示例。假设在文本编辑器中输入以下行：

```
Hello
World

Goodbye 32
```

如果存储到文件，会得到以下字符序列：

```
Hello\nWorld\n\nGoodbye 32\n
```

请注意，在从文件得到的字符串中，空行变为了一个换行符。

当深入了解了文本文件后，就不会对此感觉奇怪了，这就像将换行字符嵌入到输出字符串，用一个打印语句生成多行输出的用法一样。下面是上面示例的交互式打印：

```
>>> print("Hello\nWorld\n\nGoodbye 32\n")
Hello
```

```
World

Goodbye 32
```

记住,如果只是在 Shell 中对一个包含换行符的字符串求值,将再次得到嵌入换行符的表示形式:

```
>>>"Hello\nWorld\n\nGoodbye 32\n"
'Hello\nWorld\n\nGoodbye 32\n'
```

只有当打印字符串时,特殊字符才会影响字符串的显示方式。

5.9.2 文件处理

文件处理的确切细节在不同编程语言之间存在着很大的差异,但实际上所有语言都共享某些底层的文件操作概念。首先,需要通过一些方法将磁盘上的文件与程序中的对象相关联。这个过程称为"打开"文件。一旦文件被打开,其内容即可通过相关联的文件对象来进行访问。

其次,还需要一组可以处理文件对象的操作,这其中包括允许从文件中读取信息并将新信息写入文件的操作。通常,文本文件的读取和写入操作类似于基于文本的交互式输入和输出操作。

最后,当完成文件操作后,文件必须要被"关闭"。关闭文件确保所有必需的记录工作都已完成,从而保持磁盘上的文件和文件对象之间的一致。

Python 中操作文本文件很容易。第一步是创建一个与文件相对应的文件对象,这可以使用 open() 函数来完成。通常,文件对象立即分配给一个变量,如下所示:

```
<variable> = open(<name>, <mode>)
```

这里的 name 是一个字符串,它提供了文件的名称和路径。mode 参数可以是字符"r"或"w",这表示打算对文件进行读取或是写入操作。

假设需要读取 read.txt 文件,就可以使用如下语句:

```
infile = open("read.txt","r")
```

Python 提供了如下三个从文件中读取信息的相关操作。

(1) <file>.read() 将文件的全部剩余内容作为一个字符串返回,这个字符串可能会很大,而且是多行的。

(2) <file>.readline() 返回文件的下一行,即从当前指向的文本开始,直到下一个换行符"\n"结束。

(3) <file>.readlines() 返回文件中剩余行的列表,每个列表项都是一行,包括结尾处的换行符。

比如有一个名为 a.txt 的文件,文件内容为:

```
if you have a dream
please try to do it
because dream is lovely
```

下面使用 read() 函数将文件内容读出并打印到屏幕上:

```
f = open("a.txt",'r')
lines = f.read()
print(lines)
print(type(lines))
f.close()
```

首先打开该文件,然后将文件的全部内容读取为一个大字符串并存储在变量 lines 中,打印 lines,将结果打印在屏幕上,查看 lines 的数据类型,最后关闭文件。

下面是该示例的运行结果:

```
if you have a dream
please try to do it
because dream is lovely
<class 'str'>
```

readline() 函数是对文件进行读取下一行的操作。对 readline() 函数的连续调用可以从文件中获取连续的行。这类似于 input() 输入,它以交互方式读取字符,直到用户按下回车键。但需要区分的是,readline() 函数返回的字符串总是以换行符结束,而 input() 函数只保留字符,丢弃换行符。

如下面的示例:

```
f = open('a.txt','r')
for line in open('a.txt'):
    line = f.readline()
    print(line)
f.close()
```

该程序的运行情况如下:

```
if you have a dream

please try to do it

because dream is lovely
```

另一种循环遍历文件全部内容的方法是使用 readlines() 函数,然后将结果保存在列表当中。

```
infile = open(someFile, "r")
for line in infile.readlines():
    #process the line here
infile.close()
```

当然，这种方法的潜在缺点是，如果文件非常大，一次性将文件全部读入列表可能会占用太多的内存。

幸运的是，Python还提供了一种简单的方法进行替代，即将文件本身视为一系列行，所以就可以直接处理循环遍历文件的行：

```
infile = open(someFile, "r")
for line in infile:
    #process the line here
infile.close()
```

如何写入（保存）文件呢？在Python中，打开用于写入的文件，让该文件准备好接收数据。例如，用户需要将文字写入到write.txt文件中，就可以使用如下语句：

```
file = open("write.txt ","w")
```

如果给定名称的文件不存在，程序会自动创建一个新文件。注意，如果给定名称的文件已经存在，Python则将删除它原有的内容使之成为一个空文件，然后重新根据程序的内容进行写入，也就是刷新重写。因此，在写入文件时，应当格外地小心，确保不要破坏有用的任何文件！

将信息写入文本文件最简单的方法就是用已经熟悉的print()函数，将信息打印到文件，只需要添加一个额外关键字参数就可以了，即file＝＜outputFile＞，它用于指定文件的文件名和路径：

```
print(..., file=<outputFile>)
```

这个操作与正常打印完全相同，只是结果发送到被输出到文件而不是显示在屏幕上。

5.9.3　示例程序：批处理用户名

下面将学习设计一个用于处理用户名的文件处理程序。要求输入文件的每一行包含一个新用户的名字和姓氏，并用一个或多个空格分隔。该程序产生一个输出文件，其中包含所生成的用户名的行：

```
#5_9 User_file.py
def main():
```

```
print("该程序创建一个用户名文件")
print("文件夹名称.")
#获取文件名
infileName = "username.txt"        #"处理前用户名存放的文件路径及文件名"
outfileName = "user.txt"           #"处理后用户名存放的文件路径及文件名"
#打开文件
infile = open(infileName, "r")
outfile = open(outfileName, "w")
#逐行处理输入文件
for line in infile:
    #从行中获取姓和名
    first, last = line.split()
    #创建用户名
    uname = (first[0]+last[:7]).lower()
    #将其写入输出文件
    print(uname, file=outfile)
#关闭文件
infile.close()
outfile.close()
print("用户名已经被存入", outfileName)
main()
```

5.9.4 文件对话框

使用文件操作程序经常会出现一个问题,即如何准确地确定所使用文件的路径,也就是这个文件在哪的问题。如果数据文件与你的程序位于同一文件夹,那么只需输入正确的文件名称即可。Python 将在"当前"目录中查找文件。然而,有时很难知道文件的完整名称和路径是什么。

当数据文件与你的程序不在同一目录时,此时必须指定完整路径,在计算机系统中定位该文件。

这个问题的解决方法就是调用用户的可视浏览文件功能,并导航到特定的文件。让用户自己打开或保存文件及文件的路径是许多应用程序常见的一项功能。执行这项操作,就是直接调用操作系统提供的通用技术:打开或保存对话框(用于用户交互的特殊窗口),它允许用户在文件系统中单击鼠标,选择或输入文件的名称。Python 中的 tkinter GUI 库就提供了这样一些简单易用的函数,可用于创建获取文件名的对话框,下面将介绍这些函数的使用方法。

如果要询问用户打开文件的名称,可以使用 askopenfilename() 函数。它在 tkinter.filedialog 模块中。要正确使用它,就必须在程序的顶部导入该函数,方法如下:

```
from tkinter.filedialog import askopenfilename
...
infileName = askopenfilename()
```

该对话框允许用户输入文件的名称，或用鼠标进行选择。在 Windows 中执行的结果如图 5.2 所示。当用户单击"打开"按钮时，文件的完整路径名称将作为字符串返回并保存到变量 infileName 中。如果用户单击"取消"按钮，该函数将只返回一个空字符串。

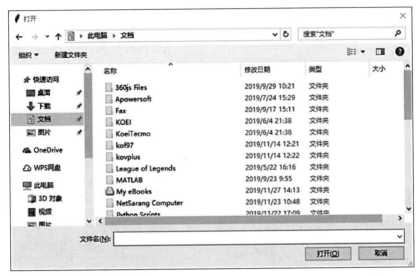

图 5.2 来自 askopenfilename 的文件对话框

Python 的 tkinter 提供了另外一个函数 asksaveasfilename()，可用于保存文件。它的用法与 askopenfilename()函数非常相似。

```
from tkinter.filedialog import asksaveasfilename
...
outfileName = asksaveasfilename()
```

asksaveasfilename()函数的示例对话框如图 5.3 所示。当然，你也可以同时导入这两个函数，例如：

```
from tkinter.filedialog import askopenfilename, asksaveasfilename
```

这两个函数还有许多可选参数，让程序打开定制的对话框，例如，改变标题或建议默认文件名。

对例 5_9 代码的改进如下：

第 5 章 字符串、列表和文件

图 5.3 来自 asksaveasfilename 的文件对话框

```
#5_10 new_user_file.py
from tkinter.filedialog import askopenfilename
from tkinter.filedialog import asksaveasfilename
def main():
    print("该程序创建一个用户名文件")
    print("文件夹名称.")
    #获取文件名
    infileName = askopenfilename()       #"处理前用户名存放的文件路径及文件名:")
    outfileName = asksaveasfilename()    #"处理后用户名存放的文件路径及文件名:")
    #打开文件
    infile = open(infileName, "r")
    outfile = open(outfileName, "w")
    #逐行处理输入文件
    for line in infile:
        #从行中获取姓和名
        first, last = line.split()
        #创建用户名
        uname = (first[0]+last[:7]).lower()
        #将其写入输出文件
        print(uname, file=outfile)
    #关闭文件
    infile.close()
    outfile.close()
    print("用户名已经被存入", outfileName)
main()
```

5.10 正则表达式

字符串是编程时用得最多的一种数据类型,对字符串进行操作的需求几乎无处不在。比如判断一个字符串是否是合法的 E-mail 地址,虽然可以通过编写代码来提取@前后的子串,再分别判断是否是单词和域名,但这样做不仅麻烦,而且代码难以复用。正则表达式就是一个非常好的解决办法,现在就开始一起学习它神奇而强大的功能吧。

1. 基础知识

正则表达式是一种用来匹配字符串的强有力的武器。它的设计思想是用一种描述性的语言来给字符串定义一个规则,凡是符合规则的字符串,就可以认为它"匹配"了,否则,该字符串就是不合法的。

判断一个字符串是否是合法的 E-mail 地址的方法是:

(1) 创建一个匹配 E-mail 地址的正则表达式;

(2) 用该正则表达式去匹配用户的输入来判断是否合法。

因为正则表达式也是用字符串表示的,所以,首先要了解如何用字符来描述字符。

在正则表达式中,如果直接给出字符,就是精确匹配。用\d 可以匹配一个数字,\w 可以匹配一个字母或数字,所以:

- '00\d'可以匹配'007',但无法匹配'00A';
- '\d\d\d'可以匹配'010';
- '\w\w\d'可以匹配'py3';
- 句点(.)可以匹配一个任意字符,所以,'py.'可以匹配'pyc'、'pyo'、'py!'等。

要匹配变长的字符,在正则表达式中,用 * 表示任意个字符(包括 0 个),用 + 表示至少一个字符,用 ? 表示 0 个或 1 个字符,用{n}表示 n 个字符,用{n,m}表示 n—m 个字符。

再来看一个复杂的示例:\d{3}\s+\d{3,8}。从左到右解读一下:

- \d{3}表示匹配 3 个数字,例如'010';
- \s 可以匹配一个空格(也包括制表符等空白符),所以\s+表示至少有一个空格,例如匹配' '、' '等;
- \d{3,8}表示 3~8 个数字,例如'1234567'。

综合起来,上面的正则表达式可以匹配以任意个空格隔开的带区号的电话号码。

如果要匹配'010-12345'这样的号码呢? 由于'-'是特殊字符,在正则表达式中,要用'\'转义,所以,上面的正则表达式是\d{3}\-\d{3,8}。

但是,这个正则表达式仍然无法匹配'010 - 12345',因为带有空格,所以需要更复杂的匹配方式。

2. 进阶匹配

要实现更精确的匹配,可以用[]表示范围,比如:

- [0-9a-zA-Z_] 可以匹配一个数字、字母或者下画线。
- [0-9a-zA-Z_]+ 可以匹配至少由一个数字、字母或者下画线组成的字符串，比如 'a100'、'0_Z'、'Py3000'等。
- [a-zA-Z_][0-9a-zA-Z_]* 可以匹配由字母或下画线开头，后接任意个由一个数字、字母或者下画线组成的字符串，也就是 Python 合法的变量。
- [a-zA-Z_][0-9a-zA-Z_]{0，19}更精确地限制了变量的长度是 1～20 个字符（前面 1 个字符＋后面最多 19 个字符）。
- A|B 可以匹配 A 或 B，所以(P|p)ython 可以匹配'Python'或者'python'。
- ^表示行的开头，^\d 表示必须以数字开头。
- $ 表示行的结束，\d$ 表示必须以数字结束。

注意，py 也可以匹配'python'，但是加上^py$ 就变成了整行匹配，从而只能匹配'py'了。

3. re 模块

有了准备知识，现在就可以在 Python 中使用正则表达式了。Python 提供 re 模块，包含所有正则表达式的功能。由于 Python 的字符串本身也用'\'转义，所以要特别注意：

```
s = 'ABC\\-001' # Python 的字符串
# 对应的正则表达式字符串变成：
# 'ABC\-001'
```

因此强烈建议大家使用 Python 的 r 前缀，就不用考虑转义的问题了：

```
s = r'ABC\-001' # Python 的字符串
# 对应的正则表达式字符串不变：
# 'ABC\-001'
```

先看看如何判断正则表达式是否匹配：

```
>>> import re
>>> re.match(r'^\d{3}\-\d{3,8}$', '010-12345')
<_sre.SRE_Match object; span=(0, 9), match='010-12345'>
>>> re.match(r'^\d{3}\-\d{3,8}$', '010 12345')
>>>
```

match()方法判断是否匹配，如果匹配成功，返回一个 Match 对象，否则返回 None。常见的判断方法如下：

```
test = '用户输入的字符串'
if re.match(r'正则表达式', test):
    print('ok')
else:
    print('failed')
```

4. 切分字符串

用正则表达式切分字符串比用固定的字符更灵活,请看正常的切分代码:

```
>>> 'a b   c'.split(' ')
['a', 'b', '', '', 'c']
```

当无法识别连续的空格时,用正则表达式试试:

```
>>> re.split(r'\s+', 'a b   c')
['a', 'b', 'c']
```

无论多少个空格都可以正常分割。加入","试试:

```
>>> re.split(r'[\s\,]+', 'a,b, c  d')
['a', 'b', 'c', 'd']
```

再加入";"试试:

```
>>> re.split(r'[\s\,\;]+', 'a,b;; c  d')
['a', 'b', 'c', 'd']
```

如果用户输入了一组标签,下次记得用正则表达式来把不规范的输入转化成正确的数组。

5. 分组

除了简单的判断是否匹配之外,正则表达式还有提取子串的强大功能。用()表示的就是要提取的分组。比如,^(\d{3})-(\d{3,8})$分别定义了两个组,可以直接从匹配的字符串中提取出区号和本地号码:

```
>>> m = re.match(r'^(\d{3})-(\d{3,8})$', '010-12345')
>>> m
<_sre.SRE_Match object; span=(0, 9), match='010-12345'>
>>> m.group(0)
'010-12345'
>>> m.group(1)
'010'
>>> m.group(2)
'12345'
```

如果正则表达式中定义了组,就可以在Match对象上用group()方法提取出子串来。注意到group(0)永远是原始字符串,group(1)、group(2)……表示第1、2……个子串。

提取子串非常有用。来看一个更复杂的示例：

```
>>> t = '19:05:30'
>>> m = re.match(r'^(0[0-9]|1[0-9]|2[0-3]|[0-9])\:(0[0-9]|1[0-9]|2[0-9]|3[0-9]|4[0-9]|5[0-9]|[0-9])\:(0[0-9]|1[0-9]|2[0-9]|3[0-9]|4[0-9]|5[0-9]|[0-9])$', t)
>>> m.groups()
('19', '05', '30')
```

这个正则表达式可以直接识别合法的时间。但有些时候，用正则表达式也无法做到完全验证，比如识别日期：

```
'^(0[1-9]|1[0-2]|[0-9])-(0[1-9]|1[0-9]|2[0-9]|3[0-1]|[0-9])$'
```

对于'2-30'、'4-31'这样的非法日期，用正则表达式还是识别不了，或者说写出来非常困难，这时就需要程序配合识别了。

6. 贪婪匹配

最后需要特别指出的是，正则匹配默认是贪婪匹配，也就是匹配尽可能多的字符。如例，如果要匹配出数字后面的 0：

```
>>> re.match(r'^(\d+)(0*)$', '102300').groups()
('102300', '')
```

由于\d+采用贪婪匹配，直接把后面的 0 全部匹配了，结果 0* 只能匹配空字符串了。

必须让\d+采用非贪婪匹配（也就是尽可能少匹配），才能把后面的 0 匹配出来，加个问号(?)就可以让\d+采用非贪婪匹配：

```
>>> re.match(r'^(\d+?)(0*)$', '102300').groups()
('1023', '00')
```

7. 编译

在 Python 中使用正则表达式时，re 模块内部会做两件事情：
（1）编译正则表达式，如果正则表达式的字符串本身不合法，则会报错；
（2）用编译后的正则表达式去匹配字符串。

在这个编译过程中，是需要消耗一部分 CPU 和内存资源的。如果一个正则表达式要重复使用几千次，那么这个消耗就必须纳入程序性能优化的考虑范畴了。出于效率的考虑，可以预编译该正则表达式，接下来重复使用时就不需要编译这个步骤了，直接匹配：

```
>>> import re
# 编译:
>>> re_telephone = re.compile(r'^(\d{3})-(\d{3,8})$')
# 使用:
>>> re_telephone.match('010-12345').groups()
('010', '12345')
>>> re_telephone.match('010-8086').groups()
('010', '8086')
```

编译后生成正则表达式对象,由于该对象自己包含了正则表达式,所以调用对应的方法时不用给出正则字符串。

正则表达式非常强大,要在短短的一节中讲完是不可能的。有关正则表达式的更多内容,请参阅其他参考书。

本 章 小 结

本章主要介绍了文本应用程序,学习了一些关于文本如何储存在计算机上的重要知识,介绍了字符串数据的类型和简单的字符串处理,以及如何创建包含数字和字符串的列表,举例讲解了编码器和解码器、对文件的操作处理和正则表达式的使用。每一节都有相应的程序示例,帮助大家更好地理解本章的知识点。

知识扩展:Python 的格式字符

Python 的格式字符如表 5-5 所示。

表 5-5　Python 的格式字符

格式字符	说　　明	格式字符	说　　明
%s	字符串(采用 str()的显示)	%x	十六进制整数
%r	字符串(采用 repr()的显示)	%e	指数(基底写为 e)
%c	单个字符	%E	指数(基底写为 E)
%%	字符"%"	%f,%F	浮点数
%d	十进制整数	%g	指数(e)或浮点数(根据显示长度)
%i	有符号十进制整数	%G	指数(E)或浮点数(根据显示长度)
%o	八进制整数		

课程思政：中国汉字激光照排之父——王选院士

有"当代毕昇"之称的王选院士是中国科技界一个响亮的名字。他是"中国汉字激光照排之父"，被认为是中国古代四大发明的真正继承者和开拓者。

1. 汉字激光照排技术

激光照排就是把每一个汉字编成特定的编码，存储到计算机中，输出时用激光束直接扫描成字。汉字激光照排系统实际上是电子排版系统的大众化简称，它源起北京大学图印自动化的总体方案。

汉字激光照排技术的核心是一种字形信息压缩和快速复原技术，即"轮廓加参数描述汉字字形的信息压缩技术"，就是将横、竖、折等规则笔画用一系列参数精确表示，曲线形式的不规则笔画用轮廓表示，并实现了失真程度最小的字形变倍和变形，使存储量大大减少，速度大大加快。这一构思新颖的高分辨率字形、图形发生器和高倍率汉字信息压缩技术、高速度还原技术和不失真的文字变倍技术打开了计算机处理汉字信息的大门。

2. 无人区也可以走出一条路

王选＝汉字激光照排＋"三院"（中国科学院、中国工程院、第三世界科学院）院士。在大多数人眼中，王选院士是一位名人，但在采访时，他却认为自己只是一个非常普通的人，而且正处在容易犯错误的危险年龄上。王选院士这一生并不普通。年轻时，他特立独行，不爱凑热闹，偏喜欢盯住那些冷门的东西，他坚信无人区也可以走出一条路。在高考志愿表上他填下了自己的3个志愿：北京大学数学系、南京大学数学系、东北人民大学（现吉林大学）数学系。与其他孩子不同，他填了一份除了数学还是数学的报名表。进入北京大学以后，他选了计算数学，那是北京大学刚刚成立的新兴学科，计算数学专业连一套像样的教材都找不到。王选院士表示，自己当时有足够的理由选择计算数学，"我有种想法，越是古老、成熟的学科，越是完整严密的理论体系，越难以取得新的突破；而新兴学科往往代表着未来，越不成熟，留给人们的创造空间就越广阔。"

3. 名副其实的技术控

大学的新兴课程和新老师激起了王选院士心中的学习热情。尤其是当老师把具体设计"改进1号"和调试"红旗机"的任务先后交给他时，王选院士感到既自豪又有压力，经常连续工作一天一夜，最紧张的时候曾连续40个小时不合眼。这段玩命的日子，让王选院士对硬件的把握更加牢靠，从此，他对计算机的冲动再也停不下来。1961年，他做了人生中另一个重要的决定——从硬件转向软件，软硬结合同步创新。想到这一点，他果断开始学习计算机高级语言，并在1963年开始研究ALGOL60高级语言编译系统，与同事们一起在DJS-21计算机上具体实现。这使他深入了解了软件对硬件的需求。

4. 告别"铅与火"

早在1958年研制"红旗机"时,夜以继日的科研加上严重营养不良,王选院士积劳成疾。在一段时间内,他成了长期病休、只发劳保工资的老病号。但他从未忘记过计算机事业,1972—1974年,他在理解了编译系统软件对计算机设计需求的基础上,设计了适合软件的新型计算机结构。

他的妻子陈堃銶当时参加了国家重点科技攻关项目"汉字信息处理系统工程",带来的消息令他很激动:"汉字精密照排是指运用计算机和相关的光学、机械技术,对中文信息进行输入、编辑、排版、输出及印刷,也就是用现代科技对我国传统的印刷行业进行彻底改造。"虽然难度巨大,但价值和前景同样不可估量,因为在当时,中国数量最多的工厂恐怕就是印刷厂了。印刷术是中国四大发明之一,但此后中国的印刷术反倒不如国外发展得好。20世纪,西方率先结束了活字印刷,转用电子照排技术。反观中国,直到20世纪70年代,仍然"以火焰铅,以铅铸字,以铅字排版,以版印刷"。

学计算数学出身的王选院士想到了用数字式存储,发明了"用轮廓加参数描述汉字字形的信息压缩技术"。这种信息表示方法使10余种字体汉字字形信息的存储量只有数兆,从而解决了将庞大的汉字信息存储进计算机这一难题。另外,为了解决用什么输出设备的问题,他设计了适合硬件实现的轮廓信息高速复原字形的算法,并编写微程序实现。同时,设计并实现了逐段复原字形点阵的方法。在他的设计下,字形的大小可缩放自如,又不会影响敏感部分的质量。换句话说,可以实现字形变倍和变形时的高度保真。他做的这一切,帮助我们告别了"铅与火"的时代。

5. 未完的梦想

2006年王选院士逝世后,他的得力弟子肖建国教授继任北京大学计算机新技术研究所所长,依然奉行王选院士"顶天立地"的理念。"顶天"就是追求领先于国际的原创技术,"立地"就是强调技术的实用性。遵循这样的理念,北京大学计算机新技术研究所创造了新的累累成果。王选院士留下来的文化基因依然在方正集团和北京大学计算机新技术研究所的血液中流淌,王选院士留下的梦想也在一一实现。

第 6 章 函 数

6.1 函数的功能

在前面章节的示例中学习了 main() 函数,还使用过预先编写好的函数和方法,包括内置的 Python 函数,如 print()、abs(),来自 Python 标准库的函数和方法(如 math.sqrt())以及来自 graphics 模块的方法(如 getX())。函数是构建复杂程序的重要工具。本章介绍如何设计自己的函数,让程序更容易编写和理解。

在第 4 章中,介绍了终值问题的图形解决方案。回想一下,这个程序利用 graphics 库来绘制显示投资增长的柱形图,实现的代码如下:

```
win = GraphWin("Investment Growth Chart", 320, 240)
win.setCoords(-1.75,-200, 11.5, 10400)
```

改进后的代码如下:

```
#4_3 futval_graph.py
from graphics import *
def main():
    print("10 年的本金增长情况")
    #输入本金和利率
    principal = float(input("输入初始本金: "))
    apr = float(input("输入利率: "))
    #创建 GraphWin 并设置标题和窗口大小
    win = GraphWin("投资增长图表", 320, 240)
    win.setBackground("white")
    Text(Point(20, 230), ' 0.0K').draw(win)
    Text(Point(20, 180), ' 2.5K').draw(win)
    Text(Point(20, 130), ' 5.0K').draw(win)
    Text(Point(20, 80), ' 7.5K').draw(win)
    Text(Point(20, 30), '10.0K').draw(win)
    #为初始本金绘制柱形
    height = principal * 0.02
    #第一次用 Rectangle
```

```
        bar = Rectangle(Point(40, 230), Point(65, 230-height))
        bar.setFill("green")
        bar.setWidth(2)
        bar.draw(win)
        #绘制柱形图
        for year in range(1,11):
            #计算下一年的本金
            principal = principal * (1 + apr)
            #绘制柱形
            x11 = year * 25 + 40
            height = principal * 0.02
            #第二次用Rectangle
            bar = Rectangle(Point(x11, 230), Point(x11+25, 230-height))
            bar.setFill("green")
            bar.setWidth(2)
            bar.draw(win)
        input("按回车键退出")
        win.close()
main()
```

这是一个可执行的程序,但是程序有点冗长。需要注意的是,这个程序在两个不同的地方绘制柱形,初始柱形在循环之前绘制,而随后的柱形在循环内绘制。

两个地方有类似的代码,这存在一些问题。一个问题是,同样的代码必须写两次;另一个问题是,在代码出现问题需要改进的情况下,程序员必须在两个不同的地方重复维护。比如要改变两处柱形的颜色或其他方面,那就必须在两个地方分别修改对应的代码。如果代码更多、更复杂,那么这种情况无疑会大大降低编写代码的效率。

应用函数就是减少代码重复非常好的方法,并使程序更易于理解和维护。在正式介绍函数的应用之前,先来看看使用函数的前期准备。

6.2 函数的非正式讨论

你可以把函数想象成一个"子程序"。函数的基本思想是写一个语句序列,并为这个序列取一个名字,然后可以通过引用函数名,在程序的任何位置执行这些指令。

创建函数的程序部分称为"函数定义"。当函数随后在程序中使用时,称为"函数调用"。单个函数定义后,就可以在程序的不同位置被多次调用。

举个具体的示例,假设要编写一个程序,打印"Happy Birthday"的歌词,标准歌词如下:

Happy birthday to you!
Happy birthday to you!

```
Happy birthday, dear <insert-name>.
Happy birthday to you!
```

如果按照前面的思想使用一个 main()函数,可以使用 4 个 print()函数来实现。

```
def main():
    print("Happy birthday to you!")
    print("Happy birthday to you!")
    print("Happy birthday, dear Fred.")
    print("Happy birthday to you!")
```

这个肯定是可行的,但看起来很啰嗦,里面有很多的重复。如果引入一个函数来表示第一行、第二行和第四行的歌词:

```
>>> def happy():
        print("Happy birthday to you!")
```

此时,main()函数就可以变成:

```
def main():
    happy()
    happy()
    print("Happy birthday, dear Fred.")
    happy()
```

这样看起来就很简洁了。由于该程序比较短,所以看起来效果没有那么的明显,但当程序比较大时,使用函数可以极大地减小代码的编写量。

如果需要为多个人庆祝生日呢? 比如同时为 Fred、Lucy 和 Elmer 过生日,也可以利用函数的方法来简化程序。

上面已经实现了为一个人过生日,现在将这个函数取名为 singLucy(),此时主函数 main()可以写为如下:

```
def main():
    singFred()
    singLucy()
    singElmer()
```

这样做是没问题的,但是需要注意到三个函数的相同点和不同点。三个函数除了第三句的名称不同外,其余的都是一样的。那么就可以将这个函数调用三次:

```
#6_1 happy_birthday.py
def happy():
    print("Happy birthday to you!")
```

```
def sing(person):
    happy()
    happy()
    print("Happy Birthday to you,dear",person+".")
    happy()
def main():                          #此时的主函数 main()就变成了这样:
    sing("Fred")
    print()
    sing("Lucy")
    print()
    sing("Elmer")
    print()
main()
```

6.3 带有函数的终值程序

6.2 节通过简单的示例了解到定义函数可以有效地简化代码,现在回到终值问题上。终值问题主要是在两段代码中绘制柱形图,先来看看这两段代码。循环之前的代码如下:

```
bar = Rectangle(Point(0, 0), Point(1, principal))
bar.setFill("green")
bar.setWidth(2)
bar.draw(win)
```

循环中的代码如下:

```
bar = Rectangle(Point(year, 0), Point(year+1, principal))
bar.setFill("green")
bar.setWidth(2)
bar.draw(win)
```

通过比较两段代码的异同点,可以看到两段代码主要是第一句不同,即 year 的选取不同,那么将其合并,定义一个函数:

```
def drawBar(window, year, height):
    bar = Rectangle(Point(year, 0), Point(year+1, height))
    bar.setFill("green")
    bar.setWidth(2)
    bar.draw(window)
```

则第一个循环可以写成 drawBar(win,0,2000)。

利用 drawBar()函数改进 4_2 示例后的完整代码如下:

```
# 6_2 new_futval_graph.py
from graphics import *
def drawBar(window, year, height):
    bar = Rectangle(Point(year, 0), Point(year+1, height))
    bar.setFill("green")
    bar.setWidth(2)
    bar.draw(window)
def main():
    print("10年的本金增长情况")
    #输入本金和利率
    principal = float(input("输入初始本金: "))
    apr = float(input("输入利率: "))
    #创建GraphWin并设置标题和窗口大小
    win = GraphWin("投资增长图表", 320, 240)
    win.setBackground("white")
    win.setCoords(-1.75,-200, 11.5, 10400)
    Text(Point(-1, 0), ' 0.0K').draw(win)
    Text(Point(-1, 2500), ' 2.5K').draw(win)
    Text(Point(-1, 5000), ' 5.0K').draw(win)
    Text(Point(-1, 7500), ' 7.5k').draw(win)
    Text(Point(-1, 10000), '10.0K').draw(win)
    drawBar(win, 0, principal)
    for year in range(1, 11):
        principal = principal * (1 + apr)
        drawBar(win, year, principal)
    input("按回车键退出.")
    win.close()
main()
```

可以看到,drawBar 如何消除了重复的代码。如果以后希望改变柱形的外观,只需要在一个地方改变 drawBar()函数的定义就可以了。

6.4　函数和参数

可以看到,6.3 节的 drawBar(window,year,height)函数有 3 个参数,其中绘制柱形的年份 year 参数和柱形的高度 height 参数是柱形图的可变部分。为什么 window 也要设置成参数呢？毕竟,在同一个窗口中绘制所有的柱形,它似乎没有改变。

这是因为使用 window 参数与函数定义中变量的"范围"有关。范围是指在程序中可以引用给定变量的位置。请记住,每个函数本身都是一个小子程序。在一个函数内部定义的变量是该函数的局部变量，只属于该函数，即这个变量只能在该函数内使用，超出这个函数的范围，就会失效。而且，即使它与另一个函数中的变量是相同的名称，也不会相互影响。

一个函数要看到另一个函数中的变量，唯一方法是将该变量作为参数传入。由于 GraphWin(分配给变量 win)是在 main()函数内部创建的，因此不能在 drawBar()函数中直接访问。但是，当 drawBar()函数被调用时，其 window 参数通过参数的传递被赋值为 win 的值。要理解这种情况，需要进一步详细地了解函数调用的过程。

函数定义如下：

```
def <name>(<formal-parameters>):
    <body>
```

函数的 name 必须是标识符，而 formal-parameters 称为形参序列，它们可以是变量名，也可以是标识符，而且可以为零个，也可以是多个。形参与函数中使用的所有变量一样，只能在函数体中访问。即使在程序其他地方出现了与函数体内形参和变量名字完全相同的其他变量，它们也是完全不同的两个独立个体，互不干扰，这就保证了函数的相对独立性。

函数的调用是通过使用函数名称(实参列表)来完成的，具体格式如下。

```
<name>(<actual-parameters>)
```

Python 调用一个函数包括如下 4 个步骤：
（1）调用程序在调用点暂停执行。
（2）将调用中的实参值传递给函数的形参。
（3）执行函数体。
（4）控制返回到函数被调用之后的点。

回到 Happy Birthday 示例来详细了解函数的运行过程。下面是 main()函数的一部分：

```
sing("Fred")
print()
sing("Lucy")
```

当 Python 遇到第一句 sing("Fred")，main()函数暂停，此时跳转到 sing()函数，并且 sing()函数具有单个实参。在这里，Python 开始执行 sing()的函数体，当遇到 happy()函数时，sing()函数体暂停，此时跳转到 happy()函数，执行 print()函数，输出结果，执行完毕后就会返回到它的上一级。图 6.1 展示了整个过程。

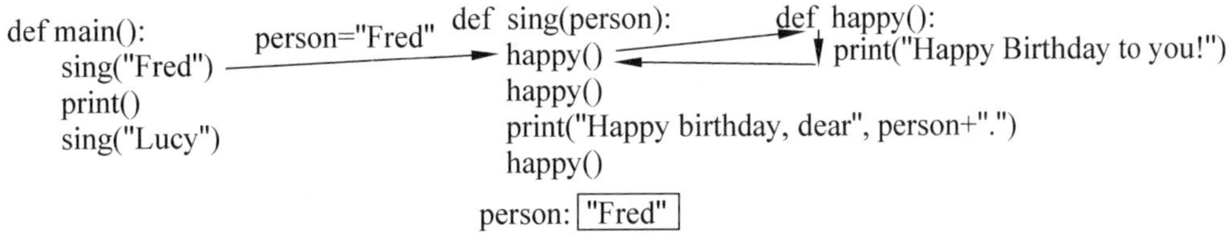

```
def main():                      def sing(person):      def happy():
    sing("Fred") ──person="Fred"──▶  happy() ◀──────────    print("Happy Birthday to you!")
    print()                          happy()
    sing("Lucy")                     print("Happy birthday, dear", person+".")
                                     happy()
                             person: "Fred"
```

图 6.1　执行 happy()函数的过程

程序按照这种方式继续执行，Python 又绕路去了两次 happy() 函数，完成了 sing() 函数的调用。当 Python 到达 sing() 函数的末尾时，控制就返回到 main() 函数，并在函数调用之后紧接着继续。图 6.2 显示了此时程序的位置。注意一下，sing() 函数中的 person 变量已经消失了。函数完成时，会回收局部函数变量占用的内存。局部变量不保留从一个函数执行到下一个函数执行的任何值。也就是说，局部变量超出了它的作用域，生命周期结束，局部变量就失效了。

图 6.2　执行 sing() 函数的过程

下一个要执行的语句是 main() 函数中的空白 print 语句。这将在输出中生成空行。然后 Python 遇到对 sing() 函数的另一个调用。如前所述，控制转移到函数定义。这次形参是 Lucy。图 6.3 展示了第二次开始执行时的情况。

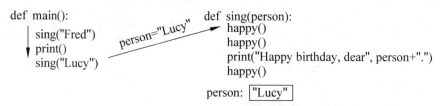

图 6.3　第二次执行 sing() 函数的过程

后面的过程就与执行 Fred 的过程一样了。main() 函数中这三条语句使得 sing() 函数执行了两次、happy() 函数执行了 6 次，总共产生了 9 行输出。

这个示例没有涉及多个参数的使用。通常情况，当函数定义了多个参数时，实参按位置与形参匹配，并将值传递给对应的形参，即第一个实参分配给第一个形参，第二个实参分配给第二个形参，以此类推。

作为示例，再看看终值程序中 drawBar() 函数的使用。下面是绘制初始柱形的函数调用：

```
drawBar(win, 0, principal)
```

Python 将控制转移到 drawBar() 函数时，这些参数与函数定义中的形参匹配：

```
def drawBar(window, year, height):
```

实际效果等同于在函数体内，在最前面执行了如下三条赋值语句：

```
window = win
year = 0
height = principal
```

调用函数时,必须要注意每个实参的先后顺序,以符合函数定义,否则会出现各种意想不到的错误。

6.5 返回值的函数

在数学中,函数实际上是一个可以产生结果的表达式。前面已经学习了许多这种类型函数的示例。例如,考虑从 math 库调用 sqrt() 函数:

```
discRt = math.sqrt(b * b - 4 * a * c)
```

这里 b*b−4*a*c 的值就是 math.sqrt() 函数的实参。由于函数调用发生在赋值语句的右侧,这意味着它是一个表达式。math.sqrt() 函数生成一个值,然后将该值赋给变量 discRt。技术上,可以说 sqrt() 函数返回其参数的平方根。

编写返回值的函数非常简单。下面是一个具有返回值函数的实现示例,返回的是其参数的平方值:

```
def square(x):
    return x ** 2
```

square() 函数的主体内部多了一个 return 语句。当 Python 遇到 return 时,它立即退出当前函数,并将控制返回到函数被调用之后的位置。此外,return 语句中提供的值作为表达式结果发送回调用者。本质上,这只是为前面提到的 4 步函数调用过程添加了一个小细节:函数的返回值用作表达式的结果。

通过使用 square() 函数来创建一个找到两点之间距离的功能。给定两个点(x1,y1) 和(x2,y2),它们之间的距离是 $\sqrt{(x_1-x_2)^2+(y_1-y_2)^2}$,计算两个 Point 对象之间的距离:

```
def distance(p1, p2):
    dist = math.sqrt(square(p2.getX() - p1.getX()) + square(p2.getY() - p1.getY()))
    return dist
```

在这个示例中,创建了一个新函数 distance(),它在内部使用前面已经定义好的 square() 函数先计算平方值,然后再实现计算两点之间的距离。

现在已经设计好了得到两点之间距离的函数,就可以着手计算三角形的周长。结合第 4 章介绍的 graphics 库,允许用户通过单击图形窗口中的三个点来绘制一个三角形,并利用距离公式求该三角形的周长。下面是完整代码:

```
# 6_3 perimeter.py
import math
from graphics import *
```

第 6 章 函数   113

```
def square(x):                          #返回参数 x 的平方值
    return x ** 2
def distance(p1, p2):                   #返回参数 p1、p2 两点之间的距离
    dist = math.sqrt(square(p2.getX() - p1.getX()) + square(p2.getY() - p1.getY()))
    return dist
def main():
    win = GraphWin("绘制三角形",700,700)
    win.setCoords(0.0, 0.0, 10.0, 10.0)
    message = Text(Point(5, 0.5), "任意单击三个点")
    message.draw(win)
    #获取并绘制三角形的三个顶点
    p1 = win.getMouse()
    p1.draw(win)
    p2 = win.getMouse()
    p2.draw(win)
    p3 = win.getMouse()
    p3.draw(win)
    #利用 Polygon 对象来绘制三角形
    triangle = Polygon(p1,p2,p3)
    triangle.setFill("peachpuff")
    triangle.setOutline("cyan")
    triangle.draw(win)
    #计算三角形的周长
    perim = distance(p1,p2) + distance(p2,p3) + distance(p3,p1)
    message.setText("该三角形的周长为：{0:0.2f}".format(perim))
    #单击任意位置退出
    win.getMouse()
    win.close()
main()
```

该程序调用了三次 distance() 函数，这样可以减少很多的冗余代码，使得代码看起来简洁易懂。因为带返回值的函数可以组合在这样的表达式中进行使用，所以用处非常广泛，也十分灵活。

与 C 语言一样，函数在程序中的定义顺序并不重要。只要确保在程序实际运行函数之前定义函数，哪怕是让 main() 函数在程序顶部定义，都同样能正常工作。因为 Python 只有一直读取代码到模块的最后一行，才会进行 main() 函数的调用。因此可以认为，所有的函数在程序实际开始运行之前都已经被定义。这就是程序设计中常说的"先定义，后使用"的原则。

回到 6_1 happy_birthday 这个程序。在最初的版本中，使用了几个包含 print 语句的函数。不是让辅助函数执行打印，而是让它们返回字符串的值，然后由 main() 函数打印。请仔细分析下面这个版本的程序：

```
#6_4 new_happy_birthday.py
def happy():
    return "Happy Birthday to you!\n"
def verseFor(person):
    lyrics = happy() * 2 + "Happy birthday, dear " + person + ".\n" + happy()
    return lyrics
def main():
    for person in ["Fred", "Lucy", "Elmer"]:
        print(verseFor(person))
main()
```

可以发现,在 verseFor() 函数中就像数学表达式一样,将整个句子建立在了一个字符串表达式中。除了使代码显得更加优雅之外,这个版本的程序也比原来的更灵活,因为打印比较集中,而不是分布在多个函数中。例如,再次修改这个程序,将结果写入文件而不是在屏幕上显示,只需要打开一个文件,进行写入,然后在 print 语句中添加一个"file ="参数,不需要修改其他任何函数,这就是函数的魅力。下面是 main() 函数的完整修改:

```
def main():
    outf = open("Happy_Birthday.txt", "w")
    for person in ["Fred", "Lucy", "Elmer"]:
        print(verseFor(person), file=outf)
    outf.close()
```

同时,return 可以返回多个值,举个简单示例:

```
def main():
    a = x * y
    b = x / y
    return a,b
```

6.6 修改参数的函数

返回值是将被执行函数的计算结果发送到调用函数的程序位置。在某些情况下,函数还可以通过修改函数参数来与调用程序通信。要理解何时以及如何实现这一点,需要学习并掌握另一个微妙细节,那就是 Python 是如何赋值的。同时,还要了解函数调用中使用的实参和形参之间的关系。

举个简单的示例,假设一个人的基础学习成绩为 base_grade,通过一个月的努力学习成绩在原来的基础上提高了 value,此时,可以编写一个程序计算每个月的成绩。

假设最初的程序如下:

```
def grade(base_grade,value):
    newgrade = base_grade * (1+value)
    base_grade = newgrade
```

此时,再写一个测试程序来验证。假设基础学习成绩设置为1,提高的 value 为0.1,则经过一个月的努力学习后,学习成绩应该变为1.1。

```
def test():
    test_grade = 1
    test_value = 0.1
    grade(test_grade,test_value)
    print(test_grade)
test()
```

而显示的结果却为1。为什么与原本设计的结果不同呢?下面来分析一下这个示例。test()函数的前两行创建了名为 test_grade 和 test_value 的两个局部变量,它们分别具有初始值1和0.1。

接下来,控制转移到 grade()函数,即调用 grade()函数。形参 base_grade 和 value 被实参 test_grade 和 value 赋值。请注意,base_grade 和 value 均为局部变量。grade 开始执行的情况如图6.4所示。注意,参数的赋值使得 grade 中的变量 base_grade 和 value 引用了实参的"值"。

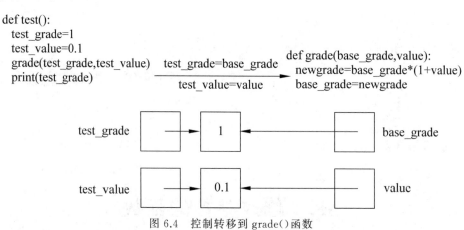

图6.4 控制转移到 grade()函数

执行 grade()函数的第一行,则会生成 newgrade,随后将 newgrade 的值赋给 base_grade,如图6.5所示。但新生成的 base_grade 值对 test()函数中的 test_grade 没有影响,所以最后得到的结果并不会改变。

综上所述,函数的形参只接收实参传递过来的"值",但该函数却不能访问实参,更不能修改实参。因此,为形参分配新值对实参并没有影响。用编程语言的术语来说,Python"按值"传递所有参数。通俗地说,就是实参可以修改形参,而形参不能修改实参。

在 Python 中不允许引用传递参数,因此使用 return 让函数返回值 newgrade,并用于

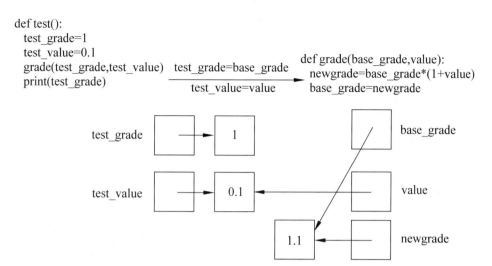

图 6.5 base_grade 的赋值

更新 test_grade,所以修改的代码如下:

```
#6_5 grade.py
def grade(base_grade,value):
    newgrade = base_grade * (1+value)
    return newgrade                    #返回 newgrade 的结果

def test():
    test_grade = 1
    test_value = 0.1
    test_grade = grade(test_grade,test_value)
    print(test_grade)

test()
```

该程序得到的结果为 1.1,符合我们的要求。

如果要为多位同学同时记录他们学习成绩的变化,那就需要编写一个能处理多位同学学习成绩的程序。由于每位同学的基础学习成绩不同,所以他们的 base_grade 不同,可以将他们所有的 base_grade 以列表的形式存储。通过索引的方式,将他们的计算结果对应地存储在列表的相应位置上,具体的代码如下:

```
base_grade[i] = base_grade[i] * (1+value)
```

其中,i 表示第 i 个人,这段代码就表示将第 i 个人的基础学习成绩乘以(1+value)再存储到 base_grade 列表的第 i 个位置。要遍历所有的成员,则可以采用循环的方式,参考代码如下:

```
#6_6 new_grade.py
def grade(base_grade,value):
```

第 6 章 函数

```
    for i in range(len(base_grade)):
        base_grade[i] = base_grade[i] * (1+value)

def test():
    test_grade = [1,2,4,8]
    test_value = 0.1
    grade(test_grade,test_value)
    print(test_grade)
test()
```

test()函数开始将 test_grade 设置为 4 个值的列表。然后调用 grade()函数，test_grade 作为第一个参数。在函数调用之后，打印出 test_grade 的值。运行程序得到如下结果：

```
[1.1, 2.2, 4.4, 8.8]
```

6.7　函数和程序结构

通过前面的示例可以发现，函数化程序能减少代码量，使程序看起来更简单。其实，有时候增加函数也可能使得程序看起来更长，但是程序员依然会乐此不疲地编写函数，因为函数还可以使得程序更加模块化。也就是说，通过函数的使用，使得程序的功能被分解，每一个函数完成一个独立的功能，使程序具有"低耦合"的特性，这是十分优秀的代码设计理念。

当处理复杂问题时，程序员总是会想将复杂问题分块化，即将复杂问题拆解为一个个简单的问题，依次解决了这些简单的问题之后，复杂问题也就迎刃而解。其实程序函数化也利用了这个思想。当遇到很复杂的问题时，使用函数可以让程序员更好地理解问题的本质。例如，将终值问题使用函数表示，得到的最终代码如下：

```
#6_7 def_futval_graph.py
from graphics import *
def createLabeledWindow():
    window = GraphWin("Investment Growth Chart", 320, 240)
    window.setBackground("white")
    window.setCoords(-1.75,-200, 11.5, 10400)
    Text(Point(-1, 0), ' 0.0K').draw(window)
    Text(Point(-1, 2500), ' 2.5K').draw(window)
    Text(Point(-1, 5000), ' 5.0K').draw(window)
    Text(Point(-1, 7500), ' 7.5k').draw(window)
    Text(Point(-1, 10000), '10.0K').draw(window)
    return window

def drawBar(window, year, height):
    bar = Rectangle(Point(year, 0), Point(year+1, height))
    bar.setFill("green")
    bar.setWidth(2)
```

```
        bar.draw(window)

def main():
    print("This program plots the growth of a 10 year investment.")
    principal = float(input("Enter the initial principal: "))
    apr = float(input("Enter the annualized interest rate: "))

    win = createLabeledWindow()
    drawBar(win, 0, principal)

    for year in range(1, 11):
        principal = principal * (1 + apr)
        drawBar(win, year, principal)
    input("Press <Enter> to quit.")
    win.close()
main()
```

这段代码虽然比以前的更长,但却更容易让人理解每一步是要干什么的,所以在以后的学习中,要多运用这种模块化的思想。

本 章 小 结

本章介绍的是定义函数,首先要明白为什么要使用函数。函数是构建复杂程序的重要工具,设计好自己的函数,除了可以让程序更容易编写和被理解之外,还能使程序更加模块化,将复杂问题拆解为许多简单问题。本章回顾了第4章中的终值问题的图形解决方案,通过对比可以发现,函数的运用可以减少代码重复,并使程序更易于维护。要注意的是,单个函数可以在程序的许多不同位置被调用。除此之外,调用函数时,要根据函数的定义,正确编写实参的顺序。函数的形参只接收实参的值,函数不能访问和保存实参变量。

知识扩展:内置函数

Python 解析器内置了许多不同功能和类型的函数,可以直接使用。表 6-1 是 Python 3.x 的内置函数。

表 6-1 Python 3.x 的内置函数

abs()	delattr()	hash()	memoryview()	set()
all()	dict()	help()	min()	setattr()
any()	dir()	hex()	next()	slicea()

续表

ascii()	divmod()	id()	object()	sorted()
bin()	enumerate()	input()	oct()	staticmethod()
bool()	eval()	int()	open()	str()
breakpoint()	exec()	isinstance()	ord()	sum()
bytearray()	filter()	issubclass()	pow()	super()
bytes()	float()	iter()	print()	tuple()
callable()	format()	len()	property()	type()
chr()	frozenset()	list()	range()	vars()
classmethod()	getattr()	locals()	repr()	zip()
compile()	globals()	map()	reversed()	__import__()
complex()	hasattr()	max()	round()	

课程思政：杀毒行业的先锋——王江民

王江民(1951.10.7—2010.4.4)，北京江民科技有限公司（江民杀毒软件）创始人兼总裁，我国著名的反病毒专家、高级工程师，曾任中国残联理事、山东省烟台市政协委员、山东省肢残人协会副理事长。

王江民1951年出生于上海。三岁因患小儿麻痹后遗症而腿部残疾，人生赋予他的似乎是一条不可能成功的路。初中毕业后，回到老家山东烟台的王江民从一名街道工厂的学徒工干起，刻苦自学。王江民38岁开始学习计算机。不出几年，他就成为中国最早的反病毒专家。45岁只身一人独闯中关村办公司，产品很快占据反病毒市场的80%以上。没学过市场营销，却使KV系列反病毒软件正版用户接近100万，创中国正版软件销售量之最。王江民最终成长为拥有各种创造发明20多项的机械和光电类专家。学习王江民这种精神的意义在于：王江民各方面的起点都非常之低，低到在外人看来凭着他的外在条件，根本就没有任何成功的可能性，然而他却创造了成功的奇迹。

王江民第一次参加计算机学术交流会时，有人讲，中国软件编程人员开发水平怎么这么低？连一个计算机病毒都编写不出来，遇到的都是外国人编出来的病毒。两年之后，中国人编写的病毒出来了，而且非常厉害，不像当时外国病毒那样大多是搞恶作剧，而是真正破坏数据。王江民第二次参加计算机学术交流会，一些专家们的论调改成了"计算机病毒现在越来越厉害了，研究计算机反病毒不能随随便便研究，研究反病毒软件，最后总要卖，如果卖，难免出现前面放病毒、后面卖软件的恶性循环"等等。王江民不同意这种狭隘的言论，他认为，"无论是国外还是国内，都不可能发生反病毒的人编写病毒的事情，从心理学上不可能，从法律上讲是犯罪行为，而且能够杀病毒但不见得就能编写病毒，编写病毒要考虑到方方面面的问题,比反病毒要复杂得多。"

1992年前后,市面上开始流行起防病毒卡,各种防病毒卡多达五六十种。王江民认为,"防病毒卡能让病毒吃一个闭门羹,但病毒进不去这台机器,通过软盘会带到别的机器上,装防毒卡的机器毕竟是少数,所以,防病毒卡越防市场越火。"

王江民坚定地选择了走杀除病毒的路,就在这个时候,王江民收到了武汉大学篮球教研室寄给他的变形病毒样本,这是王江民第一次遇到,也是在中国第一个出现的变形病毒。用传统的杀病毒方法,王江民想了一周也不知道该怎么下手,最后王江民想到了"广谱过滤法"查毒,结合后来又掌握的几个变形病毒样本,王江民在理论上归纳出了变形病毒的特性,开创了独特的"广谱过滤法",据此编写的论文在全国计算机专业学术交流会上获得了优秀论文奖。

王江民产生的影响很大,主要包括以下几个方面:

(1) 杀毒行业的先锋。

(2) 知识造富的榜样。

(3) 身残志坚的专家:机械专家、光学专家、计算机专家、杀毒专家。

(4) 创造奇迹的典范:在别人看来不可能成功的情况下,创造了成功的奇迹。

(5) 单枪匹马的英雄:作坊式、家族化的企业。都说个人英雄的时代已经成为过去,都说中关村不再相信传奇,传奇已为资本运营所代替,而且还在继续。无论这个时代多么依赖和提倡集体协作,但个性的张扬永远不会泯灭,永远让人激动不已,因为它代表着个人存在的价值和意义。

(6) 乐于助人的长者:2001年向中国残疾人福利基金会捐赠100万元设立"江民特教园丁奖";2008年汶川大地震时,捐款30万人民币。鲍岳桥、简晶和王建华创立联众,找王江民借钱,王江民慷慨解囊,出手就是20万元。金山遭遇"盘古"之败,求伯君和雷军之间想分家,王江民请他们吃饭,说:"你们俩不能分,离开了谁,金山都不可能成功。"十余年后,金山成功在香港上市。杀毒软件的市场风云变幻,但王江民一直是圈子里令人敬重的人物。

第 7 章 判断结构

7.1 简单判断

到目前为止,主要学习的方法是将计算机程序视为有序的指令序列,程序总是从上往下一条接一条,按照顺序进行处理。序列是编程的一个基本概念,但只用它并不足以解决所有问题。常常有必要改变程序的顺序流程,以适应特定情况的需要。这就需要通过特殊语句来完成,这称为控制结构。本章将学习判断结构,这种结构主要是通过分支判断语句,使程序在遇到不同情况时,执行不同的指令序列,最终实现程序可以根据不同的条件选择相对应的动作过程。

7.1.1 示例:健康警报器

健康是所有人关注的问题,健康的身体能给人们带来更好的生活品质。体重从某些方面反映了一个人身体的健康状况。过高的体重可能会带来很多的疾病,不利于人们的健康;过低的体重也是不可取的。下面通过编写一个程序来监控某人的体重,当体重超过个人标准体重时会发出超重警告;当体重低于标准体重时也会发出警告。

有一种按照不同的身高对应理想体重的科学计算方式,其主要是通过实际身高进行换算来推测标准体重。我国常用的方法是采用 Brcoa 改良公式,其具体计算方法如下:

男生:标准体重=(身高−100)×0.9。

女生:标准体重=(身高−105)×0.92。

当实际体重大于标准体重的 10% 时称为过重,大于标准体重的 20% 时称为肥胖,小于标准体重的 10% 时称为瘦,小于标准体重的 20% 时称为严重消瘦。根据上面掌握的信息,可以得到该程序的伪代码:

> ※ ------伪代码------
> ※ 输入你的性别、身高和体重
> ※ 通过性别分别计算各自的标准体重
> ※ 通过对比输入的体重和对应的标准体重得到对比结果

将其转换为 Python 的形式,得到的健康警报器的完整代码如下:

```
#7_1 health.py
def health():
    gender = input("输入你的性别(male,female):")
    height = float(input("输入你的身高(cm):"))
    weight = float(input("输入你的体重(kg):"))
    if (gender == "male"):
        w = (height - 100) * 0.9
        if (weight >= w * 1.1 and weight <= w * 1.2):
            print("注意,你超重了!")
        if (weight > w * 1.2):
            print("你需要减肥了!")
        if (weight <= w * 0.9 and weight >=w * 0.8):
            print("注意,你偏瘦了!")
        if (weight < w * 0.8):
            print("你已经严重消瘦!")
        else:
            print("你的身体很健康")
    if (gender == "female"):
        w = (height - 105) * 0.92
        if (weight >= w * 1.1 and weight <= w * 1.2):
            print("注意,你超重了!")
        if (weight > w * 1.2):
            print("你需要减肥了!")
        if (weight <= w * 0.9 and weight >=w * 0.8):
            print("注意,你偏瘦了!")
        if (weight < w * 0.8):
            print("你已经严重消瘦!")
        else:
            print("你的身体很健康")
health()
```

程序运行结果如下：

```
输入你的性别(male,female):male
输入你的身高(cm):175
输入你的体重(kg):60
注意,你偏瘦了!
```

该代码有多个简单的分支判断。代码缩进表示,只有满足上一行中列出的条件时才能执行下面缩进行的代码。

你可以发现Python的if语句是用于实现分支判断的。if的形式非常类似于算法中的伪代码。

```
if <condition>:
    <body>
```

通过上面的示例学习,下面进一步介绍 if 的语义。首先是对 if 的 condition 求值:如果条件为真,则执行 body 中的语句序列,然后控制传递到程序中的下一条语句;如果 condition 为假,则跳过 body 中的语句。图 7.1 展示了 if 的语义。注意,if 的 body 是否执行,取决于 condition 的值。不论哪种情况,控制随后会传递到 if 之后的下一个语句。这称为一路判断。

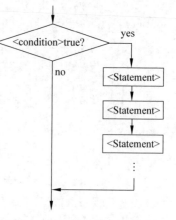

图 7.1 简单的 if 语句控制流

7.1.2 形成简单条件

上面的示例使用了条件语句,那么条件是如何得到的?下面,先分析程序使用简单条件的情况,它比较两个表达式的值:<expr> <relop> <expr>。这里 relop 是关系运算符的缩写。Python 共有 6 种关系运算符,如表 7-1 所示。

表 7-1 Python 的关系运算符

Python 运算符	数学运算符号	含 义
<	<	小于
<=	≤	小于或等于
==	=	等于
>	>	大于
>=	≥	大于或等于
!=	≠	不等于

值得注意的是,Python 中用"="符号表示赋值语句,而使用"=="符号则表示相等。所以在使用时,需要仔细分析是赋值语句还是判断语句。

条件语句可以对数字或字符串进行比较。比较字符串时,排序是按"字典序",这意味着根据底层的 Unicode 码以字母顺序放置字符串,例如 a<z,B<b,Z<a 等。又如 acc 与 abb 的比较,这是如何判断的呢?其实,它是先判断两个字符串的第一个字符,它们都是字母 a,说明相等,然后判断两个字符串的第二个字符,前面一个的是字母 c,后面一个的是字母 b,c 字母排在 b 字母的后面,其 Unicode 码大,这样就不用再往后比较,直接得出结果,acc>abb。再如 Bbbb 和 aaa 的比较,因为所有大写字母都在小写字母之前,B 在 a 之前,所以可以直接得出结果 Bbbb<aaa。

条件实际上就是布尔表达式。布尔表达式只有两种返回值,即 True(条件成立)和 False(条件不成立)。下面是一些交互示例:

```
>>> 5 < 8
True
>>> 5 > 8
False
>>> 5 != 8
True
>>> "hello" == "world"
False
>>> "hello" < "world"
True
```

7.2 两路判断

回忆一下第 3 章中求解二次方程的示例。示例的初始代码如下：

```
#3_3 math.py
#A program to math
import math
def main():
    print("求解二次方程")
    print()
    a = float(input("输入系数 a: "))
    b = float(input("输入系数 b: "))
    c = float(input("输入系数 c: "))
    discRoot = math.sqrt(b * b - 4 * a * c)
    root1 = (-b + discRoot) / (2 * a)
    root2 = (-b - discRoot) / (2 * a)
    print("\n方程的解为:", root1, root2 )
main()
```

正如前面学习过的，只有当 $b^2-4ac \geq 0$ 时，方程才有实数解；当 $b^2-4ac < 0$ 时，方程没有实数解，会导致程序崩溃。可以看到 discRoot 的两个结果是互斥的，如果 discRoot>=0 为真，则 discRoot<0 肯定为假，反之亦然。程序中有两个条件，但实际上只有一个判断。根据 discRoot 的值，程序要么打印没有实数根，要么计算并显示实数根。这是一个两路判断的示例。图 7.2 说明了这种情况。

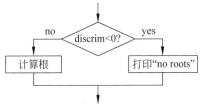

图 7.2 二次方程求解程序的两路判断

在 Python 中，可以通过 if-else 来实现两路判断。

```
if <condition>:
    <statements>
else:
    <statements>
```

当 Python 解释器遇到这种结构时,它首先要对条件求值:如果条件为真,则执行 if 下的缩进语句;如果条件为假,则执行 else 下的缩进语句。在任何情况下,控制随后都会转到 if-else 之后的语句。

下面利用两路判断来改进二次方程求解代码,完整代码如下:

```
#7_2 new_math.py
import math
def main():
    print("求解二次方程\n")
    a = float(input("输入系数 a: "))
    b = float(input("输入系数 b: "))
    c = float(input("输入系数 c: "))
    discRoot = b * b - 4 * a * c
    if discRoot < 0:
        print("\n该方程没有实数解!")
    else:
        discRoot = math.sqrt(b * b - 4 * a * c)
        root1 = (-b + discRoot) / (2 * a)
        root2 = (-b - discRoot) / (2 * a)
        print("\n方程解为:", root1, root2)
main()
```

这个程序很好地解决了问题。下面是两次运行新程序的示例结果:

```
>>> main()
求解二次方程

输入系数 a: 3
输入系数 b: 4
输入系数 c: 5

该方程没有实数解!
>>> main()
求解二次方程

输入系数 a: 4
输入系数 b: 10
输入系数 c: 3

方程解为: -0.3486121811340027 -2.1513878188659974
```

7.3 多路判断

顾名思义,多路判断就是拥有更多的情况。把人的一生按照年龄段划分为如下几个阶段。

童年:0周岁～6周岁;
少年:7周岁～17周岁;
青年:18周岁～40周岁;
中年:41周岁～59周岁;
老年:60周岁以上。

可以编写一个程序,自动判断某一个人处于哪个阶段,该程序就会用到多路判断的情况。

当判断条件有多个值时,使用下面的判断结构:

```
if 判断条件 1:
    执行语句 1……
elif 判断条件 2:
    执行语句 2……
elif 判断条件 3:
    执行语句 3……
else:
    执行语句 4……
```

Python 中编写多路判断的这种方法保留了嵌套结构的语义,将一个 else 和一个 if 组合成一个称为 elif 的子句。

这个格式用于分隔任意数量的互斥代码块。Python 将依次对每个判断条件求值,寻找第一个满足条件的分支。如果找到了满足条件的分支,就执行该条件分支下面缩进的语句,然后控制转到整个 if-elif-else 最后的下一语句,也就是直接退出这个控制结构,往下执行。

如果没有满足条件的分支,则执行 else 下的语句。else 子句是可选的,表示无条件执行下面的缩进语句;如果省略,则其下面不能出现缩进语句块。

下面使用这个结构来实现年龄阶段检测,代码如下:

```
#7_3 age_grades.py
def main():
    year = int(input("输入你的年龄:"))
    if (0 <= year <= 6):
        print("您处在童年")
    elif (7 <= year <= 17):
        print("您处在少年")
```

```
        elif (18 <= year <= 40):
            print("您处在青年")
        elif (41 <= year <= 59):
            print("您处在中年")
        else:
            print("您处在老年")
main()
```

7.4 异常处理

　　二次方程求解的程序使用了判断结构,避免了对负数取平方根和运行时产生错误。在许多程序中,这是一种常见的模式:使用判断来防止可能的错误。

　　在二次方程求解的程序示例中,调用 sqrt() 函数之前检查了数据。有时函数本身会检查可能的错误,并返回一个特殊的值来表示操作失败。例如,另一个平方根运算可能返回负数(如-1)来表示错误。因为平方根函数应该总是返回非负根,所以,该值可以作为信号,表示已经发生了错误。程序将用这个判断来检查操作的结果:

```
discRt = otherSqrt(b * b - 4 * a * c)
if discRt < 0:                          #出现错误后,打印提示信息
    print("No real roots.")
else:
```

　　异常处理机制允许程序员编写一些代码,捕获和处理程序运行时出现的错误。具有异常处理的程序不会显式地去检查算法中的每个步骤是否成功,而是说,"做这些步骤,如果有任何问题出现,就以这种方式来处理已经发生的错误。"

　　依然使用二次方程求解这个示例,这样可以方便地看到异常处理的工作原理和使用它的程序。在 Python 中,异常处理是通过判断特殊控制结构来完成的。

```
#7_4 error_math.py
import math
def main():
    print("求解二次方程\n")
    try:
        a = float(input("输入系数 a: "))
        b = float(input("输入系数 b: "))
        c = float(input("输入系数 c: "))
        discRoot = math.sqrt(b * b - 4 * a * c)
        root1 = (-b + discRoot) / (2 * a)
        root2 = (-b - discRoot) / (2 * a)
```

```
            print("\n 方程的解为:", root1, root2)
    except ValueError:
        print("\n 没有实数解")
main()
```

上面的程序是在最初版本上增加了一种新的语句结构,即在核心程序外增加了 try-except 语句。try-except 语句的一般结构如下:

```
try:
    <body>
except <ErrorType>:
    <handler>
```

当 Python 遇到 try 语句时,它尝试执行其中 body 中的语句。如果这些语句执行没有错误,控制随后转到 try-except 之后的下一语句,即离开 try 结构语句;如果在其中某处发生错误,Python 会查找具有匹配错误类型的 except 子句。如果找到合适的 except 子句,则执行处理程序代码 handler,而后,中断整个程序的执行过程,结束程序,这样就避免了发生程序崩溃的局面。

多个 except 子句类似于 elif。如果发生错误,Python 将依次尝试每个 except 子句,查找与错误类型匹配的错误。一般最后一个 except 子句的行为就像一个 else 子句,如果前面的 except 错误类型都不匹配,它将作为默认行为,无条件地执行其后的缩进语句。如果底部没有默认值,并且没有任何 except 类型匹配错误,程序将崩溃,Python 会报告错误。

7.5 设计研究:求最大数

既然判断语句结构可以改变程序的控制流,那就可以试着开发更复杂的算法。在本节中将介绍一个更复杂的判断问题的设计。

假设需要这样一个算法,找出三个数中的最大数。这个算法可能是诸如确定等级或计算税额这样更大问题中的一部分。那么,计算机如何确定用户的三个输入数中哪一个最大呢?下面是简单的程序框架:

```
def main():
    x1, x2, x3 = eval(input("Please enter three values: "))
    #中间代码找出最大数
    print("The largest value is", maxval)
```

现在只需要填充缺少的部分即可实现功能。

策略 1:用每个值与所有其他值进行比较

显然,这个程序提出了一个判断问题。需要一系列语句,将 maxval 的值设置为三个

输入数 x1、x2 和 x3 中的最大数。一眼看上去,这像是一个三路判断,需要执行以下任务之一:

```
maxval = x1
maxval = x2
maxval = x3
```

考虑第一种情况,当 x1 最大时,此时判断条件应该为 x1 比 x2 和 x3 都大。下面是一种判断语句的写法,需要仔细分析一下,才能下结论。

```
if (x1 >= x2 >= x3):
    maxval = x1
```

每次写判断时,都应该问自己如下两个重要的问题。

第一个问题是,当条件为真时,是否可以肯定判断后执行语句是正确的操作?在这种情况下,条件清楚地表明 x1 至少与 x2 和 x3 一样大,因此将其值赋给 maxval 应该是正确的。这里始终要特别注意边界值,注意条件包括等于和大于。假设 x1、x2 和 x3 都相同,这个条件将返回 True。这没关系,因为选择谁都不重要,一样大也就是最大。

第二个问题与第一个问题相反。是否确定当 x1 最大时,在所有情况下这个条件都是 True?不幸的是,结论不符合这个测试。假设值是 5、2 和 4。显然,x1 是最大的,但条件返回 False,因为关系 5≥2≥4 不成立。因此需要修复这个问题。

要确保 x1 是最大的,但不关心 x2 和 x3 的相对顺序。真正需要的是两个单独的测试,以确定 x1≥x2 且 x1≥x3。Python 允许测试这样的多个条件,只需要用 and 逻辑运算关键字将它们组合起来,下面是改进的代码:

```
if (x1 >= x2 and x1 >= x3):
    maxval = x1
```

完整的比较过程如下:

```
if (x1 >= x2 and x1 >= x3):
    maxval = x1
elif (x2 >= x1 and x2 >= x3):
    maxval = x2
else:
    maxval = x3
```

只有三个值的判断,代码相当简单,但如果要找出 5 个数中的最大数呢?这就需要 4 个布尔表达式,每个又由 4 个条件组成,这样设计逻辑就十分复杂了。由于每个判断都是独立的,后续测试有可能会忽略来自前面测试的结果。假设第一个判断发现 x1 大于 x2,但不大于 x3。此时,可以知道 x3 肯定是最大数。但是,这种代码设计忽略了一点,Python 会继续对下一个表达式求值,造成了重复的判断,程序的运行效率大大降低。

策略 2：判断树

为了避免前面算法的冗余测试,可以使用判断树的方法。假设从一个简单的测试 x1≥x2 开始,这使得 x1 或 x2 中的一个退出最大数的竞争。如果条件为真,只需要看看 x1 和 x3 哪个更大;如果初始条件为假,则结果归结为 x2 和 x3 之间的选择。因此,第一个判断"分支"有两种可能性,每种可能性又有另一个判断,因此称为判断树。图 7.3 用流程图展示了这种情况。这个流程图很容易转换成如下嵌套的 if-else 语句。

```
if x1 >= x2:
    if x1 >= x3:
        maxval = x1
    else:
        maxval = x3
else:
    if x2 >= x3:
        maxval = x2
    else:
        maxval = x3
```

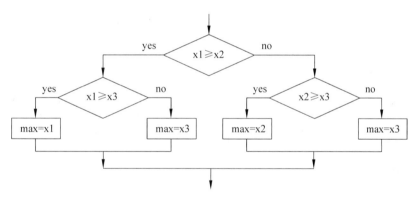

图 7.3　最大数问题的判断树方法的流程图

这种方法的优势是效率比较高。无论三个数的顺序如何,该算法都将进行两次比较,并将正确的值分配给 maxval。然而,这种方法的结构比第一种更复杂。如果是三个以上的数采用这个设计,会出现类似的复杂性,导致判断十分困难。

策略 3：顺序处理

上面两种方法针对较少的数据时还是比较有效的,但当数据很大时,这两种方法就不太实用了。

当需要从很多数据中找到最大数时,大多数人会制定一个简单的策略。扫描数据,直到找到一个大数,用手指指向它;继续扫描,如果找到一个大于所指的数,手指移动到新数。当到达列表的末尾时,手指所指的即为最大数。简而言之,这个策略是按顺序浏览列表，记录到目前为止最大的数。

计算机也可以利用这个思想。给 maxval 一个初始值，然后用后面的数与 maxval 相比。如果 maxval 大，则不动；如果 maxval 小，则将其替换为 maxval 值。以这种方法寻找最大数，先来看寻找 3 个数的最大数，则得到的 Python 代码如下：

```python
maxval = x1
if x2 > maxval:
    maxval = x2
if x3 > maxval:
    maxval = x3
```

如果将数据量扩展到几百甚至几千个呢？此时就会想到利用前面学到的循环语句，轻松地编写一个程序，允许用户将算法折叠成一个循环，找到 n 个数中的最大数。此时，不必使用 x1、x2、x3 等单独的变量，而是每次读取一个值，并不断重复使用单个变量 x。每次比较最新的 x 和 maxval 的当前值，看谁更大。

```python
#7_5 maxval.py
def main():
    n = int(input("准备输入多少个数进行比较呢?"))
    maxval = float(input("输入一个数 >> "))
    #比较 n-1 个连续的数
    for i in range(n-1):
        x = float(input("输入一个数 >> "))
        if x > maxval:
            maxval = x
    print("最大数为", maxval)
main()
```

这段代码利用嵌套在循环中的判断来完成工作。在循环的每次迭代中，maxval 包含到目前为止看到的最大数。

策略 4：利用 Python 的内置函数 max()

上面用了很多的方法，也用了很多的代码来解决这个问题，但其实 Python 有一个内置函数 max()，它可以返回最大数。所以要选择最大数，其实只要一条语句就可以了。

```python
def main():
    x1, x2, x3 = eval(input("输入三个数："))
    print("最大数为", max(x1, x2, x3))
```

本 章 小 结

本章主要介绍了判断结构,这种结构是通过条件语句判断,使程序针对不同情况,执行不同的指令序列。特别要注意的是,Python 中"＝"表示赋值语句,"＝＝"表示相等。还介绍了两路判断、多路判断。在 Python 中,if-else 就可以实现两路判断。Python 中多路判断是保留了嵌套结构的语义。此外,本章还运用了二次方程求解的示例来介绍异常处理是如何完成的。最后,介绍了 4 种策略来设计如何比较三者的最大数,其中,使用 Python 的内置函数 max 最为简便。

知识扩展：Python 的标准库和常用的第三方库

Python 的标准库如表 7-2 所示。

表 7-2 Python 的标准库

名 称	作 用
datetime	为日期和时间处理同时提供了简单和复杂的方法
zlib	直接支持通用的数据打包和压缩格式：zlib、gzip、bz2、zipfile 以及 tarfile
random	提供了生成随机数的工具
math	为浮点运算提供了对底层 C 函数库的访问
sys	工具脚本经常调用命令行参数。这些命令行参数以链表形式存储于 sys 模块的 argv 变量
glob	提供了一个函数用于从目录通配符搜索中生成文件列表
os	提供了不少与操作系统相关联的函数

Python 常用的第三方库如表 7-3 所示。

表 7-3 Python 常用的第三方库

名 称	作 用
Scrapy	爬虫工具常用的库
Requests	HTTP 库
Pillow	是 PIL(Python 图形库)的一个分支。适用于在图形领域工作的人
matplotlib	绘制数据图的库。对于数据科学家或分析师非常有用
OpenCV	图片识别常用的库,通常在练习人脸识别时会用到
pytesseract	图片文字识别,即 OCR 识别

续表

名 称	作 用
WxPython	Python 的一个 GUI(图形用户界面)工具
Twisted	对于网络应用开发者最重要的工具
Sympy	SymPy 可以做代数评测、差异化、扩展、复数等
SQLAlchemy	数据库的库
SciPy	Python 的算法和数学工具库
Scrapy	数据包探测和分析库,爬虫工具常用的库
Pywin32	提供与 Windows 交互的方法和类的 Python 库
PyQt	Python 的 GUI 工具。给 Python 脚本开发用户界面时次于 wxPython 的选择
PyGtk	也是 Python GUI 库
Pyglet	3D 动画和游戏开发引擎
Pygame	开发 2D 游戏时使用会有很好的效果
NumPy	为 Python 提供了很多高级的数学方法
pandas	提供高性能、易用的数据结构和数据分析工具
nose	Python 的测试框架
nltk	自然语言工具包
IPython	Python 的提示信息,包括完成信息、历史信息、Shell 功能,以及其他很多方面
BeautifulSoup	XML 和 HTML 的解析库,对于新手非常有用

课程思政:我要回中国了——姚期智院士

近些年来,越来越多的中国留学生在国外取得学位后,选择留在那里工作、生活,而且也有不少国内高校毕业学子选择"逃离国内"前往海外,或定居或创业。如今,人才的大量流失已经成为我国当下社会所面临的一道巨大的难题。

而在那些从国内走出去的人才中,能够回来的屈指可数,如物理学家杨振宁就放弃了美国国籍,回到中国工作、生活。还有一位世界顶尖科学家,同样放弃美籍,选择回国,他是姚期智院士——迄今为止唯一一位获得图灵奖的中国科学家,也是清华大学"姚班"和"智班"的创立者。

1. 26 岁获双博士,出任各大名校教授

姚期智院士于 1946 年出生在上海,祖籍湖北孝感。出生没多久后,姚期智就跟随父母前往台湾地区居住。上学时,他就对物理表现出了浓厚的兴趣,经常沉迷在物理知识的研究学习中。长大后的姚期智进入台湾大学物理系就读并取得物理学学士。

但科学是无止境的,向往科学的姚期智不满于此,便前往美国留学,进入哈佛大学物理系深造,师从诺贝尔奖获得者格拉肖教授。留学期间的姚期智顺利获得了物理学博士学位,这时的他,才刚刚26岁。

在这个年纪就取得如此不俗的成绩,若不出意外,姚期智应该在物理学的道路上谱写自己的篇章,但是1973年的一次偶然,让他决定转向研究计算机科学技术。

那是在一次聚会上,姚期智遇到了他未来的妻子储枫。储枫是一位华裔,当时在麻省理工学院计算机系攻读博士学位。正是这次邂逅,让姚期智接触到了正在兴起的计算机科学技术。当时,计算机在西方发达国家都是新兴学科,姚期智敏锐地察觉到这一点,便决定"跳槽"。

于是,在获得哈佛的物理学博士后,姚期智转身就进入了伊利诺伊大学计算机系,攻读计算机科学博士,并且在三年的时间内修完所有课程。在29岁时,姚期智便获得了物理学和计算机科学双料博士学位,是一个名副其实的顶级学霸。

同年9月,姚期智又做出了"跨界"之举,进入麻省理工学院数学系,担任助理教授的职位,果然优秀的人在方方面面都是出色的。一年后,姚期智终于做起了"专业对口"的工作,在斯坦福大学计算机系任教,这一教,就是10年。

此后姚期智在美国很多高校都任教过,例如普斯林顿大学、加利福尼亚大学等诸多知名学府都盛情相邀他担任教授,所以姚期智在数年的执教生涯中,经常往来于各个大学之间。后来,普斯林顿大学更是聘请姚期智为终身教授。

2. 唯一一位获得"图灵奖"的华人科学家

虽然姚期智院士的教学工作很多,但这并没有妨碍他进行学术研究,事实证明,他在计算机科学领域所取得的成就,是具有划时代的重大意义的。

在执教期间,他经过研究,提出了随机化算法复杂度的论证,时到今日这个原理还是重要的计算机研究工具。1993年,他最先提出了量子通信复杂性,基本完成了量子计算机的理论基础,这一成果可谓是突破性的。

1995年,他又提出了分布式量子计算模式,为通信技术的发展奠定了良好的基础,取得了巨大的经济效益。在跨入新世纪的2000年,他凭借在计算机科学领域的成就,一举获得了"图灵奖"——这一计算机界的最高荣誉奖项,他也是迄今为止唯一一位获得该奖项的华人科学家。

3. 回到大陆,为我国培养本土科技人才

获得殊荣的姚期智院士并没有大张旗鼓地宣扬自己的成果,2004年,他辞去了普斯林顿大学的终身教授职位,回到了国内,进入清华大学任教。他在美国的最后一堂课上,对学生们说:"我要回中国了,永远地。"

姚期智院士进入清华大学后,在高等研究中心担任全职教授。在教学上,有美国执教多年的他,对比了两国的计算机领域教学后,再结合自身的教学体会和国内的现状,提出了一套全新的教学体系。后来又开设了计算机科学实验班,由他亲自任教,故此称为"姚

班",这个班上的学生,都是精英中的精英。

除了亲自授课外,他还邀请了多位外国知名教授前来举办学术讲座及交流研讨会等。在清华大学有这么一句话:"清华半英在姚班",意思是说,清华大学中的一半英才,都在姚班,虽然这是一种夸张的说法,但这正是体现了对姚班的高度赞誉和评价。

从姚班走出的学子,哪怕是放到国际上都有着极大的竞争力。曾经一位卡内基-梅隆大学的教授坦言:"在接到姚班的学生申请后,他都会专门挑出,只要是英语水平能够达标,基本就会录取。"

可以说,姚期智院士培养的学子,都是能与国际一流大学的顶尖学子分庭抗礼的,他为中国科研、教育事业培养了大批的后备人才,做出了巨大的贡献。

除了在计算机领域的成就,姚期智院士还在人工智能领域有着不凡建树。为培养我国本土的人工智能领域人才,他成立了"智班",后来又在上海成立了期智研究院,专注于研究前沿科技。这里汇聚了国内各大高校的顶尖人才,从事前沿科技和创新科技的研究,他对此有一个宏大的志愿:在10年内,期智研究院将步入世界计算机领域和人工智能研究前列。

如今的姚期智院士虽然已经年过古稀,但仍然活跃在科研一线,并且立下志愿,要在计算机领域取得更大的进展,正可谓"老骥伏枥,志在千里"。

姚期智院士可以作为无数海外华人知识分子的一个楷模。这些年来,不断有在海外的华人选择回国,如结构生物学家施一公教授、分子生理学院士李篷教授、物理学家段路明教授等,这些都是国之栋梁,是我国科学发展的坚实力量。

相信会有越来越多的海外华人华侨,回到祖国投身祖国建设,我们有理由,也必须相信,中国的未来必定是一片光明。

第 8 章 循环结构和布尔值

8.1 for 循环：快速回顾

回顾前面介绍过的 for 循环语句，它允许 var 访问 sequence 序列中的一系列值。它的基本形式如下：

```
for <var> in <sequence>:
    <body>
```

循环索引变量 var 依次取序列中的每个值，循环体中的语句针对每个值执行一次。

有一个很著名的故事：阿基米德与国王下棋，国王输了，国王问阿基米德要什么奖赏。阿基米德对国王说："只要在棋盘上第一格放一粒米，第二格放二粒，第三格放四粒，第四格放十六粒……按这个方法放满整个棋盘就行。"国王以为要不了多少粮食，就随口答应了。国际象棋有 64 格，我们来算算一共要多少粒米（一千克大米约有 60000 粒）。

利用 Python 实现代码如下：

```
#8_1 archimedes.py
import math
def main():
    all_sum = 0
    n = int(input("输入整数:"))         #输入共有多少个格子
    for i in range(1,n+1):
        all_sum = all_sum + pow(2,i-1)
    print("大约有", all_sum, "粒大米")
    print("大约有", all_sum/60000, "千克大米")
main()
```

该程序中利用了 math 库的 pow() 函数，其作用为求第一个参数的第二个参数次方，比如 pow(2,3) 表示为求 2 的 3 次方，运行该代码可以得到结果：

```
输入整数:64
大约有 18446744073709551615 粒大米
大约有 307445734561825.9 千克大米
```

了解了计数循环和累加器,就可以毫无困难地设计和实现能工作的程序。希望你能明白并记住这些编程的习惯和用法。

8.2 不定循环

当使用 for 循环时,会发现一个问题。for 循环(通常的形式)是一个有限循环,这意味着循环开始时必须确定迭代的次数,否则就不能正常使用循环。但有很多时候无法知道具体的迭代次数,那应该如何处理呢?

解决这个问题的方法是用另一种循环,即"不定循环"或"条件循环"。一个独立的循环保持迭代,直到满足某些条件。这种循环事先没有保证循环会发生多少次。

在 Python 中,用 while 语句实现了一个不定循环。在语法上,while 非常简单。

```
while <condition>:
    <body>
```

这里的 condition 是一个布尔表达式,就像在 if 语句中一样。body 是一条或多条语句的序列。

while 的语义很简单:只要条件保持为 True,循环体就会重复执行;当条件为 False 时,循环终止。图 8.1 展示了一段程序的流程图。请注意,在循环体执行之前,该条件始终在循环顶部进行测试。这种结构称为"先测试"循环,也称"当型"循环。如果循环条件最初为假,则循环体根本就不会执行。

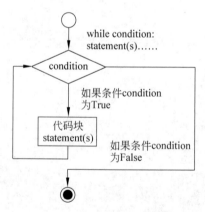

图 8.1 while 循环的流程图

下面是一个简单的 while 循环语句,输出 10 以内的所有奇数。代码如下:

```
a = 1
while(a < 10):
    print(a)
    a += 2
```

请注意,while 循环要求在循环之前负责初始化 a,并在循环体的底部让 a 增加。在 for 循环中,循环变量是自动处理的。

while 简单且强大,所以应用也很广泛,但如果编写程序疏忽,也是很容易出错的。很多刚开始学习编写程序的人员在使用 while 时往往会出现无限循环的情况,比如在上面输出奇数的示例中,如果少写了最后一句,将导致无限地打印 a 的值。

8.3 常见循环模式

8.3.1 交互式循环

不定循环有一个很好的用途,即编写交互式循环。交互式循环的思想是:允许用户指定需要重复程序的某些部分。下面以求数字平均值这个问题为例,来看看这个循环模式。

本例为了允许用户在任何时间停止,循环的每次迭代将询问是否有更多的数据要处理。把交互式循环模式和累加器结合起来,得到求平均值的算法,完整代码如下:

```
#8_2 interactive_loop.py
def main():
    total = 0.0
    count = 0
    moredata = "yes"
    while moredata[0] == "y":
        x = float(input("输入一个数 >> "))
        total = total + x
        count = count + 1
        moredata = input("是否还要继续输入(y/n)?")
    print("\n平均值为:", total / count)
main()
```

以下为该程序的示例输出:

```
输入一个数 >> 5
是否还要继续输入(y/n)? y
输入一个数 >> 6
是否还要继续输入(y/n)? y
输入一个数 >> 7
是否还要继续输入(y/n)? n

平均值为: 6.0
```

在这个程序中,用户不必对数据值进行计数,但是用户肯定会因为不断提示"是否还要继续输入"而感到厌烦。你可以先思考一下,如何改进这个示例?

8.3.2 哨兵循环

上面利用交互式计算平均值时需要不断根据提示进行输入,这也产生了很多的麻烦,其实可以采用一种名为"哨兵"的模式来很好地解决这个问题。

哨兵循环不断处理数据,直到达到一个特殊值,表明迭代结束。这里的特殊值称为"哨兵"。可以选择任何值作为哨兵。唯一的限制是要能与实际数据值区分开来。哨兵不能作为数据的一部分进行处理。

下面是设计哨兵循环的一般模式:

```
※ ------伪代码------
※ 获取第一个数据项
※ 当该数据不是哨兵时
※ 处理数据
※ 获取下一个数据项
※ 当该数据是哨兵时
※ 结束程序
```

请注意这种模式是如何避免将哨兵当成数据来处理的。在循环开始之前读取第一项数据。有时称为"启动读入",因为它让这个过程启动。如果第一项是哨兵,循环将立即终止,不会处理任何数据;否则,处理该项数据,并读取下一项。在后面的循环测试中,如果不是哨兵就处理它,如果是哨兵,循环终止。

现在将"哨兵"应用到求解平均值问题中,设计出一个可以计算任何实数平均值的算法。首先要选择一个不在实数集合中的其他数据成为"哨兵",例如可以选择一个独特的非数值字符串。当输入不是"哨兵"时,可以一直进行数据的输入,当输入"哨兵"时,程序就退出输入并计算平均值。经过思考,可以选择一个空字符串""(引号之间没有空格)作为"哨兵",用户直接按回车键,Python将返回一个空字符串,用这个方法来终止输入。设计如下:

```
※ ------伪代码------
※ 初始化 total 为 0.0
※ 初始化 count 为 0
※ 输入数据为字符串 xStr
※ while xStr 不为空
※   将 xStr 转换为浮点型 x
※   将 x 与 total 相加
※   count 加 1
※   输入下一个字符串数据 xStr
※ 输出 total / count
```

将伪代码用 Python 代码编写,完整代码如下:

```
#8_3 sentry.py
def main():
    total = 0.0
    count = 0
    xStr = input("输入一个数字（按回车键退出）>> ")
    while xStr != "":     #哨兵为""空字符串
        x = float(xStr)
        total = total + x
        count = count + 1
        xStr = input("输入一个数字（按回车键退出）>> ")
    print("\n平均值为:", total / count)
main()
```

这段代码检查并确保输入不是哨兵(空字符串"")后,通过float()函数将输入转换成数字。下面是运行示例,表明现在可以对任意数字集合求平均:

```
输入一个数字（按回车键退出）>> 5
输入一个数字（按回车键退出）>> 6
输入一个数字（按回车键退出）>> 7
输入一个数字（按回车键退出）>> 4
输入一个数字（按回车键退出）>> 3
输入一个数字（按回车键退出）>>

平均值为: 5.0
```

8.3.3 文件循环

到目前为止,前面编写的所有平均值程序都有一个缺点:它们不能更改已经处理的数据。试想一下,你正在尝试求 87 个数字的平均值,而恰巧在接近尾声时发现第 86 个数字输入错误,无奈之下只能重新开始。

处理该问题的更好方法,可能是将所有数字输入到文件中。文件中的数据可以先仔细检查并编辑,再发送给程序,生成报告。这种面向文件的方法常常用于数据处理应用程序。

在第 5 章,学习了使用文件对象作为 for 循环中的序列,查看文件中的数据。可以将这种技术直接应用于计算平均值问题。假设数字被输入到一个文件,每行一个,就可以很方便地用下列程序来计算平均值:

```
#8_4 file_avg.py
from tkinter.filedialog import askopenfilename
def main():
    #获取文件名
```

```
        fileName = askopenfilename()  #可以选择本书配套代码文件夹中的 num.txt 文件进行
                                      #测试
        infile = open(fileName,"r")
        total = 0.0
        count = 0
        for line in infile:
            total = total + float(line)
            count = count + 1
        print("\n平均值为:", total / count)
main()
```

在这段代码中,循环变量 line 将文件作为行序列,遍历该文件。每行被转换为一个数字,并加到总和中。

回忆一下,Python 的 readline()方法从文件中获取下一行作为字符串。在文件末尾,readline()方法返回一个空字符串,可以利用它作为哨兵值。下面是 Python 中使用 readline()方法的"文件结束循环"的一般模式:

```
line = infile.readline()
while line != "":
    #process line
    line = infile.readline()
```

可能你会担心,如果文件中遇到空行,该循环会过早停止。但实际情况不是这样,回忆一下,文本文件中的空行包含单个换行符("\n"),而且 readline()方法在其返回值中包含换行符。由于"\n"不等于"",所以循环是会继续执行下去的。

下面是将文件结束哨兵循环应用于计算平均值问题所产生的代码:

```
# 8_5 new_file_avg.py
from tkinter.filedialog import askopenfilename
def main():
    fileName = askopenfilename()
    infile = open(fileName,'r')
    total = 0.0
    count = 0
    line = infile.readline()
    while line !="":
        total = total + float(line)
        count = count + 1
        line = infile.readline()
    print("\n平均值为:", total / count)
main()
```

8.3.4 嵌套循环

下面还是以计算平均值为示例,继续深入学习。假设文件不是每行一个数,而是每行有多个数,每个数之间以逗号隔开。

这个程序就需要用到嵌套循环来实现了。在外部循环设计过程中,基本思想是将某个文件的数据进行循环处理,计算总和与个数,在遇到文件结束时循环也结束。下面是外层循环的设计代码:

```
total = 0.0
count = 0
line = infile.readline()
while line != "":
    # update total and count for values in line
    line = infile.readline()            #循环读取文件每一行,直到文件结束
    print("\nThe average of the numbers is", total / count)
```

在内部循环的设计中,由于文件中每个单独的行包含一个或多个由逗号分隔的数字,所以可以将该行分割成子字符串,每个子字符串代表一个数字。然后,需要循环遍历这些子字符串,将每个子字符串转换成一个数字,并将它加到 total 中。对每个数字,还需要让 count 加 1。下面是内部循环,处理一行的代码片段:

```
for xStr in line.split(","):
    total = total + float(xStr)
    count = count + 1
```

请注意,此片段中的 for 循环的迭代由 line 的值控制,它正是上面简要描述的文件处理循环的循环控制变量。将这两个循环组合在一起,下面是完整的程序代码:

```
#8_6 split_fileline_avg.py
from tkinter.filedialog import askopenfilename
def main():
    fileName = askopenfilename()
    infile = open(fileName,'r')
    total = 0.0
    count = 0
    line = infile.readline()
    while line != "":                        #处理文件中的每一行
        #更新 total 和 count 的值
        for xStr in line.split(","):         #处理每一行中的每一个用","分隔的数字
            total = total + float(xStr)
            count = count + 1
        line = infile.readline()
```

```
print("\n平均值为:", total / count)
main()
```

外部 while 循环对文件的每一行进行一次迭代,迭代次数为文件的行数。在外层循环的每一次迭代中,内层 for 循环迭代的次数等于该行中数字的个数。当内层循环完成时,程序跳出内部循环,进入外层循环的下一次迭代,读取文件的下一行。

单独来看,这个问题的单个片段并不复杂,但最终的结果相当复杂。设计嵌套循环的最好方法是遵循下面的过程:先设计外层,不考虑内层的内容;然后设计内层的内容,忽略外层循环;最后组合在一起,注意保留嵌套。如果单个循环是正确的,则嵌套的结果就会正常工作。只要不断地练习,相信你一定可以轻松地掌握双重甚至三重嵌套循环。

8.4 布尔值计算

现在有两种控制结构(if 和 while)使用了条件,即布尔表达式。在概念上,布尔表达式的值为假或真。在 Python 中,这些值由字面量 False 和 True 表示。

8.4.1 布尔运算符

有时,所使用的简单条件似乎不能够表达复杂的逻辑含义,那就可以考虑使用布尔运算来构造更复杂的表达式。Python 提供了与(and)、或(or)、非(not)三个布尔运算符。

布尔运算符 and 和 or 用于组合两个布尔表达式并产生布尔结果:

```
<expr> and <expr>
<expr> or <expr>
```

and 操作表示两个表达式的"与",两个表达式的 and 操作如表 8-1 所示。

表 8-1 and 操作的真值表

P	Q	P and Q
T	T	T
T	F	F
F	T	F
F	F	F

在表 8-1 中,P 和 Q 表示布尔表达式。由于每个表达式都有两个可能的值,所以有 4 种可能的值组合,每一种可能都在表中表示为一行。最后一列给出每种可能组合的值。根据定义,只有在 P 和 Q 都为真的情况下结果才为真。

or 操作表示两个表达式的"或",两个表达式的 or 操作如表 8-2 所示。

表 8-2　or 操作的真值表

P	Q	P or Q
T	T	T
T	F	T
F	T	T
F	F	F

仅当两个表达式都为假时,此时两表达式的 or 操作结果才为假。两个表达式只要有一个为真,那么它们的 or 操作就为真。

not 运算符计算布尔表达式的非。它是一个一元运算符,意味着它操作单个表达式。真值表非常简单,如表 8-3 所示。

表 8-3　not 操作的真值表

P	not P
T	F
F	T

当在一个运算表达式中有多个布尔表达式时,应该先计算哪个呢?Python 遵循一个标准惯例,优先级从高到低的顺序是 not,然后是 and,最后是 or。

既然有了布尔表达式,就可以开始尝试利用该方法来实现一个简单的问题。测试两点是否在同一位置,可以使用 and 操作:

```
if p1.getX() == p2.getX() and p2.getY() == p1.getY():
    print("两点在同一位置")
else:
    print("两点不在同一位置")
```

当两个表达式都为真时,它们的 and 操作就为真。当两点的 x 和 y 坐标都相等时,则两点在同一位置。

再来看一个稍微复杂的示例。现代羽毛球比赛都是采用 21 分制,每局中,一方先得 21 分且领先至少 2 分即算该局获胜,否则继续比赛;若双方打成 29 平后,一方领先 1 分,即算该局取胜。

先来看第一段规则描述,大于或等于 21 分而小于 29 分的情况,此时两者相差 2 分比赛就结束。第二段规则描述,当双方 29 打平后,谁多得 1 分比赛也结束。

用 a 来表示羽毛球选手甲,b 表示羽毛球选手乙,则当得分大于或等于 21 而小于 29 分时,写一段逻辑判断的代码如下:

```
((a>=21 and a<29 and a-b==2) or (b>=21 and b<29 and b-a==2))
```

将其简化后,可以写成代码如下:

```
(21<=a<29 or 21<=b<29) and abs(a-b)==2
```

第二段 29 打平后,谁得 30 分谁就胜利,比赛结束。逻辑判断的代码如下:

```
(a==29 and b==30) or (a==30 and b==29)
```

8.4.2 布尔代数

计算机程序中的所有判断都归结为适当的布尔表达式。能用这些表达式来表达、操作和推理,是一名程序员具备的重要技能。布尔表达式遵循一些代数定律,类似适用于数字运算的定律。这些定律称为"布尔逻辑"或"布尔代数"。

下面来看几个示例。表 8-4 展示了一些代数规则和布尔代数中相关的规则。

表 8-4 一些代数规则和布尔代数中相关的规则

代　　数	布　尔　代　数
a * 0 = 0	a and False == False
a * 1 = a	a and True == a
a + 0 = a	a or False == a

从这些示例可以看出,and 与乘法有相似之处,or 与加法相似,0 和 1 对应于假和真。布尔运算还有很多其他的特性,如 and 和 or 满足分配律。

```
(a or (b and c)) == ((a or b) and (a or c))
(a and (b or c)) == ((a and b) or (a and c))
```

其中较重要的两个恒等式称为德·摩根定律:

```
( not(a or b) ) == ( (not a) and (not b) )
( not(a and b) ) == ( (not a) or (not b) )
```

这里请注意在 not 被推入表达式时,操作符在 and 和 or 之间的改变。

布尔代数有一个不错的特性:这种简单的恒等式很容易用真值表验证。由于变量的可能值是一个有限的组合,所以可以系统地列出所有可能性并计算表达式的值。例如,表 8-5 展示了德·摩根第一定律。

表 8-5 德·摩根第一定律

a	b	a or b	not(a or b)	not a	not b	(not a) and (not b)
T	T	T	F	F	F	F
T	F	T	F	F	T	F

续表

a	b	a or b	not(a or b)	not a	not b	(not a) and (not b)
F	T	T	F	T	F	F
F	F	F	T	T	T	T

8.5 其他常见结构

总之,判断结构(if)以及先测试循环(while)提供了一套完整的控制结构。这意味着每个算法都可以用这些结构来表示。原则上,一旦你掌握了 while 和 if,就能写出所有希望得到的算法。然而,对于某些类型的问题,替代结构有时会比较方便。本节将继续介绍其中一些替代结构。

8.5.1 直到测试循环

假设你正在编写一个输入算法,该算法需要从用户那里获取一个非负数。如果输入错误,程序会要求另输入一个值,它不断重新提示,直到用户输入一个有效值。这个过程称为输入验证。

下面是一个简单的算法:

```
※ ----伪代码----
※ repeat
※   get a number from the user
※ until number is >= 0
```

这里的思路是循环持续地读取输入的值,直到该值是大于或等于0的数,并接收输入,然后结束循环;否则,就一直不断循环并判断输入的值。描述该设计的流程图如图 8.2 所示。请注意,该算法包含一个循环,其条件测试在循环体之后。这是一个"直到测试循环"。后测试循环将至少执行一次循环体。

与其他一些语言不同,Python 没有直接实现后测试循环的语句。但是,该算法可以用 while 来实现,只要预设第一次迭代的循环条件即可。

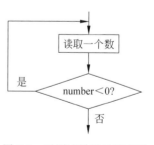

图 8.2 后测试循环的流程图

```
number = -1
while number < 0:
    number = float(input("输入正数: "))
```

这迫使循环体至少执行一次,并且等价于后测试算法。

同样也可以使用 Python 的 break 语句来直接模拟后测试循环。执行 break 会导致 Python 立即退出循环。通常使用 break 语句来跳出无限循环。

利用 break 实现相同的算法:

```
while True:
    number = float(input("输入正数: "))
    if number >= 0: break
```

当 while 循环条件的值为 True 时,开始执行循环。该结果一直为 True,这似乎是个无限循环,但通过循环体内 if 语句的条件判断输入的值为非负数时,执行 break,结束程序。

8.5.2 循环加一半

"循环加一半"是一种避免在哨兵循环中启动读取的很好解决办法。下面是用循环加一半来实现哨兵循环的一般模式:

```
※ ----伪代码----
※ while True:
※ 获取下一个数据项
※ 如果该数据为哨兵: break
※ 处理数据
```

图 8.3 展示了这种哨兵循环方法的流程图。可以看到,这是实现忠实哨兵循环的第一规则,即避免处理哨兵值。

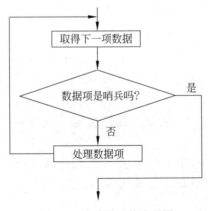

图 8.3 哨兵循环的流程图

是否使用 break 语句,很大程度上取决于自己的风格。一般要尽量避免在一个循环体中使用多个 break 语句。如果有多个出口,循环的逻辑容易失控。当然,在特殊的情况下,为解决实际问题,也是可以突破这个规定的。

```
#8_6 new_sentry.py
def main():
    total = 0.0
    count = 0
    while True:                              #哨兵为""空字符串
        xStr = input("输入一个数字(按回车键退出) >> ")
        if xStr == "": break
        x = float(xStr)
        total = total + x
        count = count + 1
    print("\n平均值为:", total / count)
main()
```

8.5.3 布尔表达式作为判断

到目前为止,我们仅在其他控制结构的上下文中讨论了布尔表达式。有时布尔表达式本身也可以作为控制结构。

在 Python 数据类型中有一个 bool 型。事实上,bool 型只是一个"特殊"的 int 型,其中 0 和 1 的值打印为 False 和 True。你可以通过对 True＋True 表达式求值来验证一下。

在 Python 中,使用 bool 字面量 True 和 False 分别表示布尔值真和假。条件运算符总是求 bool 型的值。然而,什么数据类型可以显示为布尔表达式呢?其实,在 Python 中,任何内置类型都可以对应到布尔值。对于数字(包括整数和浮点数),零值被认为是假,除零之外的任何值都被认为是真。通过将值显式地转换为 bool 型,可以看到该值转换为布尔表达式时,分别对应成 True 和 False 的情况。以下是几个示例。

```
>>> bool(1)
True
>>> bool(-1)
True
>>> bool(0)
False
>>> bool("abc")
True
>>> bool("")
False
>>> bool([1,2,3])
True
>>> bool([])
False
```

第 8 章　循环结构和布尔值

对于序列类型,空序列被解释为假,而任何非空序列则用来表示真。

Python 布尔值的灵活性可以扩展到布尔运算符。虽然这些运算符的主要用途是构成布尔表达式,但它们同样是可操作的。表 8-6 总结了这些运算符的行为。

表 8-6　布尔运算符的行为

操 作 符	操 作 定 义
x and y	如果 x 为假,返回 x,否则返回 y
x or y	如果 x 为真,返回 x,否则返回 y
not x	如果 x 为假,返回真,否则返回假

对于表达式 x and y,只有当表达式 x 和表达式 y 都为真时,该表达式才为真;一旦发现假,就结束了。Python 从左到右查看该表达式,如果 x 为假,无论 x 的假值是什么,那都是返回 x 的值;如果 x 为真,那么整个表达式的真或假,取决于 y 的结果;如果 y 为真,则整个结果为真;如果 y 为假,则整个结果为假。类似的推理可以表明,对 or 的描述对应于真值表中给出的 or 的逻辑定义。

这些操作定义表明,Python 的布尔运算符是"短路"运算符。这意味着一旦知道结果,就会返回真或假。在 and 表达式中,如果第一个表达式为假,则不需要对第二个表达式求值就可以得到返回结果。在 or 表达式中也一样,如果第一个表达式为真,那么也可以直接得到返回结果。

如果输入下面这样一句代码会发生什么呢?

```
while response[0] == "y" or "Y":
```

可以将其写为 a or b 的形式:

```
while (response[0] == "y") or ("Y"):
```

由于 b 为非空的,则其为真,从而这个表达式的值都为真,因此这段代码是一个无限循环。

8.5.4　示例:一个简单的事件循环

在第 4 章,学习过了包含图形用户界面(GUI)的程序,通常是通过事件驱动的方式来编写的。程序显示图形界面,然后等待用户事件,通过处理该事件做出响应,比如单击菜单或按键盘上的一个键。在程序的背后,驱动这种程序的机制称为"事件循环"。基于 GUI 的程序基本结构如下:

※　----伪代码----
※　绘制 GUI
※　while True:

※ 获取下一个事件
※ **if** 事件是 **"退出信号"：**
※   **break**
※ 处理事件
※ 清理并退出

考虑一个简单的示例，打开颜色窗口，允许用户通过按不同的键来改变其背景颜色，如按 R 键为红色、按 G 键为灰色等。用户可以随时通过按 Q 键退出。将它编码为一个简单的事件循环，用 getKey() 来处理按键，代码如下：

```
#8_7 change_background.py
from graphics import *
def main():
    win = GraphWin("颜色窗口", 500, 500)
    while True:
        key = win.getKey()
        if key == "q" or key == "Q":
            break
        #根据不同按键进行处理
        if key == "r" or key == "R":
            win.setBackground("pink")
        elif key == "w" or key == "W":
            win.setBackground("white")
        elif key == "g" or key == "G":
            win.setBackground("lightgray")
        elif key == "b" or key == "B":
            win.setBackground("lightblue")
    win.close()
main()
```

请注意，每次通过事件循环，该程序都会等待用户按键盘上的一个键。代码行 key＝win.getKey() 会强制程序等待用户按一个键。

更灵活的用户界面可以允许用户以各种方式进行交互，例如通过在键盘上输入、选择菜单项、将鼠标悬停在图标上或单击按钮。在这种情况下，事件循环必须检查多种类型的事件，而不是等待一个特定的事件。为了说明这一点，扩展一下程序 8_7，使其包括一些鼠标交互，让用户通过单击鼠标来定位，并实现在窗口的鼠标单击位置处显示字符串，类似第 4 章中的单击并输入示例的扩充版本。

当鼠标和键盘混合控制时，会遇到这样的问题。当调用 getKey() 方法时，程序将暂停，直到用户按下一个键。此时使用鼠标就会失效，因为程序在这个时候要停止并等待按键。同样，当调用 getMouse() 方法时，键盘输入将会被锁住，因为此时程序在等待鼠标操作。在窗口设计中，有模态和非模态两种交互方式。在模态交互方式下，将用户锁定在某种对话框内，在该对话框窗口关闭之前，其父窗口不能成为活动窗口，例如 Windows 的

"打开"文件对话框。在非模态交互方式下，则可以对当前对话框和同一个程序的其他窗口进行相互操作，例如 Windows 的"查找"对话框。

在示例中，可以用 checkKey() 方法和 checkMouse() 方法来实现事件循环的非模态化。这些方法类似于前两个方法，但它们不等待用户做某事。参照下面这句代码：

```
key = win.checkKey()
```

Python 将检查是否已按下一个键，如果是，则返回表示键的字符串，但是它不等待；如果没有按键，checkKey() 将立即返回空字符串。通过检查键的值，程序既可以确定是否有键被按下，又不用停下来等待它。

使用 checkKey() 方法和 checkMouse() 方法的程序，可以轻松地勾画出一个非模态事件循环：

※ ----伪代码----
※ 绘制 GUI
※ **while True:**
※ **key = checkKey()**
※ 如果 **key** 是退出信号：**break**
※ 如果 **key** 是合法的：
※ 处理 **key**
※ **click = checkMouse()**
※ 如果 **click** 是合法的：
※ 处理 **click**
※ 清除并退出

仔细考查这段伪代码，每次通过循环，程序将查找按键或鼠标单击事件，并适当地处理它们。如果没有事件处理，它不等待，而是继续循环并重新检查。

```
#8_8 new_change_background.py
from graphics import *
def handleKey(k, win):
    if k == "r":
        win.setBackground("pink")
    elif k == "w":
        win.setBackground("white")
    elif k == "g":
        win.setBackground("lightgray")
    elif k == "b":
        win.setBackground("lightblue")

def handleClick(pt, win):
    pass
```

```
def main():
    win = GraphWin("单击类型", 500, 500)
    #事件循环:直到用户按键和单击鼠标
    while True:
        key = win.checkKey()
        if key == "q":
            break
        if key:
            handleKey(key, win)
        pt = win.checkMouse()
        if pt:
            handleClick(pt, win)
    win.close()
main()
```

这里使用了函数实现程序模块化,并强调结构如何对应于增强事件循环算法。这段代码中只定义了一个 handleClick()函数,包含一条 pass 语句。pass 语句不做任何事,它在这里只是根据 Python 语法需要一条语句的地方占了一个位置,你可以在后期的设计中,编写响应鼠标单击后需要执行的代码,后面会举例说明。

另外,仔细考查 if 语句中使用的条件。没有输入时,checkKey()方法和 checkMouse()方法调用都返回一个 Python 解释为假的值。对于 checkKey()方法,它是一个空字符串;对于 checkMouse()方法,它是特殊的 None 对象。正如在前面了解到的,可以输入"if key:"而不是"if key != "":",输入"if pt:"而不是"if pt != None"。这种简洁的 Python 式检查方法可以确定判断出是否有用户交互。

既然用非模态事件循环更新了颜色更改窗口程序,那么就可以开始设计鼠标处理部分了。让用户在窗口中放置文本,不是利用现有的事件循环一次处理一个字符,而是让用户在一个 Entry 对象中更方便地输入,所以单击窗口实现文本输入的算法可以这样实现:

※ ----伪代码----
※ 第一步,在用户单击处显示 **Entry** 框。
※ 第二步,让用户在框中输入文本,通过按回车键终止输入。
※ 第三步,输入框消失,输入的文本直接显示在窗口中。

这个算法的第二步是一个有趣的操作。程序希望用户输入的文本显示在 Entry 框中,但又不希望这些按键被解释为顶级命令。例如,在 Entry 中输入"q"但不应该导致程序退出!这时就需要把程序由非模态转为模态。也就是说,程序切换到文本输入模式,直到用户输入回车键。这与 GUI 应用程序中熟悉的情况类似:弹出对话框,强制用户进行一些交互并关闭对话框后,再继续使用该应用程序。

如何让 Entry 框成为模态呢?在主事件循环之外,通过嵌套另一个可以忽略除回车键之外的其他所有按键的循环,直到用户输入回车键。输入回车键后,内层循环终止,程序继续运行。下面是更新的 handleClick 代码:

```python
#8_9 handleClick_pro.py
def handleClick(pt, win):
    #为用户输入创建一个 entry 对象
    entry = Entry(pt, 10)
    entry.draw(win)
    #循环,直到用户输入回车键
    while True:
        key = win.getKey()
        if key == "Return": break
    #取消绘制 entry 对象创建并绘制文本
    entry.undraw()
    typed = entry.getText()
    Text(pt, typed).draw(win)
    #清除(忽略)文本输入过程中发生的任何鼠标单击
    win.checkMouse()
```

完整代码如下:

```python
#8_10 change_background_pro.py
from graphics import *
def handleKey(k, win):
    if k == "r":
        win.setBackground("pink")
    elif k == "w":
        win.setBackground("white")
    elif k == "g":
        win.setBackground("lightgray")
    elif k == "b":
        win.setBackground("lightblue")
def handleClick(pt, win):
    #为用户输入创建一个 entry 对象
    entry = Entry(pt, 10)
    entry.draw(win)
    #循环,直到用户输入回车键
    while True:
        key = win.getKey()
        if key == "Return": break
    #取消绘制 entry 对象创建并绘制文本
    entry.undraw()
    typed = entry.getText()
    Text(pt, typed).draw(win)
    #清除(忽略)文本输入过程中发生的任何鼠标单击
    win.checkMouse()
```

```
def main():
    win = GraphWin("单击类型", 500, 500)
    #事件循环:直到用户按键处理和鼠标单击
    while True:
        key = win.checkKey()
        if key == "q":
            break
        if key:
            handleKey(key, win)
        pt = win.checkMouse()
        if pt:
            handleClick(pt, win)
    win.close()
main()
```

本 章 小 结

本章详细介绍了循环结构和布尔值,通常情况下,for 循环是有限循环,在开始时就确定了迭代次数。然而,在 Python 中可以通过 while 语句实现不定循环。此外,本章还列举了计算平均值的示例来介绍交互循环、哨兵循环等常见的循环。文件循环和嵌套循环也有各自的特点。布尔运算可以构造复杂的表达式来满足我们的需求,布尔表达式本身也可以作为控制结构。最后一节的简单循环的示例,大家需要多多练习,做到融会贯通。

知识扩展:Python 工具——Anaconda 与 IPython

1. Anaconda

Python 虽好,可总是会遇到各种包管理和 Python 版本问题,特别是在 Windows 平台上很多安装包无法正常安装,为了解决这些问题,Anaconda 出现了。Anaconda 包含了一个管理工具和一个 Python 管理环境,还附带了一大批常用数据科学包,这些也是数据分析的标配。

Anaconda 的下载地址为 https://www.anaconda.com/。

同样,也可以从清华大学的镜像地址 https://mirrors.tuna.tsinghua.edu.cn/anaconda/archive/,下载你需要的 Anaconda 版本。

2. IPython

IPython 是一个 Python 交互式 Shell。IPython 支持变量自动补全,支持自动缩进,支持 bash shell 命令，内置了许多实用功能和函数，同时它也是科学计算和交互可视化的最佳平台，其下载地址为 https://ipython.org/。

课程思政：奥运精神之"亚洲飞人"——苏炳添

2021年的夏天特别热，但还是热不过苏炳添，"亚洲飞人""中国短跑男神"……这些称号让苏炳添成为微博、微信上的热词，成为频频刷爆朋友圈的当下红人。这位身高1.72m的大男孩，让国人刮目相看的同时，更让世界侧目。全球短跑专家纷纷惊叹小个子跑出的"中国速度"。

苏炳添，1989年8月29日出生于广东省中山市，从小就表现出了良好的运动天赋。2004年11月，15岁的苏炳添第一次参加中山市中学生田径比赛，就以11秒72的成绩夺得第一，成为轰动一时的"追风少年"。2007年，苏炳添进入广东省队，两年后进入国家队。在2011年的全国田径锦标赛上，他以10秒16夺冠。之后的两年，苏炳添一直雄踞中国男子百米第一的宝座。而对于这些成绩，苏炳添并没有感到满足，因为他要向国际水平挺进。2015年5月，在国际田联钻石联赛美国尤金站，苏炳添以9秒99的成绩获得男子100米第三名，成为首位进入10秒关口的亚洲本土选手。2017年5月，在国际田联钻石联赛上海站男子百米赛，苏炳添以10秒09夺冠；2018年2月，苏炳添以6秒43夺得国际田联世界室内巡回赛男子60米冠军，并刷新亚洲纪录；2018年3月，在世界田径室锦赛中，苏炳添以6秒42再次打破男子60米亚洲纪录并摘得银牌，成为首位在世界大赛中赢得男子短跑奖牌的中国运动员，也创造了亚洲选手在这个项目的最好成绩；2018年6月23日，在国际田联世界挑战赛马德里站，苏炳添以9秒91的成绩追平亚洲纪录获得男子100米的冠军；2018年8月，在雅加达亚运会田径男子100米的决赛中，苏炳添以9秒92打破亚运会纪录夺冠；2021年3月，在2021年室内田径邀请赛西南赛区男子60米决赛中，苏炳添以6秒49的成绩位列2021年亚洲第一、世界第三。

人生犹如赛场，在我们的生活中，会遭遇各种挑战，也要进行各种"比赛"，不可能总是赢。但是，我们要用自己的努力，去夺取哪怕是1厘米、0.01秒的进步，即便输了也无妨，因为有进步的输就是赢。进步的过程不是线性的，而是一条跌宕起伏的曲线，上升的过程总伴随无数次的失败。真正英勇的人在突破自己的路上，不会停滞太久。苏炳添正是在不断自我追问、自我怀疑、自我挖掘中，再次走向巅峰，成为顶级运动员。

2021年8月1日，在东京奥运会男子100米半决赛中，苏炳添以9秒83刷新亚洲纪录。2021年9月21日，在第十四届全运会的男子100米决赛中，苏炳添以9秒95的成绩夺得个人首个全运会百米冠军，同时这也是他职业生涯第10次打破10秒。

第 9 章 模拟和设计

9.1 模拟短柄壁球

目前为止,大家已经学习了 Python 的所有基本工具,现在可以来尝试编写一些有趣问题的程序了。你可能还没准备好编写一些非常庞大复杂的应用程序,但完全可以编写一些非常实用而且有趣的小程序。

目前,解决现实问题有一个特别强大的技术,那就是模拟技术。计算机可以对现实世界的过程进行建模,以获取其他方法无法提供的信息。当今时代,人们每天都在使用计算机模拟执行无数的任务,例如预测天气、设计飞机、为电影创造特效以及制作视频游戏等。这些应用大多数需要编写非常复杂的程序来实现,但即使是非常棘手的问题,也是可以将复杂问题分解后,通过逐个突破来模拟解决的。

本章将学习开发一个模拟短柄壁球比赛的简单程序。在这个开发过程中,将学习一些重要的设计方法和实现策略,以帮助你提升软件开发、解决问题的能力。

9.1.1 一个模拟问题

小王很喜欢短柄壁球运动,近几年来,他经常与那些比他技术好的球员比赛,因此他大多数时候是以失败告终的,这让他十分困扰。他总是觉得对手的技术只是比他好一点点而已,不至于会输得这么惨。

有一种比较明显的可能,那就是他对自己的实力估计过高,或者是对别人的实力估计过低。还有一种可能,也许是比赛本身的性质、能力上的小差异会导致球场上的比赛结果不平衡。

针对这个问题,可以试着编写一个计算机程序来模拟短柄壁球的比赛。利用模拟技术,可以让计算机在不同技能水平的选手之间模拟出成千上万局的比赛,通过大量模拟得出的数据,进行比较分析,为实际情况提供一些理论参考。

9.1.2 分析和规格说明

短柄壁球是在两名球员之间使用球拍在四壁球场上击打球的运动。它十分类似于许多其他球拍类比赛,如网球、排球、羽毛球、壁球和乒乓球比赛等。其实只需要了解比赛的基本情况即可编写程序,而并不需要了解所有的短柄壁球规则。

比赛开始时,一名选手将球击出:这称为"发球"。然后选手交替击球,使其保持比赛状态,这是一个"回合"。当其中一名选手未能有效击球时,对打结束。击球失误的选手输掉这一回合。如果发球选手是输家,则发球权转给另一名选手,双方都不得分;如果发球选手赢得了这一回合,则会得 1 分。也就是说,选手只能在自己发球时得分,且第一个得到 15 分的选手赢得比赛。

在进行比赛模拟中,选手的能力水平将由选手在发球时赢得回合的概率来表示。所以,具有 0.6 概率的选手有 60% 的机会在发球回合得分。该程序将提示用户输入两名选手的发球回合得分概率,然后可以用这些概率模拟多局短柄壁球比赛,并将比赛结果打印出来。

下面是详细的规格说明。

输入:该程序先提示并获取两名选手(称为"选手 A"和"选手 B")的发球回合得分概率。然后程序提示输入要模拟的比赛局数。

输出:该程序将输出一系列的模拟结果,如:
- 一共模拟多少场比赛?
- 选手 A 赢得比赛的概率是多少?
- 选手 B 赢得比赛的概率是多少?

该程序将打印报告,显示模拟的比赛局数,以及每名选手的胜率和获胜百分比。下面是一个程序运行示例:

游戏模拟:500
- 选手 A 赢:268 (53.6%)
- 选手 B 赢:232 (46.4%)

注意:所有输入都假定为合法的数值,不需要进行错误或有效性检查。另外,在每次模拟比赛中,都是选手 A 先发球。

9.2 伪随机数

大家知道,当抛出一枚普通硬币时,得到正面和反面的概率都是 50%。而概率 50% 是指在无穷多次抛掷的过程中,出现正面和反面的次数各占 50%。回到前面的问题,给定选手赢球的概率也是基于这点来理解,所以需要编写程序,事先处理好选手的成功和失败这类不确定事件。

许多模拟都具有这一特性,要求处理的事件是某种可能性的发生。驾驶模拟必须模拟其他驾驶员的不可预测性,银行模拟必须处理客户到达的随机性。这些模拟有时称为蒙特卡罗算法,因为其结果取决于机会概率。

伪随机数发生器从某个种子值开始工作。把该值输入一个函数以产生随机数字。下次需要一个随机数时,将当前值反馈到该函数中以产生一个新的数字。通过仔细选择函数,得到的值序列基本上是随机的。当然,如果以相同的种子值重新启动该过程,那么最终会出现完全相同的数字序列。这一切都取决于生成函数和种子的值。

Python 提供了一个库模块，其中包含一些有用的函数，可以生成伪随机数。该模块中的函数根据模块加载的日期和时间推导出初始种子值，因此每次运行程序时都会获得不同的种子值。这意味着你所获得的是唯一的伪随机值序列。其中重要的两个函数是 randrange() 和 random()。

randrange() 函数从给定范围中选择一个伪随机整数。它可以设定一个、两个或三个参数，来确定一个范围，就像 range() 函数一样。例如，randrange(1,6) 从 {1,2,3,4,5} 中返回某个数字，而 randrange(5,100,5) 返回 5~100 中的 5 的倍数，但不包括 100。

```
>>> from random import *
>>> randrange(1,6)
2
>>> randrange(1,6)
1
>>> randrange(1,6)
1
>>> randrange(5,105,5)
20
>>> randrange(5,105,5)
70
>>> randrange(5,105,5)
70
>>> randrange(5,105,5)
75
```

random() 函数可用于生成伪随机浮点值。它不需要任何参数，返回值均匀分布在 0 和 1 之间（包括 0，但不包括 1）。

```
>>> from random import *
>>> random()
0.7635543105304049
>>> random()
0.31164370051447243
>>> random()
0.7039672847873445
>>> random()
0.5959989547801257
```

短柄壁球模拟可以利用 random() 函数来确定选手是否赢得了发球回合。来看一个具体的示例，假设选手的发球回合得分概率是 0.70。这意味着他应该赢得 70% 的发球回合。你可以想象一下程序中的一个判断：

```
if <player wins serve>:
    score = score + 1
```

第 9 章　模拟和设计

此时需要插入70%的获胜概率条件。

假设生成一个0~1的随机值。随机值可以为0,但不为1,即生成的随机数在区间[0,1)中,随机数小于0.7的可能性是70%;同理,随机数大于0.7可能性是30%。一般来说,如果用prob表示选手获胜的概率,将其值设置为0.7,则random()<prob就成功地表示了正确概率。下面是判断的示例:

```
if random() < prob:
    score = score + 1
```

9.3 自顶向下的设计

在软件工程中,有一种成熟的解决复杂问题的设计方法,称为"自顶向下"设计。其基本思想是,从问题的整体出发,尝试将大问题逐步分解成若干个较小的问题,然后依次使用这种方法,逐层分解。最终,问题将变得很小,直到可以轻松地解决每一个小问题。然后把所有的结果都拼回来,得到当初大问题的解决方案,将其编写成代码后,就得到一个完整的解决大问题的程序。

9.3.1 顶层设计

首先,设计程序需要先知道它的结构规格。粗略来看,该程序遵循输入、处理、输出模式。也就是说,需要从用户那里获得模拟输入,模拟一些比赛,然后打印输出报告。基本算法如下:

```
※ ----伪代码---
※ 打印介绍
※ 获取输入:A选手得分概率probA,B选手得分概率probB,及本次比赛的场次n
※ 用probA和probB模拟n局短柄壁球比赛
※ 打印选手A和选手B的获胜报告
```

初看之下,可能会感到无从下手,没有关系,可以先假设实现算法需要的所有组件都已经为你写好了,你目前的工作就是用这些组件来完成这一顶层算法。

第一步是打印介绍。这步很简单,只需要使用一些print语句即可。将其用一个函数表示,要习惯这种写法。第一步可以写成这样:

```
def main():
    printIntro()
```

假设由一个printIntro()函数来处理打印指令。

接下来就是从用户那里获取输入。这一步也比较简单,用input语句就可以。同样用一个函数来表示输入,即调用函数 getInputs()。该函数的意图是获取用户输入的概率变量 probA、probB 和模拟比赛场次的变量 n。该函数必须返回这些值,供主程序使用。下面是这个功能的程序代码:

```
def main():
    printIntro()
    probA, probB, n = getInputs()
```

到了第三步,也是很关键的一步。到这里你可能不知道这段怎么写,现在只是顶层设计,所以可以用一个函数来表示,即调用函数 simNGames()。那该函数的输入和输出是什么呢?

假设你要进行模拟比赛,那么就要知道需要模拟的场数以及这些模拟使用怎样的 probA 和 probB 值。在某种意义上,这三个值将是函数的输入。而用户需要得到最后的结果,即选手 A 赢了多少,选手 B 赢了多少,这就是函数的输出。所以可以这样写代码:

```
def main():
    printIntro()
    probA, probB, n = getInputs()
    winsA, winsB = simNGames(n, probA, probB)
```

最后一步就是告诉你比赛结果,选手 A 赢了多少,选手 B 赢了多少。这个也是用 print() 函数就可以实现,同样用函数表示。因此,完整的顶层设计如下:

```
def main():
    printIntro()
    probA, probB, n = getInputs()
    winsA, winsB = simNGames(n, probA, probB)
    printSummary(winsA, winsB)
```

9.3.2 关注点分离

现在已经将原始问题分解为 printIntro()、getInputs()、simNGames() 和 printSummary()这样 4 个独立的任务了,并且已经指定了执行这些任务的函数名称、参数和预期返回值。这些信息称为函数的接口。

有了这些接口,就可以独立处理小块问题了。main() 函数不关心每个子函数做什么,它要做的是,给出比赛局数和两个概率,返回每名选手获胜的正确局数。

到目前为止,现在的工作可以表示为如图 9.1 所示的结构图(也称为模块层次图),设计中的每个组件都是一个矩形,连接两个矩形的线表示上面的组件需要使用下面的组件。箭头和注释从信息流角度描述了组件之间的接口。

在设计的每个层次上,接口会告诉下层的组件哪些细节很重要,其他东西都可以暂时

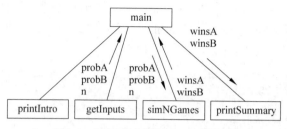

图 9.1 短柄壁球模拟的一级结构图

忽略。确定某些重要特征并忽略其他细节的一般过程称为"抽象"。抽象是设计的基本工具,可以将自顶向下设计的整个过程理解为发现有用抽象的系统设计方法。

9.3.3 第二层设计

现在就需要对每个组件进行程序设计。打印介绍和输入这两个函数可以很简单地写出来。printIntro()函数是打印程序的介绍,可以用一个 print 语句序列来组合该函数,具体代码如下:

```
def printIntro():
    print("这个程序模拟了选手 A 和选手 B 之间的短柄壁球游戏,每个选手")
    print("在发球阶段的得分的概率,用 0 和 1 之间的数字来表示")
    print("总是选手 A 先发球。")
```

接下来是设计 getInputs()函数,该函数提示用户输入并获取 3 个值,然后返回给主程序:

```
def getInputs():
    #返回三个参数 probA、probB 和 n
    a = float(input("选手 A 赢得发球的概率为多少?"))
    b = float(input("选手 B 赢得发球的概率是多少?"))
    n = int(input("一共模拟多少场比赛?"))
    return a, b, n
```

记住,函数中的变量是该函数的局部变量,它的作用域仅在函数体内。上面这个函数比较简单,很容易看到 3 个值代表什么。这里的主要关注点是确保以正确的顺序返回值,以符合在 getInputs()和 main()之间建立的参数传递接口。

9.3.4 设计 simNGames()函数

既然已经对自顶向下的设计技术有了一些了解,下面就开始学习解决真正的难点问题,即 simNGames()函数的设计。其设计的基本思想是,模拟 n 局比赛,并记录每名选手的胜利局数。"模拟 n 局游戏"听起来像是一个循环,记录胜利局数听起来像是几个累加

器的工作。利用大家熟悉的模式,可以写出一个算法:

```
※ ----伪代码----
※ 初始化选手 A 和选手 B 的胜利场数为 0
※ 循环 n 次
※ 模拟比赛
※ 如果选手 A 赢
※ 选手 A 的胜场加 1
※ else
※ 选手 B 的胜场加 1
```

这是一个非常粗糙的设计,但顶层的算法就是如此。首先将它变成 Python 代码,填入细节。加上两个累加器变量的初始化,并加上计数循环头:

```
def simNGames(n, probA, probB):
    #模拟 n 次比赛,返回 winsA 和 winsB
    winsA = 0
    winsB = 0
    for i in range(n):
```

下面开始模拟一局短柄壁球比赛。直接模拟比赛比较困难。同样,编写一个 simNGame() 函数来表示一场比赛。那该函数的输入和输出分别是什么呢?

模拟一场比赛,对于输入,肯定要知道选手的概率是多少。对于输出,肯定是要判断谁赢了,所以程序可以以他们的成绩为输出。让 simNGame() 返回两名球员的最终成绩。通过更新二级结构图来反映,其结果如图 9.2 所示。

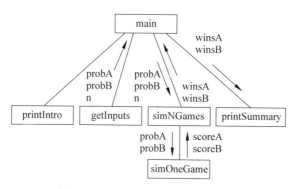

图 9.2 短柄壁球模拟的二级结构图

最后,需要检查得分,看看谁赢了,并更新相应的累加器。代码如下:

```
def simNGames(n, probA, probB):
    winsA = winsB = 0
    for i in range(n):
        scoreA, scoreB = simOneGame(probA, probB)
```

```
            if scoreA > scoreB:
                winsA = winsA + 1
            else:
                winsB = winsB + 1
    return winsA, winsB
```

9.3.5 第三层设计

接下来,编写一个关键的函数 simOneGame(),该函数的作用是模拟在一场比赛中,每个回合的得分情况。这里必须对短柄壁球规则的逻辑进行编码。选手不断完成回合,直到游戏结束。这让人想到某种无限循环结构,刚开始还不知道其中一名选手获得 15 分之前需要多少回合。循环只能持续下去,直到游戏结束。

在这个过程中,程序需要记录得分,还需要知道目前是谁在发球。得分可能只是两个整数累加器,但如何记录是谁在发球呢?是选手 A 还是选手 B?可以用存储选手 A 或选手 B 的字符串变量来识别,它也是一种累加器,但更新它的值时,只是将它从一个值切换到另一个值。

下面来看一下粗略的算法:

※ ----伪代码----
※ 初始化 scores 为 0
※ 选手 A 发球
※ 游戏没结束时一直循环:
※ 模拟任何一个正在发球的球员的发球
※ 更新游戏状态
※ 返回 scores

现在可以快速填充算法的前两步,代码如下:

```
def simOneGame(probA, probB):
    scoreA = 0
    scoreB = 0
    erving = "A"
    while <condition>:
```

此时的问题是,这个循环的条件是什么?只要比赛没结束,就需要继续循环。程序应该能够通过查看分数来判断游戏是否结束。现在将细节隐藏在另一个函数 gameOver()中,如果比赛结束,则返回 True,否则返回 False。这可以暂时让程序执行循环后面的代码部分。

图 9.3 展示了包含新函数的三级结构图。simOneGame()的代码现在更改如下:

```
def simOneGame(probA, probB):
    scoreA = 0
```

```
scoreB = 0
serving = "A"
while not gameOver(scoreA, scoreB):
```

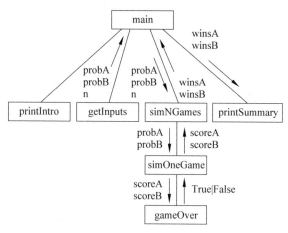

图 9.3　短柄壁球模拟的三级结构图

在循环中,程序需要模拟发一次球。回忆一下,为了确定发球者是否得分(random()<prob),程序将比较随机数与概率。正确的概率取决于 serving 的值,程序需要根据这个值来判断。如果选手 A 在发球,那么需要使用选手 A 的概率,并且根据发球的结果,更新选手 A 的分数,或将发球更改为选手 B。下面是代码:

```
if serving == "A":
    if random() < probA:
        scoreA = scoreA + 1
    else:
        serving = "B"
```

当然,如果不是选手 A 发球,程序需要做同样的事情。但针对选手 B,只需要附加一个针对选手 B 的 else 子句即可:

```
if serving == "A":
    if random() < probA:
        scoreA = scoreA + 1
    else:
        serving = "B"
else:
    if random() < probB:
        scoreB = scoreB + 1
    else:
        serving = "A"
```

第 9 章　模拟和设计

这个函数差不多完成了,虽然感觉它有点复杂,但通过逐步设计基本上模拟了游戏的规则。现将 simOneGame() 函数完整地组合放在一起,代码如下:

```
def simOneGame(probA, probB):
    scoreA = 0
    scoreB = 0
    serving = "A"
    while not gameOver(scoreA, scoreB):
        if serving == "A":
            if random() < probA:
                scoreA = scoreA + 1
            else:
                serving = "B"
        else:
            if random() < probB:
                scoreB = scoreB + 1
            else:
                serving = "A"
    return scoreA, scoreB
```

9.3.6 整理完成

到目前为止,程序就只剩下一个 gameOver() 函数未解决。当其中一个选手得分达到 15 分时,比赛就结束了。因此,可以用一个简单的布尔条件来实现它:

```
def gameOver(a,b):
    # a 和 b 表示一场壁球游戏的得分
    # 如果游戏结束,则返回 True,否则返回 False
    return a==15 or b==15
```

此时,大部分都完成了,最后一步只是打印出结果,这个十分容易。将上面所有代码整合起来,得到完整的模拟代码如下:

```
# 9_1 squash_game
from random import random
def main():
    printIntro()
    probA, probB, n = getInputs()
    winsA, winsB = simNGames(n, probA, probB)
    printSummary(winsA, winsB)

def printIntro():
    print("这个程序模拟了选手 A 和选手 B 之间的短柄壁球游戏,每个选手")
```

```
        print("在发球阶段的得分的概率,用 0 和 1 之间的数字来表示")
        print("总是选手 A 先发球。")

def getInputs():
    #返回三个参数 probA, probB 和 n
    a = float(input("选手 A 赢得发球的概率为多少?"))
    b = float(input("选手 B 赢得发球的概率是多少?"))
    n = int(input("一共模拟多少场比赛?"))
    return a, b, n

def simNGames(n, probA, probB):
    winsA = winsB = 0
    for i in range(n):
        scoreA, scoreB = simOneGame(probA, probB)
        if scoreA > scoreB:
            winsA = winsA + 1
        else:
            winsB = winsB + 1
    return winsA, winsB

def simOneGame(probA, probB):
    serving = "A"
    scoreA = 0
    scoreB = 0
    while not gameOver(scoreA, scoreB):
        if serving == "A":
            if random() < probA:
                scoreA = scoreA + 1
            else:
                serving = "B"
        else:
            if random() < probB:
                scoreB = scoreB + 1
            else:
                serving = "A"
    return scoreA, scoreB

def gameOver(a,b):
    #a 和 b 表示一场壁球游戏的得分
    #如果游戏结束,则返回 True,否则返回 False
    return a==15 or b==15

def printSummary(winsA, winsB):
```

```
#打印选手的胜利场数即概率
n = winsA + winsB
print("\n模拟游戏:", n)
print("选手 A 赢: {0} ({1:0.1%})".format(winsA, winsA/n))
print("选手 B 赢: {0} ({1:0.1%})".format(winsB, winsB/n))

if __name__ == '__main__': main()
```

9.3.7 设计过程总结

你刚才看到了一个自顶向下的设计实战。从结构图的最高层开始,一路向下。在每个层次上,从总算法开始,然后逐渐将它提炼为精确的代码。这种方法有时称为"逐步求精"。整个过程可以分为 4 个步骤:

(1) 将整个问题分解并表示为一系列较小问题。
(2) 为每个较小问题开发一个接口。
(3) 用较小问题的接口来表示该算法,从而描述算法的细节。
(4) 对每个较小问题重复此过程。

9.4 自底向上的实现

当有一段完整代码时,整个过程即使设计得再小心,在测试验证时,还是有可能会出现令人失望的错误结果。出现这种情况,可能是因为输入时的一点错误而导致结果的错误,也有可能是其他的逻辑问题。因此,一次设计一小块程序比尝试一次处理整个大问题会更有利于解决问题和排查错误。所以,实现一个复杂的代码程序的最好办法还是化整为零地来处理。

9.4.1 单元测试

如果是实现规模不太大的程序,有一个好方法,即从结构图的最底层开始,并在完成每个组件时就及时测试它。回顾短柄壁球模拟的结构图,程序设计可以从 gameOver() 函数开始。这个函数的作用是通过查看分数来判断游戏是否结束。一旦将此函数输入到模块文件中,就可以立即导入文件并对其进行测试。下面是测试这个函数的运行示例:

```
>>> gameOver(0,0)
False
>>> gameOver(5,10)
False
```

```
>>> gameOver(15,3)
True
>>> gameOver(3,15)
True
```

从上面的结果可以看到,只有当其中一位选手得分达到15分,比赛才结束。

确定了gameOver()函数的功能正常后,现在可以回去实现simOneGame()函数了。这个函数的作用是,分别输入两位选手发球得分的概率,然后循环比赛,得到这个回合的得分。因为有随机数的处理,所以用户是无法预先知道输出结果是什么的。程序设计者能做的只是充分地测试,看它的行为是否合理。下面是运行示例:

```
>>> simOneGame(.5,.5)
(13, 15)
>>> simOneGame(.5,.5)
(15, 11)
>>> simOneGame(.3,.3)
(15, 11)
>>> simOneGame(.3,.3)
(11, 15)
>>> simOneGame(.4,.9)
(4, 15)
>>> simOneGame(.4,.9)
(1, 15)
>>> simOneGame(.9,.4)
(15, 3)
>>> simOneGame(.9,.4)
(15, 0)
>>> simOneGame(.4,.6)
(9, 15)
>>> simOneGame(.4,.6)
(6, 15)
```

可以看到,当概率相等时,分数接近。当概率相差较大时,比赛就是一边倒。这符合当初设计时预期的函数行为。

继续向下操作,将组件添加到代码中,同时测试每个组件。软件工程师称这个过程为"单元测试"。独立测试每个函数更容易发现错误,独立测试后,当再去测试整个程序时,有可能一切顺利。

9.4.2 模拟结果

经过测试,得到了正确的程序,那就来看看小王的问题。假设小王的赢球概率为55%,比他强一点的选手赢球概率为60%,模拟1000次比赛,运行结果如下:

```
这个程序模拟了选手A和选手B之间的短柄壁球游戏,每个选手
在发球阶段的得分的概率,用0和1之间的数字来表示。
总是选手A先发球。
选手A赢得发球的概率为多少? 0.55
选手B赢得发球的概率是多少? 0.6
一共模拟多少场比赛? 1000

模拟游戏:1000
选手A赢: 389 (38.9%)
选手B赢: 611 (61.1%)
```

当两个选手实力相差很小时,小王获胜的概率大概为三分之一,所以小王输得不冤。

本 章 小 结

模拟是解决现实问题的一个特别强大的技术,计算机可以对现实世界的过程进行建模,以提供其他方法无法获得的信息。本章的内容主要是开发一个短柄壁球比赛的简单模拟程序,先找出问题,再进行分析和规格说明。这里面也介绍了Python生成随机数的两个函数(random()和randrange())。关于设计的部分,本章介绍了自顶向下的设计(从总问题开始,攻克每个小问题)、自底向上的实现技术。这里要注意,设计成功的关键是多实践,不能仅靠阅读书籍来了解技术。

知识扩展:Python编辑工具——Jupyter Notebook

1. Jupyter Notebook 简介

Jupyter Notebook 是一种 Web 应用,能让用户将说明文本、数学方程、代码和可视化内容全部组合到一个易于共享的文档中。它可以直接在代码旁写出叙述性文档,而不是另外编写单独的文档。也就是说,它可以将代码、文档等集中到一处,让用户一目了然。

Jupyter 这个名字是它要服务的三种语言的缩写:Julia、Python 和 R,这个名字与"木星(Jupiter)"谐音。Jupyter Notebook 已迅速成为数据分析、机器学习的必备工具,因为它可以让数据分析师集中精力向用户解释整个分析过程,可以通过 Jupyter Notebook 写出学习笔记。但是 Jupyter Notebook 远远不止支持上面的三种语言,目前使用的流行语言它基本上都能支持,包括 C、C++、C♯、Java、Go 等。

Jupyter Notebook 的前身称为 Ipython Notebook,至于后面为什么更名就不得而知了,这也是很多文章总是默认地将 Jupyter Notebook 说成 Ipython Notebook 的原因。但既然已经更名了,还是区别对待 Ipython Notebook 与 Jupyter Notebook 为好。

2. 安装与打开

使用过 Anaconda 的人都清楚,在安装 Anaconda 时会一起打包安装。可以去清华大学的镜像去下载你需要的 Anaconda 版本:https://mirrors.tuna.tsinghua.edu.cn/anaconda/archive/。如果想要自己安装,也可以通过 pip 命令来安装:

```
pip install jupyter
```

注意:安装 Jupyter Notebook 需要 Python 3.3 或更高版本,或 Python 2.7。

升级操作:

```
pip install --upgrade pip
```

打开 Jupyter Notebook 也很简单,可以直接在 Anaconda 的菜单里面打开 Jupyter Notebook,也可以通过命令行,输入 jupyter notebook 或 jupyter-notebook 都可以。

Jupyter Notebook 会在浏览器中打开,是一种 Web 应用,因而有 Web 路径和端口号,打开之后,在浏览器的地址栏会显示如下:

```
http://localhost:8888/tree
```

当一次打开多个 Jupyter Notebook 时,端口号会依次递增,如 8889、8890 等。

3. Jupyter Notebook 的作用

Jupyter Notebook 到底有一些什么功能呢?

在介绍 Jupyter Notebook 的功能之前,先来看一个概念:文学编程。这是由 Donald Knuth 提出的编程方法。传统的结构化编程,是按计算机的逻辑顺序来编写代码;与此相反,文学编程则可以让人们按照自己的思维逻辑来开发程序。

简单地说,文学编程的读者不是机器,而是人。我们从写出让机器能读懂的代码,过渡到向人们解释如何让机器实现我们的想法,其中除了代码,更多的是叙述性的文字、图表等内容。这么一看,这不正是数据分析人员所需要的编码风格么?如果想不仅当好一个程序员,还要当好一个作家,那么 Jupyter Notebook 就是不可或缺的一款集编程和写作于一体的效率工具。

以下列举了 Jupyter Notebook 的众多优点。

(1) 极其适合数据分析。想象一下如下混乱的场景:你在终端中运行程序,可视化结果却显示在另一个窗口中,而包含函数和类的脚本存在其他文档中,更可恶的是,你还需要另外写一份说明文档来解释程序如何执行以及结果如何。此时 Jupyter Notebook 从天而降,将所有内容收归一处,你是不是顿觉思路清晰了呢?

(2) 支持多语言。也许你习惯使用 R 语言来做数据分析,或是想用学术界常用的 MATLAB 和 Mathematica,这些都不成问题,只要安装相对应的内核即可。

(3) 分享便捷。支持以网页的形式分享,GitHub 中天然支持 Jupyter Notebook 展示,也可以通过 nbviewer 分享你的文档。当然也支持导出成 HTML、Markdown、PDF

等多种格式的文档。

（4）远程运行。在任何地点都可以通过网络连接远程服务器来实现运算。

（5）交互式展现。不仅可以输出图片、视频、数学公式,甚至可以呈现一些互动的可视化内容,比如可以缩放的地图,或是可以旋转的三维模型。但这些需要交互式插件来支持。

一些常见的 Jupyter Notebook 高级应用如：
- 数学公式编辑。
- 幻灯片制作。
- 魔术关键字。

课程思政：程序员经典名言

（1）When in doubt, use brute force.（如果还没想清楚,就用蛮力算法。）——Ken Thompson

（2）Avoid arc-sine and arc-cosine functions——you can usually do better by applying a trig identity or computing a vector dot-product.（不要使用反正弦和反余弦函数——你总能用优美的恒等式,或者是计算向量点积来更好地解决问题。）——Jim Conyngham

（3）Allocate four digits for the year part of a date: a new millennium is commg.（在存储日期中的年份时,请使用四位数字。）——David Martin

（4）Avoid asymmetry.（避免使用不对称结构。）——Andy Huber

（5）The sooner you start to code, the longer the program will take.（代码写得越急,程序跑得越慢。）——Roy Carlson

（6）If you can't write it down in English, you can't code it.（你用英语都写不出来的东西,就别指望用代码写了。）——Peter Halpern

（7）If the code and the comments disagree, then both are probably wrong.（如果代码和注释不一致,那很可能两者都错了。）——Norm Schryer

（8）If you have too many special cases, you are doing it wrong.（如果你发现特殊情况太多,那你肯定是用错方法了。）——Craig Zerouni

（9）Get your data structures correct first, and the rest of the program will write itself.（先把数据结构搞清楚,程序的其余部分自现。）——David Jones

第 10 章 类与对象

10.1 对象的快速复习

前面已经学习过对象的知识,它是管理复杂数据的重要工具。准确地讲,一个对象包括:

(1) 一组相关的信息,这些信息存储在对象中的属性中。
(2) 关于这些信息的一组操作,称为方法。

举个简单的示例,一个 Circle 对象有一些属性,如 center 保存圆的中心点,radius 保存圆的半径。Circle 的方法需要这些数据来执行动作,如 draw() 方法检查 center 和 radius,以确定窗口中的哪些像素应该着色;move() 方法改变中心的值,以确定圆的新位置。

记住,每个对象都被认为是某个类的一个实例。对象的类决定对象将具有什么属性。基本上,一个类描述了它的实例应该知道什么和应该做什么。调用构造方法,从类中创建新对象,可以将类本身视为创建新实例的工厂,或者说是创建实例的模板。

下面代码创建一个新的 Circle 对象:

```
myCircle = Circle(Point(0,0), 20)
```

Circle 是类的名称,用于调用构造方法。这一行代码创建了一个新的 Circle 实例,并将引用保存在变量 myCircle 中。构造方法的参数用于初始化 myCircle 内部的一些属性(即 center 和 radius)。实例被创建后,就可以通过调用它的方法来操作它:

```
myCircle.draw(win)
myCircle.move(dx, dy)
```

10.2 示例程序:炮弹

在开始详细地讨论如何编写自定义的类之前,先简单地看看为什么要编写自定义的类。

10.2.1 程序规格说明

假设这里要编写一个模拟炮弹的程序。首先需要确定在各种发射角度和初始速度下,炮弹将飞多远。程序的输入是炮弹的发射角度(以度为单位)、初始速度(以 m/s 为单位)和初始高度(以 m 为单位);输出则是发射的炮弹在撞击地面前飞行的距离(以 m 为单位)。

这是一个简单的物理问题。地球的重力加速度约为 $g=9.8m/s^2$。当炮弹以一定的角度发射时,可以将速度分解为垂直地面和平行地面的两个速度分量。根据垂直向上的速度,可以算出炮弹重新落回地面所花的时间 t,利用水平速度和时间就能得到炮弹飞行的距离。

10.2.2 设计程序

很明显,根据问题的陈述,设计时需要考虑炮弹的两个维度:一是高度,这样可以知道它什么时候落回地面;二是距离,记录它飞多远。可以将炮弹的位置视为二维图中的点 (x, y),其中 y 的值给出了距离地面的高度,x 的值给出了与起点的距离。

炮弹飞行过程中,它在二维图中的坐标是时刻更新的。假设炮弹从位置(0, 0)开始,如果希望定时查看它的位置,比如,每隔十分之一秒,在这段时间内,它将向上移动一些距离(+y)并向前移动一些距离(+x)。每个维度的精确距离由它在该方向上的速度决定。

把速度分离为 x 和 y 方向的速度分量,可以让问题更容易解决。如果忽略风的阻力,x 方向的速度在整个飞行中保持不变。然而,由于重力的影响,y 方向的速度随时间而变化。事实上,y 方向的速度开始为正,然后随着炮弹到达最高点时开始下降,会变为负值。

经过这样的分析,要做什么就很清楚了。下面是粗略的算法:

```
※ ----伪代码----
※ 输入模拟参数:角度、速度、高度、间隔
※ 计算炮弹的初始位置:xpos、ypos
※ 计算炮弹的初始速度:xvel、yvel
※ while 炮弹仍在飞行:
※   将 xpos、ypos 和 yvel 的值更新为飞行距离作为 xpos 的距离
```

下面就用 Python 来逐步完成。
算法的第一行很简单,是一些 input 语句。

```python
def main():
    angle = float(input("输入发射角度 (度): "))
    vel = float(input("输入初速度(m/s): "))
    h0 = float(input("输入初始高度(m): "))
    time = float(input("输入时间间隔: "))
```

知道了这些信息,那么炮弹的初始位置(xpos,ypos)也知道了,只需要两句赋值语句:

```
xpos = 0.0
ypos = h0
```

接下来,就需要求垂直和水平的速度分量。知道了初速度,知道了角度,使用三角函数的知识,就能很快地计算出这两个方向的速度分量,水平速度分量 xvel=速度×cos(θ),垂直方向速度分量为 yvel=速度×sin(θ)。

输入的角度是以度为单位,所以求解时需要转换为弧度值。Python 的 math 库有个很方便的函数 radians(),用于完成将角度转换为弧度。下面给出计算初始速度的代码:

```
theta = math.radians(angle)
xvel = velocity * math.cos(theta)
yvel = velocity * math.sin(theta)
```

接下来是程序的主循环,程序希望能不断更新炮弹的位置和速度,直到它落到地面。这可以通过检查 ypos 的值来实现:

```
while ypos >= 0.0:
```

使用>=作为关系判断,可以使炮弹只要在地面(=0.0)以上,就执行循环。一旦 ypos 的值下降到 0.0 以下,就会退出循环,表明炮弹已经到达地面了。

现在来到了程序模拟的关键时刻。以炮弹 0.1s 的飞行距离为一次循环,更新炮弹的状态,飞行时间为 time 秒。先从水平方向考虑运动。由于规格说明指出了忽略风阻,所以炮弹的水平速度将保持不变,由 xvel 的值给出。

举一个具体的示例,假设炮弹以 30m/s 的速度飞行,目前距离发射点 50m。飞行 1s,前进 30m,距离发射点 80m。如果间隔时间只有 0.1s,那么炮弹只飞行 0.1×30=3m,距离为 53m。可以看到,飞行的距离总是由 time×xvel 给出。要更新水平方向的位置,只需要一个语句就可以实现:

```
xpos = xpos + time * xvel
```

垂直方向的分量受重力加速度的影响,其速度随时间降低,每秒减少 9.8m/s,间隔时间的速度可以表示为:

```
yvel1 = yvel - time * 9.8
```

为了计算在这个时间间隔内炮弹飞行的距离,程序需要知道它的平均垂直速度。由于重力加速度是恒定的,所以平均速度就是开始和结束速度的平均值,即(yvel+yvel1)÷2.0。平均速度乘以间隔时间,就得出了高度的变化。

下面是完成的循环：

```
while ypos >= 0.0:
    xpos = xpos + time * xvel
    yvel1 = yvel - time * 9.8
    ypos = ypos + time * (yvel + yvel1)/2.0
    yvel = yvel1
```

时间间隔结束时的速度存储在临时变量 yvel1 中。这是为了保持初始值，从而可以用两个值来计算平均速度。最后，在循环结束时，将 yvel 赋给新值，这表示在间隔结束时炮弹的正确垂直速度。

程序的最后一步就是输出飞行距离。添加此步骤就可以得到完整的程序：

```
#10_1 cannonball.py
from math import sin, cos, radians
def main():
    angle = float(input("输入发射角度(度)："))
    vel = float(input("输入初速度(m/s)："))
    h0 = float(input("输入初始高度(m)："))
    time = float(input("输入时间间隔："))
    #将角度转换为弧度
    theta = radians(angle)
    #在 x 和 y 方向上设置初始位置和速度
    xpos = 0
    ypos = h0
    xvel = vel * cos(theta)
    yvel = vel * sin(theta)
    #循环直到球落地
    while ypos >= 0.0:
        #以秒为单位计算位置和速度
        xpos = xpos + time * xvel
        yvel1 = yvel - time * 9.8
        ypos = ypos + time * (yvel + yvel1)/2.0
        yvel = yvel1
    print("\n飞行距离：{0:0.1f}米.".format(xpos))
main()
```

10.2.3 程序模块化

10.2.2 节设计完成后的程序虽然不是很长，但其中用到了 10 个变量，这明显有点多。下面准备采用前面学过的设计方法——自顶向下设计方法，对该程序进行改进。可以尝试将程序划分成一些函数，看看是否有帮助。下面是使用辅助函数设计主函数的版本：

```
def main():
    angle, vel, h0, time = getInputs()
    xpos, ypos = 0, h0
    xvel, yvel = getXYComponents(vel, angle)
    while ypos >= 0:
        xpos, ypos, yvel = updateCannonBall(time, xpos, ypos, xvel, yvel)
    print("\n飞行距离: {0:0.1f}米.".format(xpos))
```

这个版本的主函数肯定比较程序 10_1 的代码简洁。变量的数量已经减少到 8 个，theta 和 yvel1 已经从主函数中消除了，theta 是 getXYComponents() 函数的局部变量，yvel1 则是 updateCannonBall() 函数的局部变量。

但这个版本还是感觉很复杂。记录炮弹的状态需要 4 条信息，其中 3 条必须随时改变。需要所有 4 个变量以及时间的值来计算 3 个变量的新值。下面再试试另一种方法。

假设有一个 Projectile 类，首先理解炮弹这类物体的物理特性。利用这样的类，可以用单个变量来创建和更新合适的对象。通过这种基于对象的方法，主程序代码如下：

```
def main():
    angle, vel, h0, time = getInputs()
    cball = Projectile(angle, vel, h0)
    while cball.getY() >= 0:
        cball.update(time)
    print("\n飞行距离: {0:0.1f} meters.".format(cball.getX()))
```

显然，这个方法简单而且直接地表达了算法设计。以 angle、vel 和 h0 的初始值作为参数，再创建一个 Projectile 类，对象名为 cball。每次通过循环时，都会要求 cball 记录更新的时间。可以随时用它的 getX() 方法和 getY() 方法来获取 cball 的位置。为了让它正常工作，只需要定义一个合适的 Projectile 类，让它实现 update() 方法、getX() 方法和 getY() 方法。

10.3 定义新类

在设计 Projectile 类之前，先来看一个更简单的示例，以此来进一步了解编写类的基本方法。

10.3.1 示例：多面骰子

普通的骰子(die)是一个立方体，六个面分别为 1～6 点。也有一些游戏可能使用其他非标准骰子，比如四个面或十三个面的骰子。本例设计一个一般的 MSDie 类来模拟多面骰子。可以在模拟或游戏程序中任意次使用这样的对象。

每个 MSDie 对象都必须明确两件事：

(1) 它有多少面。

(2) 它当前的值。

创建一个新的 MSDie 时，需要指定它将拥有多少面。然后，可以为骰子提供三种操作方法：

(1) roll()方法：将骰子设置为 1～n 的随机值，包括 1 和 n；

(2) setValue()方法：将骰子设置为特定值（即作弊）；

(3) getValue()方法：查看当前的值。

用面向对象的术语来说，创建一个骰子，就是调用 MSDie 的构造方法并传递有多少面作为初始化的参数。骰子对象将用一个属性记录它的面数，另一个属性用于保存骰子的当前值。初始时，骰子的值将被设置为 1，因为这是所有骰子的合法值。该值可以通过 roll()方法和 setValue()方法更改，并通过 getValue()方法返回。

编写 MSDie 类很简单。一个类是方法的集合，而方法就是函数。以下是 MSDie 的定义：

```
#10_2 MSDie_class.py
from random import randrange
class MSDie:
    def __init__(self, sides):         #构造方法,其第二个参数为设置多少个面
        self.sides = sides
        self.value = 1                 #初始化骰子的默认值为 1
    def roll(self):                    #掷骰子,生成骰子的随机值
        self.value = randrange(1,self.sides+1)
    def getValue(self):                #得到骰子的当前值
        return self.value
    def setValue(self, value):         #设置骰子的特定值,其第二个参数为设置骰子的特定值
        self.value = value
```

可以看到，类定义的形式很简单：

```
class <class-name>:
    <method-definitions>
```

每个方法的定义看起来非常像普通函数的定义，其实在设计时，可以理解为将函数放在类中使其成为该类的方法。

来看看在这个类中定义的三个方法。你会注意到每个方法的第一个参数都是 self。这个参数是特定且不可缺省的：它包含该方法所在对象的引用。你可以用任何的标识来命名这个参数，但一般情况下，大家都用 self 这个名字。

下面举个示例来理解 self。假设有一个 main()函数执行 die1.setValue(8)语句。这条语句的意思是：有一个 MSDie 类的实例名为 die1，在调用其 setValue()方法的同时给其实参赋值为 8。该方法调用像普通的函数调用一样，也是一种函数调用，Python 会执行如下 4 个步骤来完成调用过程：

（1）调用函数 main()会在方法调用处暂停执行。Python 在该类的所有方法中，找到相应的方法定义，将该方法应用于该对象。在这个示例中，因为 die1 是 MSDie 的一个实例，所以控制转给 MSDie 类的 setValue()方法。

（2）该方法的形参接收从调用实参传递过来的值。在方法调用时，按照顺序将对象调用方法的实参依次传递给对应方法的形参。在示例中：

```
die1.setValue(8)
```

将调用下面这个方法：

```
def setValue(self, value):       #设置骰子的特定值,其第二个参数为设置骰子的特定值
    self.value = value
```

这等同于在执行方法体之前完成了以下的赋值操作，即给两个局部变量赋值：

```
self = die1
value = 8
```

（3）执行方法体，执行 setValue()方法体内的语句 self.value = value。

（4）程序控制返回到调用方法之后的位置。在这个示例中，是紧随 die1.setValue(8)语句之后的语句。

图 10.1 说明了该示例的方法调用顺序。请注意 die1.setValue(8)说明了如何使用实例对象调用其方法，并将实参传递给形参。由于 Python 中 self 的存在，该方法定义时是有两个参数的。一般来说，第一个参数 self 是特定的参数，所以说 setValue 方法在定义时需要一个普通参数，其实是指第二个参数 value，并不是第一个参数 self。而 self 参数的作用是记录细节。为了避免混淆，将方法的第一个形参称为 self 参数，当 Python 要求再添加额外的参数时，就可以在 self 后添加，这些参数都称为普通参数。所以说本例的 setValue()方法使用了一个普通参数。

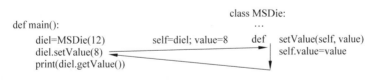

图 10.1　die1.setValue(8)调用中的控制流

在 Python 中，可以为类编写一些特殊意义的方法。这些特殊的方法是通过在命名时将名称以下画线开始和结尾作为标志，例如，特殊方法 __init__ 是对象构造方法。本例中调用此方法来初始化新的 MSDie。__init__ 的作用是为对象的属性提供初始值。在类的外部，构造方法由类名来调用。

```
die1 = MSDie(6)                  #构造 MSDie 的实例对象,并赋值给 die1
```

此语句的作用是 Python 创建一个新的 MSDie 实例对象，并在该对象上执行初始化。

最终的结果为 die1.sides 属性是 6,即有 6 个面,die1.value 属性是 1,即表示初始值为 1。

属性的强大之处在于,可以用它们来记住特定对象的状态,然后将该信息作为对象的一部分传递给程序。属性的值可以在其他方法中引用,甚至在连续调用相同方法时再次引用。这与常规的局部函数变量不同,对于函数而言,一旦函数终止,其值将消失。

下面是一个简单的示例:

```
>>> die1 = MSDie(13)
>>> print(die1.getValue())
1
>>> die1.setValue(8)
>>> print(die1.getValue())
8
```

调用构造方法将属性 die1.value 默认设为 1,下一行打印出该值,构造方法设置的值仍然作为对象的一部分。类似地,执行 die1.setValue(8) 将其值设置为 8,从而更改对象的属性值,下一次请求对象的 value 值时,它返回的值是 8。

10.3.2 示例:Projectile 类

回到炮弹示例,程序设计希望有一个可以代表抛体的类。这个类需要一个构造方法来初始化属性,利用 update() 方法来改变抛体的状态,以及通过 getX() 方法和 getY() 方法获得当前的位置。

从构造方法开始分析。在主程序中,通过给出最初的角度、速度和高度来创建一个炮弹抛体类:

```
cball = Projectile(angle, vel, h0)
```

Projectile 必须有一个 __init__() 方法,用这些值来初始化 cball 的属性,其属性包括 xpos、ypos、xvel 和 yvel,分别表示炮弹的起始 x 坐标、y 坐标、x 方向的速度和 y 方向的速度这 4 个飞行特征。可以使用原来程序中的相同公式来计算这些值。

下面是带有构造方法的类:

```
class Projectile:
    def __init__(self, angle, velocity, height):
        self.xpos = 0.0
        self.ypos = height
        theta = math.radians(angle)
        self.xvel = velocity * math.cos(theta)
        self.yvel = velocity * math.sin(theta)
```

请注意程序是如何使用 self 点表示法在对象内创建 4 个属性的。在 __init__() 终止之后,就不需要 theta 的值,所以它只是一个普通的局部函数变量。

获取抛体位置的方法很简单：当前位置已由属性 xpos 和 ypos 给出，只需要通过调用返回这些值的方法即可实现。

```python
def getX(self):
    return self.xpos
def getY(self):
    return self.ypos
```

最后，再来看 update() 方法。该方法接收一个普通参数，表示时间间隔。程序需要更新抛体的状态，以反映这段时间的流逝，编写的代码如下：

```python
def update(self, time):
    self.xpos = self.xpos + time * self.xvel
    yvel1 = self.yvel - time * 9.8
    self.ypos = self.ypos + time * (self.yvel + yvel1)/2.0
    self.yvel = yvel1
```

这是将原来程序中的代码，修改成为使用类和对象，通过修改、获取属性来完成设计。注意这里使用的 yvel1 是临时变量，将其放在方法定义的最后一行，是为保存其最新的值，同时将值存储到实例对象中。

这就基本完成了抛体类的设计。现在有了一个完整的基于对象的解决方案，来解决炮弹问题：

```python
#10_3 cball_class.py
from math import sin, cos, radians
class Projectile:
    def __init__(self, angle, velocity, height):
        self.xpos = 0.0
        self.ypos = height
        theta = radians(angle)
        self.xvel = velocity * cos(theta)
        self.yvel = velocity * sin(theta)
    def update(self, time):
        self.xpos = self.xpos + time * self.xvel
        yvel1 = self.yvel - 9.8 * time
        self.ypos = self.ypos + time * (self.yvel + yvel1) / 2.0
        self.yvel = yvel1
    def getY(self):
        return self.ypos
    def getX(self):
        return self.xpos

def getInputs():
    a = float(input("输入发射角度(度)："))
```

```
        v = float(input("输入初速度(m/s): "))
        h = float(input("输入初始高度(m): "))
        t = float(input("输入时间间隔: "))
        return a,v,h,t

    def main():
        angle,vel,h0,time = getInputs()
        cball = Projectile(angle, vel, h0)
        while cball.getY() >= 0:
            cball.update(time)
        print("\n飞行距离: {0:0.1f} meters.".format(cball.getX()))

    main()
```

10.4 用类处理数据

现在来分析设计一个可以处理大学生信息数据的程序。在完全学分制管理的大学里，课程是按学分来计算的，而平均分是以 4 分为基准计算的，其中综合评定为"A"是 4 分，"B"是 3 分等。平均积分点(GPA)的计算是采用积分点处理的。如果某课程为 3 个学分，有学生获得"A"，那他将获得 3×4＝12 个积分。将该学生得到的总积分点除以已经选修完成的学分数，就可以计算出学生的平均积分点。

假设有一个包含学生成绩信息的数据文件。文件的每一行都包含一个学生的姓名、学分和积分点。这三个值由制表符分隔。例如，文件的内容可能像下面这样：

张晓明	127	228
王小鹏	100	400
李美玲	18	41.5
刘志宏	48.5	155
赵晓晨	37	125.33

现在需要编写一个程序，读取这个文件，找到 GPA 最好的学生，打印其名字、学分和 GPA。可以先创建一个 Student 类。Student 类型的对象是单个学生的信息记录。在这个示例中，有姓名、学分和积分点三个信息。可以将这些信息作为属性保存，在构造方法中初始化：

```
    class Student:
        def __init__(self, name, hours, qpoints):
            self.name = name
            self.hours = float(hours)
            self.qpoints = float(qpoints)
```

请注意,本例使用了与属性名匹配的参数名。对于这种类来说,是一种很常见的风格。代码中还将学分和积分的值定义为浮点型。这让构造方法变得更通用,它可以接收浮点数、整数甚至字符串作为参数。

既然有了一个构造方法,就可以很容易创建学生记录了。例如,可以为张晓明同学创造一条记录:

```
aStudent = Student("张晓明", 127, 228)
```

使用对象允许程序在单个实例中收集有关个人的所有信息。

接下来,就要定义 Student 对象的方法。用户希望访问学生的信息,那么就可以定义一些取值的方法。

```
def getName(self):                    #获得姓名
    return self.name
def getHours(self):                   #获得学分
    return self.hours
def getQPoints(self):                 #获得 GPA
    return self.qpoints
```

这些方法使程序能够从学生记录中获取信息。例如,要打印学生姓名,可以这样编写代码:

```
print(aStudent.getName())
```

该类中还缺一个方法,即计算 GPA 的方法。GPA 为总积分点除以完成的学分数,因此可以如下定义方法:

```
def gpa(self):
    return self.qpoints/self.hours
```

有了这个类,就做好了找到最好学生的准备工作了。算法将类似于确定 n 个数字的最大值的算法。先逐一查看文件中的学生,记录到目前为止看到的最好的学生。下面是程序的算法:

```
※ ----伪代码----
※ 从用户处获取文件名
※ 打开文件并读取信息
※ 先指定第一个学生为最好的学生
※ 对于文件中的每个学生
※     if s.gpa() > best.gpa()
※         指定 s 为最好的学生
※ 打印出最好学生的信息
```

第 10 章 类与对象 183

完整代码如下：

```python
#10_4 student_class.py
class Student:
    def __init__(self, name, hours, qpoints):
        self.name = name
        self.hours = float(hours)
        self.qpoints = float(qpoints)

    def getstuName(self):
        return self.name

    def getHours(self):
        return self.hours

    def getQPoints(self):
        return self.qpoints

    def gpa(self):
        return self.qpoints/self.hours

def makeStudent(infoStr):
    #infoStr 是一个用制表符分隔的行: name    hours    qpoints
    #返回一个对应的 Student 对象
    name, hours, qpoints = infoStr.split("\t")
    return Student(name, hours, qpoints)

def main():
    #打开文件并读取信息
    filename = "student_gpa.dat"
    infile = open(filename, 'r')

    #将文件中的第一个学生设定为最好的学生
    best = makeStudent(infile.readline())

    #处理文件的后续行
    for line in infile:
        s = makeStudent(line)
        #如果 s 的最好学生,则用 s 替换
        if s.gpa() > best.gpa():
            best = s
    infile.close()
```

```
#打印最好学生的信息
print("最好的学生是:", best.getstuName())
print("hours:", best.getHours())
print("GPA:", best.gpa())

main()
```

本例添加了一个名为 makeStudent() 的辅助函数。该函数读取文件的一行，按制表符将其拆成三个字段，并返回相应的 Student 对象。在循环之前，该函数用于为文件中的第一个学生创建一条记录：

```
best = makeStudent(infile.readline())
```

它通过循环再次被调用，来处理文件的后续每行：

```
s = makeStudent(line)
```

以下是对样本数据的运行结果：

```
最好的学生是：王小鹏
hours: 100.0
GPA: 4.0
```

该程序有一个未解决的问题：它只打印一名学生。如果多名学生的 GPA 同时是第一，那么就要同时打印出并列第一名的所有学生，该如何去解决呢？这个问题留给读者思考。

10.5 对象和封装

10.5.1 封装有用的抽象

定义 Projectile 和 Student 这样的新类，是将程序设计模块化的最好方法。一旦识别出一些有用的对象，就可以用这些对象编写一个算法，并将实现细节推给合适的类定义。这同样可以使得关注点分离，像在自顶向下设计中使用函数一样。主程序只需要关心对象可以执行的操作，而不关心如何实现它们。

计算机科学家将这种关注点分离称为"封装"。对象的实现细节被封装在类定义中，这让程序的其余部分不必处理它们，从而实现了程序的"高内聚"特性。

在 Projectile 类中，包括了两个简单的方法 getX() 和 getY()，它们分别返回属性 xpos 和 ypos 的值。在 Python 中，可以使用点符号来访问任何对象的属性。例如，可以

先创建对象,然后直接检查属性的值,交互地测试 Projectile 类的构造方法:

```
>>> c = Projectile(60, 50, 20)
>>> c.xpos
0.0
>>> c.ypos
20
>>> c.xvel
25.0
>>> c.yvel
43.301270
```

对于测试访问对象的属性非常方便,但在程序中,一般不推荐这样做。对属性的引用一般应保留在类定义内,与其他实现细节在一起,这样做就可以尽可能地隐藏这些对象的内部复杂性,从而体现类的封装性。在类之外,与对象的所有交互一般应使用由其方法提供的接口来完成。但是,Python 程序设计人员常常会设置一些可以直接访问的属性,作为接口的一部分。

封装的一个直接优点是它允许程序独立地修改某个类,而不用担心"破坏"程序的其他部分。只要类提供的接口保持不变,程序的其余部分就无法分辨这个类是否已经被改变了,这样就极大地保护了类的完整性和健壮性。

10.5.2 将类放在模块中

通常,定义良好的类或一组类会有许多有用的抽象,提供给不同的程序使用。例如,程序可能希望将 Projectile 类变成一个模块文件,这样就可以在其他程序中多次被使用。因此,给类添加一些注释性的文档描述就是一个非常好的习惯,这样,使用该模块的程序员可以快速地弄清楚该类及其方法所具有的功能和能做什么。

10.5.3 模块文档

在代码中使用注释是非常重要的。Python 包含了一种特殊的注释约定,称为文档字符串(docstring)。你可以在模块、类或函数的第一行插入一个简单的字符串字面量,为该组件提供文档。文档字符串实际在执行时被放在一个特殊属性中,名为__doc__(前后都是双下画线)。这些字符串可以动态检查。

大多数 Python 库模块都拥有大量的文档字符串,可用于获取有关使用模块或其内容的帮助。例如,如果你不记得如何使用随机函数,则可以直接打印其文档字符串:

```
>>> import random
>>> print(random.randrange.__doc__)
Choose a random item from range(start, stop[, step])
```

> This fixes the problem with randint() which includes the
> endpoint; in Python this is usually not what you want.

Python 在线帮助系统也同样用到了文档字符串，一个名为 pydoc 的实用程序可以自动构建 Python 模块的文档。你可以用交互式帮助获得同样的信息，如下所示：

```
>>> import random
>>> help(random.randrange)
Help on method randrange in module random:
randrange(start, stop=None, step=1, _int=<class 'int'>) method of random.
Random instance
    Choose a random item from range(start, stop[, step])
    This fixes the problem with randint() which includes the
    endpoint; in Python this is usually not what you want
```

下面是 Projectile 类的另一个设计版本，它是一个包含文档字符串的模块文件：

```python
#10_5 projectile.py
"""Provides a simple class for modeling
the flight of projectiles."""
from math import sin, cos, radians
class Projectile:
    """Simulates the flight of simple projectiles near the earth's
    surface, ignoring wind resistance. Tracking is done in two
    dimensions, height (y) and distance (x)."""

    def __init__(self, angle, velocity, height):
        """Create a projectile with given launch
        angle, initial and height."""
        self.xpos = 0.0
        self.ypos = height
        theta = radians(angle)
        self.xvel = velocity * cos(theta)
        self.yvel = velocity * sin(theta)

    def update(self, time):
        """Update the state of this projectile
        to move it time seconds farther into its flight"""
        self.xpos = self.xpos + time * self.xvel
        yvel1 = self.yvel - 9.8 * time
        self.ypos = self.ypos + time * (self.yvel + yvel1) / 2.0
        self.yvel = yvel1

    def getY(self):
```

```
        """Returns the y position (height) of this projectile."""
        return self.ypos

    def getX(self):
        """Returns the x position (distance) of this projectile."""
        return self.xpos
```

你可能会注意到,这段代码中的许多文档字符串包含在三重引号(""")中,这是 Python 允许的分隔字符串字面量的第三种方式。三重引号允许程序员直接输入多行字符串,下面是在打印时显示文档字符串的示例:

```
>>> Projectile.__doc__
Simulates the flight of simple projectiles near the earth's
surface, ignoring wind resistance. Tracking is done in two
dimensions, height (y) and distance (x)
```

同样,也可以使用 help 命令查看模块的完整文档。

10.5.4 使用多个模块

设计的主程序现在可以从 Projectile 模块导入,以解决原来的问题:

```
#10_6 import_projectile.py
from projectile import Projectile
def getInputs():
    a = float(input("输入发射角度(度): "))
    v = float(input("输入初速度(m/s): "))
    h = float(input("输入初始高度(m): "))
    t = float(input("输入时间间隔: "))
    return a,v,h,t
def main():
    angle, vel, h0, time = getInputs()
    cball = Projectile(angle, vel, h0)
    while cball.getY() >= 0:
        cball.update(time)
    print("\n飞行距离: {0:0.1f}米.".format(cball.getX()))
main()
```

注意:

(1) 如果自定义模块与所需要调用自定义模块的文件在同一文件夹下,直接导入即可。如上面这个示例,只要将程序 10_5 的自定义模块文件保存名为 projectile.py 文件即可。

(2) 如果自定义模块与所需要调用自定义模块的文件不在同一文件夹下,那就找到

Python 本地库的路径,然后将文件复制进去即可。

当 Python 首次导入一个给定的模块时,它将会创建一个包含模块中定义的所有内容的模块对象,在技术上,这称为"命名空间"。如果模块导入成功,则后续导入就不会再次重新加载,而只是创建对已有模块对象的更多引用。当某个模块已被更改,即其源文件被重新编辑过,如果将其重新导入到正在运行的程序中是不会更新为最新版本的,因为,模块已经被读入到内存当中,没有得到及时更新。

当每次测试中涉及的任何模块被修改时,最好重新运行程序,这样就可以保证对使用的所有模块进行更新导入。

10.6 控 件

对象有一个很常见的用途,即用于图形用户界面(GUI)的设计。在第 4 章,已经学习讨论了 GUI 是由一些视觉界面对象组成的,这些对象称为"控件"。图形库中定义的 Entry 对象就是控件的一个示例。既然已经知道了如何定义新的类,那么就可以创建自定义的控件。

10.6.1 示例程序:掷骰子程序

接下来,就开始学习如何构建一些有用的控件。作为应用的一个示例,设计一个可以掷一对有六面的标准骰子的程序。程序将以图形方式显示骰子,并提供两个按钮,一个用于掷骰子,一个用于退出程序。图 10.2 展示了用户界面的快照。

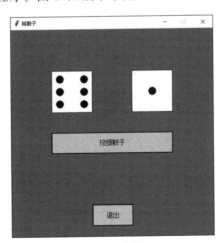

图 10.2 掷骰子程序运行的快照

可以看到,这个程序有按钮和骰子两种自己设计的控件,两个按钮是 Button 类的实例,而提供骰子数字图形视图的类是 DieView。

10.6.2　创建按钮

按钮是 GUI 中的标准元素。利用简单图形包虽然可以绘制一个按钮的外观,但要设计出它在被单击时看起来有被按下去的效果却是很难实现的,最多只能做到单击完成之后得到鼠标单击的位置。然而,转换一下思路,可以通过自己创建一个有用的但不是太漂亮的按钮类来解决这个问题。

在图形窗口中创建一个矩形区域的按钮,通过用户单击按钮行为,可以影响正在运行的应用程序。编写代码创建按钮,并捕获它们何时被单击的行为。此外,还应该可以控制按钮的启用和禁用。这样,应用程序可以在任何时刻告诉用户哪些选项可用。一般情况下,非活动按钮将显示为淡灰色,表示它不可用。

综上所述,创建的按钮将支持以下方法:

(1) 构造方法:在窗口中创建一个按钮。这里必须指定按钮显示的窗口、按钮的位置、大小以及按钮上的标签。

(2) activate():将按钮的状态设置为启用。

(3) deactivate():将按钮的状态设置为禁用。

(4) clicked():表明按钮是否被单击。如果按钮处于已启用状态,此方法将确定单击的点是否在按钮区域内,并将该点作为参数传递给 clicked()方法。

(5) getLabel():返回按钮的标签字符串。提供这个方法可以识别特定的按钮。

为了实现这些操作,按钮需要一些属性。例如,按钮本身将被绘制为一个矩形,其文本居中。调用 activate()方法和 deactivate()方法会改变按钮的外观。将 Rectangle 和 Text 对象保存为属性,便于更改轮廓的宽度和标签的颜色。可以从实现各种方法开始编写代码,看看可能需要的其他属性。一旦确定了相关变量,就可以编写一个构造方法来初始化这些值。

下面从激活方法开始设计,可以让轮廓更粗并让标签文本用黑体显示,表示按钮是已启用的。下面是代码,这里的 self 参数指向按钮对象:

```
def activate(self):
    "将按钮设置为激活"
    self.label.setFill('black')
    self.rect.setWidth(2)
    self.active = True
```

当然,按钮的主要部分是能够确定是否已被单击。下面尝试来编写 clicked()方法。前面学过 graphics 包提供了一个 getMouse()方法,返回鼠标单击的点。如果应用程序需要单击按钮,可以调用 getMouse()方法,然后检查该点定位在哪个已启用的按钮中。可以先粗略地思考一下按钮的处理代码,如下所示:

```
pt = win.getMouse()
if button1.clicked(pt):
```

```
    #处理button1的事件
elif button2.clicked(pt):
    #处理button2的事件
elif button3.clicked(pt)
    #处理button3的事件
```

clicked()方法的主要工作是确定给定点是否在矩形按钮内。如果点的 x 和 y 坐标位于矩形的极值 x 和 y 值之间,则该点在矩形按钮内。如果假设按钮对象可以记录 x 和 y 的最小值和最大值的属性,这就比较容易实现后面的功能了。

假设存在属性 xmin、xmax、ymin 和 ymax,就可以用单个布尔表达式来实现 clicked()方法:

```
def clicked(self, p):
    "若按钮处于激活,且p对象在按钮矩形内,则返回True"
    return (self.active and
            self.xmin <= p.getX() <= self.xmax and
            self.ymin <= p.getY() <= self.ymax)
```

当 3 个表达式都为真时,clicked()方法才会返回真。

既然已经将按钮的基本操作都设计好了,那就需要一个构造方法,让所有属性正确地初始化。下面是完整的类,并含有构造方法:

```
#10_7 button.py
from graphics import *
class Button:
    """按钮是窗口中标记的矩形。可以使用activate()方法和deactivate()方法来激活或禁
    用按钮。如果按钮是激活状态,同时p对象也在按钮内,那么clicked(p)方法将返回True"""

    def __init__(self, win, center, width, height, label):
        """创建一个矩形框按钮 qb = Button(myWin, centerPoint, width, height,
        'Quit')"""
        w,h = width/2.0, height/2.0
        x,y = center.getX(), center.getY()
        self.xmax, self.xmin = x+w, x-w
        self.ymax, self.ymin = y+h, y-h
        p1 = Point(self.xmin, self.ymin)
        p2 = Point(self.xmax, self.ymax)
        self.rect = Rectangle(p1,p2)
        self.rect.setFill('lightgray')
        self.rect.draw(win)
        self.label = Text(center, label)
        self.label.draw(win)
        self.deactivate()
```

```
        def clicked(self, p):
            """按钮处于激活且p在矩形按钮范围时返回True"""
            return (self.active and
                    self.xmin <= p.getX() <= self.xmax and
                    self.ymin <= p.getY() <= self.ymax)
        def getLabel(self):
            """返回此按钮的标签字符串"""
            return self.label.getText()
        def activate(self):
            """设置按钮为激活状态"""
            self.label.setFill('black')
            self.rect.setWidth(2)
            self.active = True
        def deactivate(self):
            """设置按钮为禁用状态"""
            self.label.setFill('darkgrey')
            self.rect.setWidth(1)
            self.active = False
```

10.6.3 构建骰子类

按钮类已创建好了,接下来就是创建骰子类。这个子类的目的是以图形的方式显示骰子的值。骰子的一面是正方形,可以通过 Rectangle 来实现设计,点数为圆形。

DieView 具有以下接口。

(1) 构造方法:在窗口中创建一个骰子。这里必须指定窗口、骰子的中心点和骰子的尺寸作为参数。

(2) setValue():更改视图以显示给定的值。这里把要显示的值作为参数传递。

显然,DieView 的核心是调整不同点的"开"和"关",以表示骰子的当前值。一个比较简单且适用的方法是在所有可能的位置预先放置圆圈,然后通过改变颜色来点亮或关闭点。

在骰子上确定点的标准位置,一共需要左边3个、右边3个、中间1个共7个圆。构造方法将创建背景正方形和7个圆。setValue()方法将根据骰子的值设置圆的颜色。

下面是 DieView 类的代码:

```
#10_8 DieView.py
from graphics import *
class DieView:
    """ DieView 是一个显示标准六面骰子的图像表示的部件"""
    def __init__(self, win, center, size):
        """创建一个骰子视图:
```

```
        d1 = DieView(myWin, Point(40,50), 20)
创建一个以(40,50)为中心,边长为20的骰子"""
        #首先定义一些标准值
        self.win = win                    #将此保存为稍后绘制点
        self.background = "white"         #骰子背景颜色
        self.foreground = "black"         #圆的颜色
        self.psize = 0.1 * size           #各圆的半径
        hsize = size / 2.0                #骰子的一半
        offset = 0.6 * hsize              #中心点到外部点的距离

        #创建一个正方形轮廓
        cx, cy = center.getX(), center.getY()
        p1 = Point(cx-hsize, cy-hsize)
        p2 = Point(cx+hsize, cy+hsize)
        rect = Rectangle(p1,p2)
        rect.draw(win)
        rect.setFill(self.background)

        #在标准位置创建7个圆
        self.pip1 = self.__makePip(cx-offset, cy-offset)
        self.pip2 = self.__makePip(cx-offset, cy)
        self.pip3 = self.__makePip(cx-offset, cy+offset)
        self.pip4 = self.__makePip(cx, cy)
        self.pip5 = self.__makePip(cx+offset, cy-offset)
        self.pip6 = self.__makePip(cx+offset, cy)
        self.pip7 = self.__makePip(cx+offset, cy+offset)
        #画一个初值
        self.setValue(1)

    def __makePip(self, x, y):
        "以(x,y)为圆心画圆的辅助函数"
        pip = Circle(Point(x,y), self.psize)
        pip.setFill(self.background)
        pip.setOutline(self.background)
        pip.draw(self.win)
        return pip

    def setValue(self, value):
        "将此骰子设置为显示值"
        #turn all pips off
        self.pip1.setFill(self.background)
        self.pip2.setFill(self.background)
        self.pip3.setFill(self.background)
```

```
        self.pip4.setFill(self.background)
        self.pip5.setFill(self.background)
        self.pip6.setFill(self.background)
        self.pip7.setFill(self.background)
        #正确打开各圆的开关
        if value == 1:
            self.pip4.setFill(self.foreground)
        elif value == 2:
            self.pip1.setFill(self.foreground)
            self.pip7.setFill(self.foreground)
        elif value == 3:
            self.pip1.setFill(self.foreground)
            self.pip7.setFill(self.foreground)
            self.pip4.setFill(self.foreground)
        elif value == 4:
            self.pip1.setFill(self.foreground)
            self.pip3.setFill(self.foreground)
            self.pip5.setFill(self.foreground)
            self.pip7.setFill(self.foreground)
        elif value == 5:
            self.pip1.setFill(self.foreground)
            self.pip3.setFill(self.foreground)
            self.pip4.setFill(self.foreground)
            self.pip5.setFill(self.foreground)
            self.pip7.setFill(self.foreground)
        else:
            self.pip1.setFill(self.foreground)
            self.pip2.setFill(self.foreground)
            self.pip3.setFill(self.foreground)
            self.pip5.setFill(self.foreground)
            self.pip6.setFill(self.foreground)
            self.pip7.setFill(self.foreground)
```

在这段代码中有两点值得注意。首先,在构造方法中,定义了一组值,确定骰子的各个方面,例如它的颜色和点数的大小。在构造方法中计算这些值,然后在其他地方使用它们,可以轻松地调整骰子的外观。

另外一点是,添加了一个额外的方法__makePip(),这不是原来规格说明的一部分,而是根据需要新增的。这个方法只是一个辅助函数,它包含绘制每个点时所需的几行代码。由于这是一个仅在DieView类中有用的函数,所以将它放在类的内部。然后,构造方法通过诸如self.__makePip(cx, cy)这样的语句来调用它。在Python中使用以下画线或双下画线开头的方法名称,表示方法对类是私有的,只能在内部使用,不能被其他外部程序所访问。

10.6.4 主程序

现在已经准备开始编写主程序了。Button 和 Dieview 类是从各自的模块导入的。下面是使用新控件的程序：

```
#10_9 Die_main.py
from random import randrange
from graphics import GraphWin, Point
from button import Button
from dieview import DieView
def main():
    #创建应用窗口
    win = GraphWin("摇骰子")
    win.setCoords(0, 0, 10, 10)
    win.setBackground("green2")
    #绘制界面部件
    die1 = DieView(win, Point(3,7), 2)
    die2 = DieView(win, Point(7,7), 2)
    rollButton = Button(win, Point(5,4.5), 6, 1, "投掷骰子")
    rollButton.activate()
    quitButton = Button(win, Point(5,1), 2, 1, "退出")
    #事件循环
    pt = win.getMouse()
    while not quitButton.clicked(pt):
        if rollButton.clicked(pt):
            value1 = randrange(1,7)
            die1.setValue(value1)
            value2 = randrange(1,7)
            die2.setValue(value2)
            quitButton.activate()
        pt = win.getMouse()
    #停止
    win.close()
main()
```

注意：与前面的示例一样，这里要将程序 10_7 和程序 10_8 这两个示例的文件名另存为 button.py 和 dieview.py，并与本例在同一文件夹下，即可直接导入。

请注意，在程序开始时，通过创建两个 DieView 对象和两个 Button 对象来构建可视化界面。为了演示按钮的启用功能，"投掷骰子"按钮最初处于已启用状态，而"退出"按钮则处于禁用状态。单击"投掷骰子"按钮时，"退出"按钮在下面的事件循环中被启用。这样使用户在退出之前至少掷一次骰子。

程序的核心是事件循环。它是一个哨兵循环，可以获得鼠标单击并处理它们，直到用户成功单击"退出"按钮。循环中的 if 确保仅在单击"投掷骰子"按钮时掷骰子。单击不在任何一个按钮内的一个点都导致循环继续,但不做任何事。

10.7 动画炮弹

采用新的对象思想为本章开始的炮弹示例添加一个更好的界面,设计一个可以"看到"炮弹最终打到哪里和飞行过程的动画程序。图 10.3 展示了这个动画。这里,你可以看到一颗炮弹正在空中飞行。

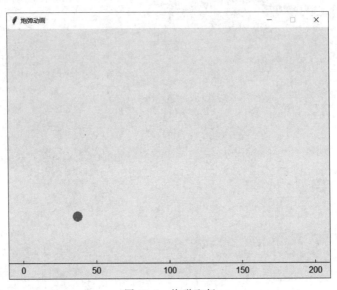

图 10.3 炮弹飞行

10.7.1 绘制动画窗口

程序的第一步是创建一个图形窗口,并在底部画出合适的坐标线。利用 graphics 库很容易实现。下面是动画窗口程序:

```
def main():
    # 创建动画窗口
    win = GraphWin("发射动画", 640, 480, autoflush=False)
    win.setCoords(-10, -10, 210, 155)
    # 绘制坐标线
    Line(Point(-10,0), Point(210,0)).draw(win)
    # 每 50m 绘制刻度
    for x in range(0, 210, 50):
```

```
Text(Point(x,-5), str(x)).draw(win)
Line(Point(x,0), Point(x,2)).draw(win)
```

在 GraphWin()构造方法中添加了一个额外的关键字参数 autoflush＝False。默认情况下，每当对象被要求更改时，都会立即更新图形对象的外观。例如，通过 mycircle.setFill("green")更改圆的颜色，会使得屏幕上圆的颜色立即更改。你可以想象成是一组图形命令排队通过一条管道。但是，每次执行一条命令时，管道都会自动清空前面执行的全部内容，每次只允许一条命令通过。通过将 autoflush 设置为 False，则告诉图形库，在实际执行它们之前，允许一些命令在管道中准备好，而不用全部清空。

你可能会对不让图形命令立即生效感到不解，但实际上这是一个非常方便而且高效的选择。关闭 autoflush 通常能让图形程序更有效率。图形命令可能比较耗时，而且它们需要与底层的操作系统进行通信，与显示器硬件交换信息。如果不是需要多次停止程序来执行一系列小图形的命令，在设计时完全可以让它们累积起来，然后只需一次中断就可以一次全部执行，从而提高效率。

关闭 autoflush 的另一个原因在于，可以在发生更新时更精确地控制程序。在动画期间，屏幕上可能会出现许多需要同步的更新。当 autoflush 关闭时，程序员可以进行多次修改，然后在调用 update()函数时同时显示，这是常见的实现动画的方式。程序设置用户将看到下一帧的更改，然后调用 update()显示该帧，产生动画的效果。综上所述，对于动画程序的设计，一般都是要关闭 autoflush 的。

10.7.2 创建 ShotTracker 类

接下来需要设计一个图形对象，在程序中，看上去就像一颗炮弹。其实可以用已有的 Projectile 类来模拟炮弹的飞行，但 Projectile 不是一个图形对象，不能将它绘制在窗口里。另一方面，Circle 类很适合表示炮弹的图形，但不知道如何模拟抛体飞行。为了把两者结合起来，可以再定义一个合适的类，创建 Circle 与 Projectile 的混合体，我们称之为 ShotTracker 类。

ShotTracker 类将同时包含一个 Projectile 对象和一个 Circle 对象。它的工作是确保这些属性保持彼此同步。该类的构造方法如下：

```
def __init__(self, win, angle, velocity, height):
    """win是反映炮弹发射角度、初速度和初始高度等信息的GrapWin窗口"""
    self.proj = Projectile(angle, velocity, height)
    self.marker = Circle(Point(0,height), 3)
    self.marker.setFill("red")
    self.marker.setOutline("red")
    self.marker.draw(win)
```

创建 Projectile 和 Circle 对象时，请注意参数是如何提供信息的？它们分别使用了属性 proj 和 marker。使用名称 marker，因为圆圈以图形方式标记了抛体当前位置。

既然有了合适的 Projectile 和 Circle，接下来只需要确保每次发生更新时，Projectile 和 Circle 的位置都会适当地修改，所以可以为 ShotTracker 提供一个 update() 方法来处理这两个部件。更新 Projectile 对象很简单，只需要用适当的时间间隔内调用它的 update() 方法即可。对于 Circle 对象，计算它在 x 和 y 方向上移动的距离，以确定更新的抛体所在圆的中心。

```python
def update(self, dt):
    """ 让炮弹在飞行过程中在飞行 dt 秒 """
    #更新炮弹
    self.proj.update(dt)
    #将圆移动到新的炮弹位置
    center = self.marker.getCenter()
    dx = self.proj.getX() - center.getX()
    dy = self.proj.getY() - center.getY()
    self.marker.move(dx, dy)
```

现在就完成了 ShotTracker 类的主要工作。接下来，要完成这个类，只需编写几个取值方法以及擦除炮弹的方法。

```python
def getX(self):
    """ 返回当前炮弹的圆心坐标 x """
    return self.proj.getX()
def getY(self):
    """ 返回当前炮弹的圆心坐标 y """
    return self.proj.getY()
def undraw(self):
    """ 擦除炮弹 """
    self.marker.undraw()
```

10.7.3　创建输入对话框

在实际让炮弹飞行之前，需要从用户那里获取抛体的参数，即角度、速度和初始高度。这里可以采用 input 语句，当然在 GUI 中获取用户输入的常用方法是使用对话框。例如，在第 5 章，学习过使用预制的系统对话框让用户选择文件名。利用 graphics 库，可以轻松创建自己的简单对话框，从用户处获取信息。

对话框是一种 miniGUI，可以作为较大程序的一个独立组件。如图 10.4 所示的组件就能做到这一点。用户可以更改输入值，并选择"Fire!"来启动炮弹，或选择"Quit"来退出程序。你可以看到，这个界面设计只是包含了几个 Text、Entry 和 Button 对象的 GraphWin() 方法。

下面是创建一个输入对话框 InputDialog 类的实现代码：

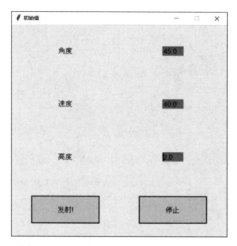

图 10.4　炮弹动画的自定义输入对话框

```
class InputDialog:
    """ 用于从用户获取模拟值(角度、速度和高度)的自定义窗口"""
    def __init__(self, angle, vel, height):
        """ 创建并显示输入窗口 """
        self.win = win = GraphWin("初始值", 200, 300)
        win.setCoords(0,4.5,4,.5)
        Text(Point(1,1), "角度").draw(win)
        self.angle = Entry(Point(3,1), 5).draw(win)
        self.angle.setText(str(angle))
        Text(Point(1,2), "速度").draw(win)
        self.vel = Entry(Point(3,2), 5).draw(win)
        self.vel.setText(str(vel))
        Text(Point(1,3), "高度").draw(win)
        self.height = Entry(Point(3,3), 5).draw(win)
        self.height.setText(str(height))
        self.fire = Button(win, Point(1,4), 1.25, .5, "发射!")
        self.fire.activate()
        self.quit = Button(win, Point(3,4), 1.25, .5, "停止")
        self.quit.activate()
```

在上面这段代码中，构造方法接收参数，为 3 个输入提供默认值。这让程序实现了具有输入功能的对话框，同时还为用户提供输入提示信息。

当用户与对话框进行交互时，程序将进入输入事件的循环模态，等待鼠标单击，直到其中一个按钮被单击为止，实现代码如下：

```
def interact(self):
    """等待用户单击"停止"和"射击"按钮
    返回一个显示按钮的字符串
```

```
"""
while True:
    pt = self.win.getMouse()
    if self.quit.clicked(pt):
        return "Quit"
    if self.fire.clicked(pt):
        return "Fire"
```

最后,添加一个操作来获取数据,并在完成对话时关闭对话框,代码如下:

```
def getValues(self):
    """ 返回输入值 """
    a = float(self.angle.getText())
    v = float(self.vel.getText())
    h = float(self.height.getText())
    return a,v,h

def close(self):
    """ 关闭输入窗口 """
    self.win.close()
```

为简单起见,所有 3 个输入都通过 3 次调用一个方法来获取信息。请注意,输入的字符串将转换为浮点值,因此主程序只是获取数字。

有了这个类,从用户获取值就很简单了:

```
dialog = InputDialog(45, 40, 2)
choice = dialog.interact()
if choice == "Fire!":
    angle, vel, height = dialog.getValues()
```

由于关闭对话框是一个单独的操作,所以可以在每次需要输入时弹出一个新的对话框,或者保持单个对话框打开,并与它进行多次交互。

10.7.4 主事件循环

现在进行主事件循环,完成程序。下面是完成的主函数:

```
def main():
    #创建动画窗口
    win = GraphWin("炮弹动画", 640, 480, autoflush=False)
    win.setCoords(-10, -10, 210, 155)
    Line(Point(-10,0), Point(210,0)).draw(win)
    for x in range(0, 210, 50):
```

```
            Text(Point(x,-5), str(x)).draw(win)
            Line(Point(x,0), Point(x,2)).draw(win)
    #事件循环,每次发射一枚炮弹
    angle, vel, height = 45.0, 40.0, 2.0
    while True:
        #与用户交互
        inputwin = InputDialog(angle, vel, height)
        choice = inputwin.interact()
        inputwin.close()
        if choice == "Quit":
            break
        #创建追踪,直到炮弹到达地方或离开窗口
        angle, vel, height = inputwin.getValues()
        shot = ShotTracker(win, angle, vel, height)
        while 0 <= shot.getY() and -10 < shot.getX() <= 210:
            shot.update(1/50)
            update(50)
    win.close()
```

每次通过事件循环都会发射一颗炮弹。仔细看看整个事件循环底部嵌入的动画循环：

```
while 0 <= shot.getY() and -10 < shot.getX() <= 210:
    shot.update(1/50)
    update(50)
```

这个 while 循环不断更新炮弹,直到它撞到地面,或在水平方向上离开窗口。每次执行时,炮弹的位置都会被更新,并将其移动到下一个的 1/50s。因为系统将 autoflush 设置为 False,所以窗口的变化是看不到的,直到循环底部的 update(50)代码行执行。update 的参数指定允许更新的速率是 50,这是指循环每秒完成约 50 次,1/50s 的炮弹更新与 50 次/s 的循环速率相结合,使得模拟炮弹飞行的时间与炮弹在现实世界中的飞行时间一样,这为程序提供了实时的仿真。但请注意,不要将 update()的参数设置得太高,当绘制每帧不足时,会影响图形的质量。

整个动画用到的东西比较多,完整代码也比较长。完整代码如下：

```
#10_10 cball_graph.py
from graphics import *
from math import sin, cos, radians

class Button:
    """"按钮是窗口中标记的矩形。使用 activate()方法和 deactivate()方法可以激活或
    禁用按钮。如果按钮是激活状态,同时 p 对象也处在按钮内,
```

           那么clicked(p)方法将返回True"""
    def __init__(self, win, center, width, height, label):
        """创建一个矩形框按钮
        qb = Button(myWin, centerPoint, width, height, 'Quit')"""
        w,h = width/2.0, height/2.0
        x,y = center.getX(), center.getY()
        self.xmax, self.xmin = x+w, x-w
        self.ymax, self.ymin = y+h, y-h
        p1 = Point(self.xmin, self.ymin)
        p2 = Point(self.xmax, self.ymax)
        self.rect = Rectangle(p1,p2)
        self.rect.setFill('lightgray')
        self.rect.draw(win)
        self.label = Text(center, label)
        self.label.draw(win)
        self.deactivate()
    def clicked(self, p):
        "按钮处于激活且p在矩形按钮范围时返回True"
        return (self.active and self.xmin <= p.getX() <= self.xmax and self.ymin <= p.getY() <= self.ymax)
    def getLabel(self):
        "返回此按钮的标签字符串"
        return self.label.getText()
    def activate(self):
        "设置按钮为激活状态"
        self.label.setFill('black')
        self.rect.setWidth(2)
        self.active = True
    def deactivate(self):
        "设置按钮为禁用状态"
        self.label.setFill('darkgrey')
        self.rect.setWidth(1)
        self.active = False

class InputDialog:
    """用于从用户输入的数据获取模拟值(角度、速度和高度)的自定义窗口"""
    def __init__(self, angle, vel, height):
        """ 创建并显示输入窗口 """
        self.win = win = GraphWin("初始值", 500, 500)
        win.setCoords(0, 4.5, 4, .5)
        Text(Point(1,1), "角度").draw(win)
        self.angle = Entry(Point(3,1), 5).draw(win)
        self.angle.setText(str(angle))
```
```

```
            Text(Point(1,2), "速度").draw(win)
            self.vel = Entry(Point(3,2), 5).draw(win)
            self.vel.setText(str(vel))
            Text(Point(1,3), "高度").draw(win)
            self.height = Entry(Point(3,3), 5).draw(win)
            self.height.setText(str(height))
            self.fire = Button(win, Point(1,4), 1.25, .5, "发射!")
            self.fire.activate()
            self.quit = Button(win, Point(3,4), 1.25, .5, "停止")
            self.quit.activate()

    def interact(self):
        """等待用户单击"停止"和"射击"按钮
        返回一个显示按钮的字符串"""
        while True:
            pt = self.win.getMouse()
            if self.quit.clicked(pt):
                return "Quit"
            if self.fire.clicked(pt):
                return "Fire"

    def getValues(self):
        """ 返回输入值 """
        a = float(self.angle.getText())
        v = float(self.vel.getText())
        h = float(self.height.getText())
        return a,v,h

    def close(self):
        """ 关闭输入窗口 """
        self.win.close()

class Projectile:
    """模拟在地球表面附近的简单抛射物的飞行,忽略风的阻力。
    跟踪是在两个维度上进行的,高度(y)和距离(x)"""

    def __init__(self, angle, velocity, height):
        """创建一个炮弹并给定角度、初速度和高度"""
        self.xpos = 0.0
        self.ypos = height
        theta = radians(angle)
        self.xvel = velocity * cos(theta)
        self.yvel = velocity * sin(theta)
```

```python
    def update(self, time):
        """更新炮弹的状态"""
        self.xpos = self.xpos + time * self.xvel
        yvel1 = self.yvel - 9.8 * time
        self.ypos = self.ypos + time * (self.yvel + yvel1) / 2.0
        self.yvel = yvel1

    def getY(self):
        """返回炮弹的 y 坐标(高度)"""
        return self.ypos

    def getX(self):
        """返回炮弹的 x 坐标(距离)"""
        return self.xpos

class ShotTracker:
    def __init__(self, win, angle, velocity, height):
        """win 是反映炮弹发射角度、初速度和初始高度等信息的 GrapWin 窗口"""
        self.proj = Projectile(angle, velocity, height)
        self.marker = Circle(Point(0,height), 3)
        self.marker.setFill("red")
        self.marker.setOutline("red")
        self.marker.draw(win)

    def update(self, dt):
        """ 让炮弹在飞行过程中在飞行 dt 秒 """
        #更新炮弹
        self.proj.update(dt)
        #将圆移动到新的炮弹位置
        center = self.marker.getCenter()
        dx = self.proj.getX() - center.getX()
        dy = self.proj.getY() - center.getY()
        self.marker.move(dx,dy)

    def getX(self):
        """ 返回当前炮弹的圆心坐标 x """
        return self.proj.getX()
    def getY(self):
        """ 返回当前炮弹的圆心坐标 y """
        return self.proj.getY()
    def undraw(self):
        """ 擦除炮弹 """
```

```
            self.marker.undraw()

def main():
    #创建动画窗口
    win = GraphWin("炮弹动画", 640, 480, autoflush=False)
    win.setCoords(-10, -10, 210, 155)
    Line(Point(-10,0), Point(210,0)).draw(win)
    for x in range(0, 210, 50):
        Text(Point(x,-5), str(x)).draw(win)
        Line(Point(x,0), Point(x,2)).draw(win)
    #事件循环,每次发射一枚炮弹
    angle, vel, height = 45.0, 40.0, 2.0
    while True:
        #与用户交互
        inputwin = InputDialog(angle, vel, height)
        choice = inputwin.interact()
        inputwin.close()
        if choice == "Quit":
            break
        #创建追踪,直到炮弹到达地方或离开窗口
        angle, vel, height = inputwin.getValues()
        shot = ShotTracker(win, angle, vel, height)
        while 0 <= shot.getY() and -10 < shot.getX() <= 210:
            shot.update(1/50)
            update(50)
    win.close()
main()
```

本 章 小 结

本章内容介绍类与对象,通过炮弹示例,简单地介绍了为什么要定义自己的类。在使用面向对象编程方法开发代码时,一般是要先进行程序规格的说明,再根据对问题的陈述来设计程序;接下来使用函数对程序进行模块化。在本章中,以多面骰子的示例,讲解如何定义新类;以 Projectile 类为例,介绍了几种设计类的方法。10.6 节中还介绍了按钮的创建、骰子类的创建。最后 10.7 节详细地展示了如何给炮弹示例添加一个更好的界面,实现动画的效果。这些案例值得读者反复练习。

知识扩展:Python 工具——Skulpt

Skulpt 是一个用 JavaScript 实现的在线 Python 执行环境,它可以让你轻松在浏览器中运行 Python 代码。通过 Skulpt 结合 CodeMirror 编辑器,即可实现一个基本的在线 Python 编辑和运行环境。Skulpt 的下载地址为 http://www.skulpt.org/。

1. 开发工具

Microsoft Visual Studio Code 是一个由微软公司开发的,同时支持 Windows、Linux 和 Mac OS 操作系统并且开放源代码的文本编辑器,它支持调试并内置了 Git 版本控制功能,同时也具有开发环境功能,例如代码补全、代码片段、代码重构等。该编辑器支持用户自定义配置,例如改变主题颜色、键盘快捷方式、编辑器属性和其他参数,还支持扩展程序并在编辑器中内置了扩展程序管理的功能。

2. 代码管理工具

一个系统通常由多个开发人员共同完成,代码管理工具可以记录一个项目从开始到结束的整个过程,追踪项目中所有的变化情况,如增加了什么内容、删减了什么内容、修改了什么内容等。它还可以管理代码的版本,可以清楚知道不同版本之间的异同点,如版本 2.0 相比较于版本 1.0 增加了什么功能和内容等。开发人员可以通过代码管理工具进行权限控制,防止代码混乱,提高安全性,避免一些不必要的损失和麻烦。

(1) SVN 是一个开源的集中式版本控制系统,管理随时间改变的数据,所有数据集中存放在 Repository(中央仓库)中。Repository 就好比一个普通的文件服务器,不过它会记住每一次文件的变动,这样你就可以浏览代码文件的变动历史,并把代码文件恢复到旧的版本。

(2) Git 是一个开源的分布式版本控制系统,与 SVN 功能类似,但 Git 的每台计算机都相当于一个服务器,代码是最新的,比较灵活,可以有效、高速地处理项目版本管理。全球最大的托管网站 GitHub,采用的就是 Git 技术。

课程思政:华为公司的重要性——5G 技术

传统战场上谁先占据制高点,谁获胜的几率就更大,科技战场也一样,大家为了占据制高点想尽办法,而 5G 技术就是当下这场科技争夺战的制高点。说到 5G 技术,大家第一个想到的就是中兴公司和华为公司。下面来谈谈华为事件的始末,以及当今世界科技战场的格局。

1. 华为公司的重要性

科技制高点争夺的标志性事件应该追溯到 2018 年的中兴事件。当时,中兴公司占全球电信设备约 10% 的市场份额,占中国电信设备约 30% 的市场份额。2018 年 4 月 16 日,美国商务部公告,未来七年内禁止中兴公司向美国公司购买敏感产品。这场科技打击最终以中兴公司缴纳十几亿美元的巨额罚款为暂时中止。注意,只是暂时。2019 年 5 月,美国商务部把中国华为公司列入实体清单五个月,宣布停止向华为公司供应安卓系统。

2. 华为公司的三大主营收业务

华为公司的三大主营收业务为消费者端的手机和计算机、面向企业的软硬件服务,以及面向通信运营商的通信设备业务。通信设备业务就是未来 5G 时代的基础设施,而华为公司的 5G 水平目前又是世界第一,所以当时美国直接对华为公司实行全面封杀,限制华为公司在技术领域的成长。但全球化的科技贸易是一环扣一环的,很多美国的中小企业营收都极其依赖华为公司,一旦全面禁止华为公司,也会使得那些美国公司瞬间失去营收,所以美国的企业家们和政客们出现了分歧,这就是为什么美国一会大力限制,一会又为部分企业发放许可。直到 2019 年 7 月,美国在没有国会参与的前提下,将华为公司从不可靠实体清单中移出。

3. 华为宣布三条准则

为了消除其他国家的顾虑,华为公司宣布三条准则。

(1) 所有产品可以进行技术检测,不合标准的不买。

(2) 只卖技术、产品、设备,所有的软件应用可以由各国自己开发。

(3) 签保密协议,如果出现问题,可以重罚。

即便如此,很多欧洲国家与华为公司的合作还是很犹豫,因为拖延战术既是响应美国的半个号召,还能以此来压低华为公司的报价。但这种打压并没有限制住华为公司的发展,华为公司正式推出了海思芯片和鸿蒙系统。同时,2019 年华为公司全年营收逆势同比增长 19.1%。

2021 年,美国再次加码科技政策,5 月 15 日,美国商务部宣布限制华为公司使用美国技术和软件在美国境外设计和制造半导体的计划。

4. 美国制裁华为的三点变化

这次制裁升级相比之前有三点最主要的变化。

(1) 从美国本土企业变成使用美国技术的所有企业。

(2) 涉及的产业链也从顶层设计延伸到软硬件制造等更多环节。

(3) 过去还允许一部分企业与华为公司有贸易往来,如今所有与美国相关的企业都不允许。

5. 科技强国

高科技领域的技术空间不是一时半会就能形成的,但当只有一条路可走时,制裁也必将加速中国在核心软硬件技术上的大爆发。为什么科技这么重要呢?因为科技是现代工业的基础,科技的强大就意味着工业的强大,而工业的强大就会带来国防力量强大、军事的强大。

第 11 章 数据收集

11.1 示例问题：简单统计

类是在程序中构建数据的一种机制。但是，只有类还不足以满足人们对所有数据处理的需求。

在现实世界中往往需要处理很多相似信息的集合。本章将学习处理这些集合的方法。

现在，从一个简单的示例开始：一个数字的集合。在第 8 章中，已经学习编写了一个简单但十分有用的程序——计算用户输入的一组数字的平均值。下面再次给出该程序：

```
# 8_3 sentry.py
def main():
    total = 0.0
    count = 0
    xStr = input("输入一个数字 (按回车键退出) >> ")
    while xStr != "":
        x = float(xStr)
        total = total + x
        count = count + 1
        xStr = input("输入一个数字 (按回车键退出) >> ")
    print("\n平均值为", total / count)
main()
```

假设现在希望扩展这个程序，让它不仅能够计算数据的平均值，还可以计算中位数和标准差等另外两个标准统计量。

对于有限的数集，通过把所有考查值按高低排序后，如果考查值是奇数个，则正中间的数称为中位数；如果为偶数个，通常取最中间的两个数值的平均数作为中位数。

标准差，又称均方差，是离均差平方的算术平均数的算术平方根，用 δ 表示。标准差也称为标准偏差或实验标准差，在概率统计中经常作为统计分布程度上的测量依据使用。在概率统计中经常用来测量统计分布程度。标准差是方差的算术平方根。标准差能反映一个数据集的离散程度。平均数相同的两组数据，标准差未必相同。

其中要注意的是，标准差分为样本标准差和总体标准差。当总数 n 为无限大时，此时标准差的计算可使用总体标准差公式。当 n 为有限数时,此时标准差的计算可使用样本标准差公式。

总体标准差 δ 定义为：

$$\delta = \sqrt{\frac{\sum (\bar{x} - x_i)^2}{n}}$$

样本标准差 s 定义为：

$$s = \sqrt{\frac{\sum (\bar{x} - x_i)^2}{n-1}}$$

在该公式中,$\bar{x}$ 是平均值,x_i 表示第 i 个数据值,n 是数据值的数量。公式看起来很复杂,但不难计算。表达式$(\bar{x} - x_i)^2$ 是单项与平均值的偏差的平方。分数的分子是所有数据值的偏差(平方)之和。

为了便于后面程序的编写,可以使用一个简单的示例来计算标准差。有 6 位学生参加同一次语文测验,6 位同学的得分为 95、85、75、65、55、45,这组数据的平均值为 70,则它们的标准差为：

$$\delta = \sqrt{\frac{(95-70)^2 + (85-70)^2 + (75-70)^2 + (65-70)^2 + (55-70)^2 + (45-70)^2}{6-1}}$$
$$= 18.708$$

样本标准差的计算步骤为：

※ ----伪代码----
※ **(1) 计算样本的平均值**
※ **(2) 计算每个样本与平均值差的平方数**
※ **(3) 把第 (2) 步所得的各个数值的平方相加**
※ **(4) 把第 (3) 步的结果除以 (n-1)**
※ **(5) 从第 (4) 步所得的数值取平方根就是抽样的标准偏差**

11.2　应 用 列 表

为了完成前面所提的新增功能,首先要解决的问题就是数据的存储问题。开发程序不可能用一堆的独立变量来存储大量的数据,而且程序员也不可能事先知道有多少个数据,所以需要用一种方法来存储和操作整个数字集合。

其实前面已经做过这样的事情,只是还没有讨论所有的细节,现在来看看下面的语句：

```
>>> list(range(5))
[0, 1, 2, 3, 4]
>>> "hello world!".split()
['hello', 'world!']
```

这两个熟悉的函数都返回一个值的集合,由方括号包围来表示,这些就是列表。

11.2.1 列表和数组

在 Python 中,当需要访问列表中的每个元素时,可以使用索引的方式进行访问。

假设序列存储在一个名为 s 的列表中。可以写一个循环来计算序列中数据项的总和,如下所示。

```
total = 0
for i in range(n):
    total = total + s[i]
```

几乎所有的计算机语言都提供类似于 Python 列表的序列结构,只不过在其他语言中,它被称为数组。总之,列表或数组是一个数据项的序列,整个序列由一个名称引用,本示例中的名字是 s,并且可以通过索引,形如 s[i] 这样进行单个数据项的选择。

在其他编程语言中,数组通常大小固定。创建数组时,必须指定它能保存多少项。如果不知道有多少数据项,就必须分配一个大数组,以防万一,并跟踪实际上使用的空间大小,即已经存储了多少数据。数组通常也是具有同质性,这意味着它们仅限于保存一种数据类型的对象。你可以有一个整型数组或一个字符串数组,但不能在一个数组中混合字符串和整型数值。

相比之下,Python 列表是动态的,也十分灵活方便。它们可以根据需要增长和缩小,也可以在单个列表中混合任意数据类型。简而言之,Python 的列表是任意对象的可变序列。

11.2.2 列表操作

因为列表是序列,所以 Python 内置的序列操作也适用于列表。表 11-1 是这些操作的汇总。

表 11-1 列表操作汇总

操　　作	含　　义
<seq> + <seq>	连接
<seq> * <int-expr>	重复
<seq>[ ]	索引
len(<seq>)	长度
<seq>[:]	切片
for <var> in <seq>:	迭代
<expr> in <seq>	成员检查(返回布尔值)

除最后一个成员检查以外,其余操作与以前学习过的在字符串上使用的操作相同。成员检查操作可用于查看某个值是否出现在序列中。以下是几个示例,用于检查列表和字符串中的成员:

```
>>> list = [1,2,3,4,5]
>>> 0 in list
False
>>> 3 in list
True
>>> ans = 'Hello'
>>> 'h' in ans
False
>>> 'H' in ans
True
```

顺便说一句,因为可以迭代遍历列表,所以上面求和的示例可以更简单而清晰地写成这样:

```
total = 0
for x in s:
    total = total + x
```

回想一下,列表和字符串之间的一个重要区别在于,列表是可变的,可以用赋值来更改列表中数据项的任何值:

```
>>> list = [1,2,3,4,5]
>>> list[4]
5
>>> list[4] = 'hello'
>>> list
[1, 2, 3, 4, 'hello']
>>> list[0:4]
[1, 2, 3, 4]
>>> list[0:4] = ['Python','world','C','Java']
>>> list
['Python', 'world', 'C', 'Java', 'hello']
```

最后一个示例表明,通过将一个列表赋值给一个切片,甚至可以改变整个子序列。

在第 5 章讨论过,程序员会经常使用 append() 方法,即通过追加的方式来构建列表的一部分。下面的代码片段是由用户输入一些正数,来填充一个列表:

```
nums = []
x = float(input('输入一个数: '))
```

```
while x >= 0:
    nums.append(x)
    x = float(input("输入一个数: "))
```

实质上,nums 被用作累加器。累加器开始为空,每次通过循环,都会添加一个新值。append()只是列表的方法之一,表 11-2 列出了列表的一些操作方法。

表 11-2 列表的操作方法

方　　法	含　　义
<list>.append(x)	添加元素 x 到列表末尾
<list>.sort()	对列表排序
<list>.reverse()	反转列表
<list>.index(x)	返回 x 第一次出现的索引
<list>.insert(i,x)	在索引 i 处将 x 插入列表
<list>.count(x)	返回 x 在列表中出现的次数
<list>.remove(x)	删除列表中第一次出现的 x
<list>.pop(i)	删除列表中第 i 个元素并返回它的值

可以看到,通过附加新数据项可以让列表增长。删除数据项时,列表也可以缩短。可以用 del 操作符从列表中删除单个数据项或整个切片:

```
>>> myList
[34, 26, 0, 10]
>>> del myList[1]
>>> myList
[34, 0, 10]
>>> del myList[1:3]
>>> myList
[34]
```

请注意,del 不是列表方法,而是列表项上的内置操作。

正如你所见,Python 列表提供了一种非常灵活的机制用来处理任意大的数据序列。如果牢记这些基本原则,使用列表就很容易:

(1) 列表是存储为单个对象的一系列数据项。
(2) 可以通过索引访问列表中的数据项,可以通过切片访问子列表。
(3) 列表是可变的,单个数据项或整个切片可以通过赋值语句来替换。
(4) 列表支持一些方便和常用的方法。
(5) 列表将根据需要增长或缩短。

11.2.3 用列表进行统计

既然现在已经对列表有了一定的了解,那就可以尝试着解决一些小问题了。想象一下,如果正在开发一个程序,这个程序可以计算用户输入的数字序列的平均值、中位数和标准差。解决此问题有一个明显的方法,即将数字存储在列表中。于是可以写一系列函数(如 mean()、stdDev()和 median()),接收数字列表作为参数,计算相应的统计数据。

现在用列表重写原来的程序,它目前只完成计算平均值的工作。首先,程序需要一个能从用户那里获取数字的函数,可以命名为 getNumbers()。该函数将实现原来程序中的哨兵循环,从而实现输入一个数字序列的功能,再使用初始为空的列表作为累加器,来收集数字。

以下是 getNumbers()函数的代码:

```
def getNumbers():
    nums = []
    xStr = input("输入一个数值 (按回车键退出) >> ")
    while xStr != "":
        x = float(xStr)
        nums.append(x)
        xStr = input("输入一个数值 (按回车键退出) >> ")
    return nums
```

利用该函数,可以用一行代码获取用户的数字列表:

```
data = getNumbers()
```

接下来,实现计算列表中数字的平均值的函数 mean()。该函数接收一个数字列表作为参数,返回平均值。用循环来遍历列表并计算总和:

```
def mean(nums):
    total = 0.0
    for num in nums:
        total = total + num
    return total / len(nums)
```

有了这两个函数,原来是对一系列数字求平均值的程序,现在就可以用简单的两行代码来完成:

```
def main():
    data = getNumbers()
    print('平均值为', mean(data))
```

接下来,编写标准差函数 stdDev()。为了利用上面讨论的标准差公式,首先需要计算平均值。这里有一个可以选择的设计方案,平均值可以在 stdDev() 函数内计算,也可以作为参数传递给该函数。

一方面,在 stdDev() 函数中计算平均值看起来更清晰,因为它使函数的接口更简单,要得到一组数字的标准偏差,只需调用 stdDev() 函数并传入数字列表即可;另一方面,需要计算标准差的程序肯定也需要计算平均值,在 stdDev() 函数中重新计算它会导致计算两次,工作重复了。

由于程序将输出平均值和标准差,所以让主程序来计算平均值,并将其作为参数传递给 stdDev() 函数。

以下是用平均值(xbar)作为参数来计算标准差的代码:

```
def stdDev(nums, xbar):
    sumDevSq = 0.0
    for num in nums:
        dev = xbar - num
        sumDevSq = sumDevSq + dev * dev
    return sqrt(sumDevSq/(len(nums)-1))
```

请注意理解,程序是如何利用 sumDevSq 变量来保存在计算偏差平方时不断增加的总和值的,以及是如何利用带有累加器的循环来计算标准差公式中的求和功能的。计算了这个总和之后,stdDev() 函数的最后一行计算公式的其余部分。

最后来编写中位数 median() 函数。因为没有一个公式来计算中位数,所以需要一个选择中位数的算法。首先是按顺序排列数字。根据定义,如果数据长度为奇数,在中间的值就是中位数;如果有偶数个数值,则通过对两个中间数进行平均来确定中值。

在伪代码中,中位数算法如下:

```
※ ----伪代码----
※ 按顺序排列数据
※ 如果数据长度为奇数:
※ med = 中间的数
※ 如果数据长度为偶数:
※ med = 两个中间数的平均
※ 返回中位数
```

该算法几乎可以直接转换成 Python 代码。可以利用 sort() 方法对列表排序。为了测试数据长度是否为偶数,需要看看它是否能被 2 整除,如果 size%2==0,那么数据长度为偶数。

```
def median(nums):
    nums.sort()
    size = len(nums)
    midPos = size // 2
    if size % 2 == 0:
```

```
        med = (nums[midPos] + nums[midPos-1]) / 2
    else:
        med = nums[midPos]
    return med
```

现在有了所有的基本函数,可以完成主函数 main() 了:

```
def main():
    print("该程序用于计算平均值、中位数和标准差")
    data = getNumbers()
    xbar = mean(data)
    std = stdDev(data, xbar)
    med = median(data)
    print("\n平均值为", xbar)
    print("标准差为", std)
    print("中位数为", med)
```

完整代码如下:

```
#11_1 list.py
from math import *
def getNumbers():
    nums = []
    xStr = input("输入一个数值 (按回车键退出) >> ")
    while xStr != "":
        x = float(xStr)
        nums.append(x)
        xStr = input("输入一个数值 (按回车键退出) >> ")
    return nums

def mean(nums):
    total = 0.0
    for num in nums:
        total = total + num
    return total / len(nums)

def stdDev(nums, xbar):
    sumDevSq = 0.0
    for num in nums:
        dev = xbar - num
        sumDevSq = sumDevSq + dev * dev
    return sqrt(sumDevSq/(len(nums)-1))

def median(nums):
```

```
        nums.sort()
        size = len(nums)
        midPos = size // 2
        if size % 2 == 0:
            med = (nums[midPos] + nums[midPos-1]) / 2
        else:
            med = nums[midPos]
        return med

def main():
    print("该程序用于计算平均值、中位数和标准差")
    data = getNumbers()
    xbar = mean(data)
    std = stdDev(data, xbar)
    med = median(data)
    print("\n平均值为", xbar)
    print("标准差为", std)
    print("中位数为", med)
main()
```

11.3 记录的列表

迄今为止，大家已经学习过的所有列表示例，都只是涉及数字和字符串等简单类型的列表。其实，列表是可以用来存储任何类型的集合。下面通过改进第 10 章的学生 GPA 数据处理程序，来学习列表是如何存储复杂记录集合的。

回想一下，前面的成绩处理程序是从文件中读入学生的成绩信息，查找并打印 GPA 最高的学生信息。对这种数据执行的最常见操作是排序。现在需要编写一个可以根据学生的 GPA 对学生信息进行排序的程序。该程序将使用 Student 对象的列表，只需要从前面的程序中借用 Student 类，然后添加一些列表处理即可。程序的基本算法非常简单：

※ ----伪代码----
※ 从用户获取输入文件的名称
※ 将学生信息读入列表
※ 通过 **GPA** 对列表进行排序
※ 从用户获取输出文件的名称
※ 将列表中的学生信息写入文件

现在从文件处理开始。程序希望读取数据文件并创建一个 Student 列表。下面是以文件名称作为参数，并从文件返回一个 Student 对象列表的函数：

```
def readStudents(filename):
    infile = open(filename, 'r')
    students = []
    for line in infile:
        students.append(makeStudent(line))
    infile.close()
    return students
```

该函数首先打开要读取的文件,然后逐行读取,针对文件中的每一行,将 Student 对象附加到 students 列表中。注意,从 GPA 程序中借用了 makeStudent()函数,它通过读取文件的一行来创建一个 Student 对象,因此,必须确保在程序的顶部导入这个函数和 Student 类。

在考虑文件处理时,还需要编写一个函数,将 Student 列表写回文件。回忆一下,文件的每一行应包含由制表符分隔的三项信息(姓名、学分和积分点)。完成这件事的代码很简单:

```
def writeStudents(students, filename):
    #"学生"是学生对象的列表
    outfile = open(filename, 'w')
    for s in students:
        print("{0}\t{1}\t{2}".format(s.getName(),s.getHours(),s.getQPoints()),
file=outfile)
    outfile.close()
```

利用 readStudents()函数和 writeStudents()函数,可以轻松地将数据文件复制到 Student 列表中,将其写回文件。现在要做的就是弄清楚如何通过 GPA 对记录进行排序。

在数据处理时,记录排序的字段称为"键"。如果要按名字来给学生排序,则要以学生姓名作为排序的键;如果要按 GPA 排序,则要以 GPA 作为排序的键。

列表内置的 sort()方法提供了一种方式,可以来指定在排序列表时使用的键。通过提供一个可选的关键字参数 key,可以传入一个函数来计算列表中每个数据项的键值:

```
<list>.sort(key=<key_function>)
```

键函数必须以列表中的数据项作为参数,并返回该数据项的键值。在示例中,列表数据项是 Student 的一个实例,使用 GPA 作为键。下面是处理 GPA 键的辅助函数:

```
def use_gpa(aStudent):
    return aStudent.gpa()
```

该函数就用 Student 类中定义的 gpa()方法来提供键值。定义了这个辅助函数后,可以调用 sort()方法,用它来排序 Student 列表:

```
data.sort(key=use_gpa)
```

这里要注意一个要点,将 usg_gpa 传入 sort()方法。编写这种辅助函数来提供用于排序列表的键通常非常有效,也是经常使用的一种方法。

由于前面已经编写了一个计算学生 GPA 的函数,它是 Student 类中的 gpa()方法,所以可以用它作为键,省去编写辅助函数的麻烦。要将方法作为独立的函数,只需要使用标准点表示法即可:

```
data.sort(key=Student.gpa)
```

这行代码段说明使用 Student 类中名为 gpa()的函数或方法。

现在有了程序的所有组件。以下是完整的代码:

```
#11_2 gpa.py
from gpa import Student, makeStudent

def readStudents(filename):
    infile = open(filename, 'r')
    students = []
    for line in infile:
        students.append(makeStudent(line))
    infile.close()
    return students

def writeStudents(students, filename):
    outfile = open(filename, 'w')
    for s in students:
        print("{0}\t{1}\t{2}".format(s.getstuName(), s.getHours(), s.getQPoints()), file=outfile)
    outfile.close()

def main():
    print("通过 GPA 排列学生信息")
    filename = input("输入数据文件名: ")
    data = readStudents(filename)
    data.sort(key=Student.gpa)
    filename = input("输入输出文件名: ")
    writeStudents(data, filename)
    print("数据已经被写入", filename)

if __name__ == '__main__':main()
```

11.4 用列表和类设计

回忆第 10 章的 DieView 类,为了显示骰子的 6 个可能值,每个 DieView 对象记录了 7 个圆圈,代表骰子一个面上的点的位置。在前面的版本中,用属性保存这些圆圈,如 pip1、pip2、pip3 等。

是否可以考虑将一组 Circle 对象保存为一个列表呢?大概的思路是,使用一个名为 pips 的列表来代替这 7 个属性。现在第一个问题是要创建一个合适的列表。这可以在 DieView 类的构造函数中完成。

在第 10 章的程序版本中,这些点是用 __init__ 中的这段代码创建的:

```
self.pip1 = self.__makePip(cx-offset, cy-offset)
self.pip2 = self.__makePip(cx-offset, cy)
self.pip3 = self.__makePip(cx-offset, cy+offset)
self.pip4 = self.__makePip(cx, cy)
self.pip5 = self.__makePip(cx+offset, cy-offset)
self.pip6 = self.__makePip(cx+offset, cy)
self.pip7 = self.__makePip(cx+offset, cy+offset)
```

makePip() 是 DieView 类的一个局部方法,以其参数指定的位置为圆心,创建一个圆。

现在想用创建点的列表来替换这些代码。一种比较简单的方法是从空的 pips 列表开始,每次创建一个点,最终得到点的列表:

```
pips = []
pips.append(self.__makePip(cx-offset, cy-offset))
pips.append(self.__makePip(cx-offset, cy))
pips.append(self.__makePip(cx-offset, cy+offset))
pips.append(self.__makePip(cx, cy))
pips.append(self.__makePip(cx+offset, cy-offset))
pips.append(self.__makePip(cx+offset, cy))
pips.append(self.__makePip(cx+offset, cy+offset))
self.pips = pips
```

还有一种更简单的方法是直接创建列表,在列表构造的方括号内直接调用 makePip(),如下代码所示:

```
self.pips = [ self.__makePip(cx-offset, cy-offset),
    self.__makePip(cx-offset, cy),
    self.__makePip(cx-offset, cy+offset),
    self.__makePip(cx, cy),
```

```
            self.__makePip(cx+offset, cy-offset),
            self.__makePip(cx+offset, cy),
            self.__makePip(cx+offset, cy+offset)
]
```

点列表的优点是很容易对整个集合执行操作。例如，可以将所有点的颜色设成与背景一样，隐藏起来，从而实现清空骰子的效果：

```
for pip in self.pips:
    pip.setFill(self.background)
```

这两行代码循环遍历整个点的集合，改变它们的颜色。

同样，也可以方便地索引到 pips 列表中的点的位置，将一组点设置成前景色，显示出来。在原来的程序中，pips1、pips4 和 pips7 被设置为值 3：

```
self.pip1.setFill(self.foreground)
self.pip4.setFill(self.foreground)
self.pip7.setFill(self.foreground)
```

在使用列表的新版本中，由于 pips 列表的索引从 0 开始，这对应于位置 0、3 和 6 的点。一个等价的方法用如下 3 行代码完成该任务：

```
self.pip[0].setFill(self.foreground)
self.pip[3].setFill(self.foreground)
self.pip[6].setFill(self.foreground)
```

这样对比，可以清晰地了解第一个版本使用的各个属性与第二个版本中的列表元素之间的对应关系。通过列表索引，可以读取单个点对象，就像它们是独立变量一样。但是，这段代码还没有完全体现使用列表的优势。

下面是更简单的方法，可以同时显示 3 个点：

```
for i in [0,3,6]:
    self.pips[i].setFill(self.foreground)
```

在循环中使用索引变量，可以实现用一行代码显示 3 个点。

第二种方法大大缩短了 DieView 类的 setValue() 方法所需的代码。还可以使用循环和分支来实现更加复杂的变化：

```
for pip in self.pips:
    self.pip.setFill(self.background)
    if value == 1:
        on = [3]
    elif value == 2:
```

第 11 章 数据收集 —— 221

```
            on = [0,6]
    elif value == 3:
        on = [0,3,6]
    elif value == 4:
        on = [0,2,4,6]
    elif value == 5:
        on = [0,2,3,4,6]
    else:
        on = [0,1,2,4,5,6]
for i in on:
    self.pips[i].setFill(self.foreground)
```

这段代码仍然采用 if-elif 结构,以确定哪些点应该点亮。由于正确的索引列表是由 value 决定的,在 1~6 的数字中变化。还有更好的设计方法是用一个列表,列表中的每个数据项本身是点索引的列表,对应 1~6 点在画面上的骰子点数显示的情况。例如,位置 3 的数据项应该是列表[0,3,6],因为要显示值 3,这些点必须显示出来。

下面是表驱动方法的代码:

```
onTable = [ [], [3], [2,4], [2,3,4], [0,2,4,6], [0,2,3,4,6], [0,1,2,4,5,6] ]
for pip in self.pips:
    self.pip.setFill(self.background)
    on = onTable[value]
for i in on:
    self.pips[i].setFill(self.foreground)
```

用 onTable 表来索引每个点数的显示情况。将一个空列表放在第一个位置,填充该表。如果 value 是 0,则 DieView 是空的。

还有最后一个问题需要解决。在任何特定 DieView 的生命周期中,该 onTable 将保持不变。不需要在每次显示一个新值时(重新)创建此表,最好是在构造方法中创建该表,并将其保存在一个属性中。将 onTable 的定义放在 __init__ 中,得到了这个完善的类:

```
#11_3 list_DieView.py
from graphics import *
class DieView:
    """ DieView 是一个显示标准六面骰子图形的组件"""
    def __init__(self, win, center, size):
        """创建一个骰子视图, 如: d1 = GDie(myWin, Point(40,50), 20)
        创建一个以(40,50)为中心、边长为 20 的骰子"""
        #定义标准值
        self.win = win
        self.background = "white"       #骰子背景颜色
        self.foreground = "black"       #点的颜色
```

```
        self.psize = 0.1 * size       #各点的半径
        hsize = size / 2.0
        offset = 0.6 * hsize           #从中心到外部的距离
        #创建一个正方形
        cx, cy = center.getX(), center.getY()
        p1 = Point(cx-hsize, cy-hsize)
        p2 = Point(cx+hsize, cy+hsize)
        rect = Rectangle(p1,p2)
        rect.draw(win)
        rect.setFill(self.background)
        #在标准位置创建 7 个圆
        self.pips = [ self.__makePip(cx-offset, cy-offset),
                      self.__makePip(cx-offset, cy),
                      self.__makePip(cx-offset, cy+offset),
                      self.__makePip(cx, cy),
                      self.__makePip(cx+offset, cy-offset),
                      self.__makePip(cx+offset, cy),
                      self.__makePip(cx+offset, cy+offset) ]
        self.onTable = [ [], [3], [2,4], [2,3,4],
                         [0,2,4,6], [0,2,3,4,6], [0,1,2,4,5,6] ]
        self.setValue(1)
    def __makePip(self, x, y):
        """绘制画点(x,y)的内部辅助方法"""
        pip = Circle(Point(x,y), self.psize)
        pip.setFill(self.background)
        pip.setOutline(self.background)
        pip.draw(self.win)
        return pip
    def setValue(self, value):
        """ 点亮点 """
        #将所有点关闭
        for pip in self.pips:
            pip.setFill(self.background)
        #点亮适当的点
        for i in self.onTable[value]:
            self.pips[i].setFill(self.foreground)
```

改进后的 DieView 类展示了使用列表可以有效地控制对象的属性。其中，点列表和 onTable 表分别包含圆圈和列表，它们本身也是对象。通过嵌套和组合集合与对象，可以在程序中设计出非常好的存储数据方式。

11.5 字典集合

Python 为集合提供了几种内置的数据类型。除列表外,还提供了一种名为字典的集合类型。字典功能强大,但它在其他语言中不怎么常见,比如 C 语言、Java 语言等就没有这种类似的数据类型。这一节将开始学习字典集合类型。

11.5.1 字典集合基础

列表允许从顺序集合中存储和检索项目。通过索引就可以查找到要访问集合中的项目。但是在很多情况下,应用程序需要更灵活的方式来查找信息。例如,希望根据 ID 号来检索有关学生或员工的信息。在编程术语中,这是一个键值对,访问与特定键(如 ID 号)相关联的值,比如学生信息。其实这种情况在日常的生活中是比较常见的,可以找出许多有用的键值对的示例,如姓名和电话号码、用户名和密码、邮政编码和运输费用、销售物品和库存数量等。

允许查找与任意键相关联的信息的集合称为映射。Python 的字典集合是映射。其他一些编程语言也提供了类似的结构,称为"散列"或"关联数组"。在 Python 中创建一个字典集合是通过在大括号内列出键值对来实现的。下面是一个简单的字典集合:

```
>>> dict = {'a':1,'b':2,'c':3}
```

请注意,键和值用":"连接,逗号用于分隔每个键值对。

字典集合的主要用途是查找与特定键相关的值。这是通过索引符号来完成的。

```
>>> dict['a']
1
>>> dict['c']
3
```

一般来说,dict[key]返回与给定键相关联的对象值。

字典集合是可变的,可以通过赋值来更改与键相关联的值。

```
>>> dict['a']=4
>>> dict
{'a': 4, 'b': 2, 'c': 3}
```

还要注意,字典集合打印出来的顺序与原来创建的顺序不同。映射本质上是无序的。在内部,Python 采用了一种特殊的方法来存储字典集合,使关键字查找非常高效,但是会导致当打印字典集合时,键的顺序看起来是随机的,几乎每次的顺序都是不一样。如果要按照特定顺序保存数据项集合,则需要使用一个序列,这不符合映射要求,而且效率还会降低。

总之,字典集合是可变集合,实现从键到值的映射。通常,键可以是任何不变的类型,值可以是任何类型,包括程序员定义的类。Python 的字典集合非常高效,可以存储数十万个数据项。

11.5.2 字典集合操作

与列表一样,Python 字典集合具备一些方便的内置操作。你已经看到,可以在花括号中明确列出键值对,从而定义字典集合,还可以通过添加新条目来扩展字典集合。延续上面的示例:

```
>>> dict['d'] = 5
>>> dict
{'a': 4, 'b': 2, 'c': 3, 'd': 5}
```

事实上,构建字典的常用方法是从一个空集合开始,一次添加一个键值对。假设将键值对存储在一个 number 文件中,文件的每一行都包含一个以空格分隔的键和值,可以如下从文件中轻松地创建字典集合:

```
dict = {}
for line in open('number','r'):
    key, value = line.split()
    dict[key] = value
```

为了操作字典集合的内容,Python 提供了如表 11-3 所示的方法。

表 11-3　Python 字典集合的操作方法及其含义

方　　法	含　　义
\<key\> in \<dict\>	如果字典集合包含指定的键就返回真,否则返回假
\<dict\>.keys()	返回键的序列
\<dict\>.values()	返回值的序列
\<dict\>.items()	返回一个元组(key,value)的序列,表示键值对
\<dict\>.get(\<key\>, \<default\>)	如果字典集合包含键 key 就返回它的值,否则返回 default
del \<dict\>[\<key\>]	删除指定的条目
\<dict\>.clear()	删除所有条目
for \<var\> in \<dict\>:	循环遍历所有键

11.5.3 示例程序:词频

现在来编写一个程序,分析文本文档并计算每个单词在文档中出现的次数。这种分析有时可以用作两个文档之间风格相似度的粗略测量,也可用于自动索引和归档程序,如互联网搜索引擎。

现在使用一个字典集合,其中的键是文档中的每个单词,值是计算单词出现的次数。可以命名这个字典集合为 counts。要更新特定单词 w 的计数,只需要一行代码:

```
counts[w] = counts[w] + 1
```

在这里使用字典集合有一个小问题。第一次遇到一个单词时,它在 counts 中还没有。尝试访问不存在的键会产生运行时错误。为了防范这种情况,需要在算法中做出分支判断:

```
if w in counts:
    counts[w] = counts[w] + 1
else:
    counts[w] = 1
```

这个判断确保第一次遇到一个单词,它将被输入字典集合中,计数为 1。

更优雅的方法是使用 get() 方法:

```
counts[w] = counts.get(w,0) + 1
```

如果 w 不在字典集合中,get() 将返回 0,结果是 w 的条目设置为 1。

字典集合更新代码是构成程序的核心。首先需要将文本文档拆分成一系列单词。但在拆分之前,需要将所有文本转换为小写(这样"Foo"将与"foo"匹配),并消除标点符号(这样"foo,"将与"foo"匹配)。实现代码如下:

```
fname = input("需要分解的文件: ")
#将文件读取为一个长字符串
text = open(fname,"r").read()
#将所有字母转换为小写字母
text = text.lower()
#用空格代替每个标点符号
for ch in '!"#$%&()*+,-./:;<=>?@[\\]^_`{|}~':
    text = text.replace(ch," ")
#用空格来分隔长字符串以获得单词列表
words = text.split()
```

现在就可以轻松地循环遍历这些单词,构建 counts 字典集合。

```
counts = {}
for w in words:
    counts[w] = counts.get(w,0) + 1
```

最后一步是打印一份报告,总结 counts 的内容。一种方法是按字母顺序打印出单词列表及其关联的计数。以下是实现代码：

```
#获取文档中出现的单词列表
uniqueWords = list(counts.keys())
#将单词按字母顺序排列
uniqueWords.sort()
#打印单词和相关计数
for w in uniqueWords:
    print(w, counts[w])
```

然而，对于一个大文件，单词会比较多，这个设计意义不大，因为大部分的单词只出现几次。那更好的办法是只打印文档中 n 个最常见单词的计数。为了做到这一点，需要创建一个按计数排序的列表（从多到少），然后选择列表中的前 n 项。

可以用字典集合的 items() 方法，获取键值对的列表：

```
items = list(counts.items())
```

items 是一个元组列表（例如[('foo',5),('spam',7),('bar,376'),……]）。如果简单地排序这个列表（使用 items.sort() 方法），Python 会对它们按标准顺序排序。但 Python 在比较元组时，会按元组的结构部分从左到右排序。如果是上面的示例，每对的第一个部分是单词，即 items.sort() 方法将按照字母顺序排列此列表。

要按照词频对数据项列表进行排序，可以再次使用键函数。这一次，键函数将采用一对数据作为一个参数，并返回该对数据中的第二项：

```
def byFreq(pair):
    return pair[1]
```

注意，元组像列表一样从 0 开始索引，所以 pair[1] 将元组的词频部分返回。利用这个比较函数的功能，按照词频排序数据项就很简单了：

```
items.sort(key=byFreq)
```

但当有多个单词的词频相同时，该如何处理呢？例如，使用本程序的用户希望，文档主要以词频排序，如果词频相同则按字符顺序排序。

查看 sort() 方法的帮助文档，你会看到此方法执行 "stable sort ＊ IN PLACE ＊."。可以推断，"IN PLACE"是指用方法会修改它作用的列表，而不是生成列表的新排序版本。但这里的关键点是稳定排序，也就是说，等效项（即具有相等键的项）在排序后的顺序要与排序前的顺序要保持一致。举个示例说明一下，比如，有序列在排序前为 3、2_1、4、1、6、2_2、5，这里有两个 2，我们为了表示前后关系，用下标 1、2 进行区分。排序后为 1、2_1、2_2、3、4、5、6，可以看出 2_1 在排序前是在 2_2 的前面，在经过排序处理后，仍然保持 2_1 排在 2_2 的前面，这就称为稳定排序，如果出现颠倒，则称为不稳定排序。由于 Python 排序算法是稳定的，如果在按词频排序之前，所有单词按照字母顺序排列，那么具有相同词频的

单词仍将按照字母顺序排列。为了得到希望的结果,只需要对列表进行两次排序,先按单词排序,再按频率排序:

```
items.sort()                              #按字母排序
items.sort(key=byFreq, reverse=True)      #按词频排序
```

上面示例给出了关键字参数 reverse 并将其设置为 True,表示让 Python 以相反的顺序对列表进行排序。结果列表将从最高词频到最低词频排列。数据项按照从最频繁到最不频繁的顺序排列,如果准备只打印 n 个最常见的单词的报告,下面的循环代码将实现这一点:

```
for i in range(n):
    word, count = items[i]
    print("{0:<15}{1:>5}".format(word, count))
```

循环索引 i 用于从数据项列表中获取下一对键值对,并将该数据项分别赋给 word 和 count 中。然后,单词在 15 个空格中左对齐显示,接着是在 5 个空格中右对齐显示的数字。

完整代码如下:

```
#11_4 Word_frequency.py
# _*_ coding:utf-8 _*_                  #处理 UTF-8 编码的字符
def byFreq(pair):
    return pair[1]

def main():
    print("这个程序分析文档中的词频且打印词频最高的前 n 个词。\n")
    #从文档中获取单词序列
    fname = "Cristo.txt"
    text = open(fname,'r',encoding='UTF-8').read()
    text = text.lower()

    for ch in '!"#$%&()*+,-./:;<=>?@[\\]^_`{|}~':
        text = text.replace(ch, '')
    words = text.split()
    #建立一个单词计数的字典集合
    counts = {}
    for w in words:
        counts[w] = counts.get(w,0) + 1
    #词频最高的 n 个单词的分析
    n = eval(input("需要输出多少个单词?"))
    items = list(counts.items())
    items.sort()
```

```
        items.sort(key=byFreq, reverse=True)
        for i in range(n):
            word, count = items[i]
            print("{0:<15}{1:>5}".format(word, count))
if __name__ == '__main__': main()
```

本 章 小 结

  在现实生活中需要处理很多相似信息的集合,本章介绍了处理这些集合的方法,如何应用列表来解决数据存储的问题。要注意,Python 列表是任意对象的可变序列。此外,可以用 del 操作符从列表中删除单个数据项或整个切片,但 del 不是列表方法,而是内置操作。列表和类还可以用来做设计,将掷骰子的案例通过列表进行改进优化,提升代码编写的效率。最后一节对字典集合进行了介绍,展示了词频程序的编写。

知识扩展:一个令人惊喜的实用项目
——Python Cheatsheet

  Python Cheatsheet 的网址为 https://github.com/gto76/python-cheatsheet。
  这个项目是作者汇总的 Python 速查表,可以查到 Python 各种语法、内置库及第三方库的用法,而且提供了很多可用的代码。
  该速查表有 7 大板块内容:
(1) 容器:包括列表、字典、集合等。
(2) 类型:包括字符串、日期时间、数字等。
(3) 句法:包括类、错误处理、装饰器。
(4) 系统:包括输入输出、文件操作、系统命令等。
(5) 数据:包括 JSON、CSV、Bytes 等各种数据格式的处理方法。
(6) 进阶:包括进程、协程。
(7) 库:包括 NumPy、Web、Scraping 等。
以列表为例,文档提供了列表的各种主要函数、方法,如图 11.1 所示。

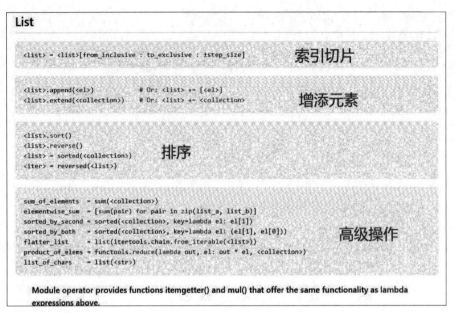

图 11.1 List 各种主要函数和方法

课程思政：破解 MD5 算法的女强人
——王小云院士

王小云院士的主要研究领域为密码学。在密码分析领域，她系统地给出了包括 MD5、SHA-1 在内的系列散列函数算法的碰撞攻击理论，提出了对多个重要 MAC 算法（ALPHA-MAC、MD5-MAC 和 PELICAN 等）的子密钥恢复攻击，以及 HMAC-MD5 的区分攻击思想。在密码设计领域，主持设计了国家密码算法标准散列函数 SM3，该算法在我国金融、交通、电力、社保、教育等重要领域得到广泛使用，并于 2018 年被成功纳入 ISO/IEC 国际密码算法标准。

1. 破译了美国政府使用的密码

MD5 密码算法，运算量达到 2 的 80 次方，即使采用现在最快的巨型计算机，也要运算 100 万年以上才能破解。但王小云院士和她的研究小组用普通的个人计算机，几分钟内就可以找到有效结果。

SHA-1 密码算法，由美国专门制定密码算法的标准机构——美国国家标准技术研究院与美国国家安全局设计，早在 1994 年就被推荐给美国政府和金融系统采用，是美国政府目前应用最广泛的密码算法。2005 年初，王小云院士和她的研究小组宣布，成功破解 SHA-1。

《崩溃！密码学的危机》，美国《新科学家》杂志用这种惊悚的标题概括王小云院士里程碑式的成就。因为王小云院士的出现,美国国家标准与技术研究院宣布,美国政府5年内将不再使用SHA-1,取而代之的是更为先进的新算法,微软等知名公司也纷纷发表各自的应对之策。

2. 具有一种破译密码的直觉

王小云院士在美国加州圣芭芭拉召开的国际密码大会上主动要求发言,宣布她和她的研究小组已经成功破解了MD5、HAVAL-128、MD4和RIPEMD四大国际著名密码算法。当她公布到第三个成果时,会场上已经是掌声四起。她的发言结束后,会场里爆发的掌声经久不息。而为了这一天,她已经默默工作了十年。几个月后,她又破译了更难的SHA-1。

王小云院士从事的是散列函数的研究。目前在世界上应用最广泛的两大密码算法MD5和SHA-1就是散列函数中最重要的两种。MD5是由国际著名密码学家、麻省理工学院的Ronald Rivest教授于1991年设计的;SHA-1背后更是有美国国家安全局的背景。两大算法是目前国际电子签名及许多其他密码应用领域的关键技术,广泛应用于金融、证券等电子商务领域。其中SHA-1更是被认为是现代网络安全不可动摇的基石。

3. 99%的人在这个领域里永远也不会成功

破解密码,在电视剧里,这充满了紧张与刺激。王小云院士说,现实中的密码破解工作远没有那么戏剧性。她说:"事实上这个领域里的科学家,99%的人永远也不会取得成功。"在破解密码算法RIPEMD的过程中,为了找到最后的破解方法,王小云院士曾经先后尝试了30多条破解路线。王小云院士回忆说,经常是破解进行到深夜,一条破解路线在最后的关键两步被证明是不可能的,只好第二天从零开始再找下一种破解方法。如此坚持了3个月,才成功破解。

王小云院士说:"现在看来,当初选择这个研究领域是有很大风险的,可能永远不会取得实质性的成果。但我对这个问题有兴趣。"

由于杰出的科学成就,她于2005年获得国家自然科学基金杰出青年基金资助;2006年被聘为清华大学"长江学者特聘教授";同年获得陈嘉庚科学奖、求是杰出科学家奖、第三届中国青年女科学家奖;2008年获得国家自然科学二等奖;2010年获得苏步青应用数学奖;2014年获得中国密码学会密码创新奖特等奖;2017年当选为中国科学院院士。

第 12 章 面向对象设计

12.1 面向对象设计的过程

面向对象设计(OOD),是对自顶向下程序设计方法的有力补充,可用于开发可靠的、性价比高的软件系统。在本章中,将介绍面向对象设计的基本原理,并通过几个案例进行学习和分析。

设计的本质是从黑盒及其接口的角度来描述系统,即系统是一个相对封闭的体系,就像一个黑盒一样,从外部是看不到内部构造的,它仅提供一些有限的接口与外部联系,用于交换信息,每个组件可以通过其接口提供一组服务。

这样设计的好处是:客户端只需要了解服务的接口,而该服务的实现细节并不重要,客户端不必了解。黑盒只需要确保该服务被提供,内部细节发生根本变化时,也不会影响客户使用。同样,提供服务的内部组件也不必考虑外部是如何使用该服务的。这种关注点分离能有效地降低设计难度,使复杂系统的设计成为可能。

在自顶向下的设计中,函数扮演着黑盒的角色。客户程序只要能理解一个函数的功能,就可以使用该函数。函数完成的细节被封装在函数定义中。

在面向对象设计中,黑盒是对象。对象的意义在于如何定义。一旦编写了一个合适的类定义,就可以完全忽略该类的工作方式,仅仅依赖于外部接口(即方法)。例如,你可以在图形窗口中绘制圆形,而不必去重新研究或查看 graphics 模块中的代码。所有的细节都封装在 GraphWin 和 Circle 类的定义中。

如果可以将一个大问题分解为一系列合作的类,在理解程序时,就会大大降低要考虑问题的复杂程度,因为每个类都是独立的,可以逐个突破。面向对象设计是一种程序设计的过程,针对给定问题来寻找并定义一组有用的类。像所有设计一样,面向对象设计既是艺术又是科学。

以下是面向对象设计的一些直观指导。

(1) 寻找候选对象。你的目标是定义一组有助于解决问题的对象。首先仔细考虑问题陈述。对象通常由名词描述,你可以在问题陈述中划出所有名词,并逐一考虑,其中哪些实际上会在程序中表示出来?有哪些有趣的行为?哪些可以表示为基本数据类型,比如数字或字符串类型?尽管这些信息可能不是重要的候选对象。

(2) 识别属性。一旦你发现了一些可能的对象,应充分考虑每个对象完成工作所需的信息,属性有什么样的值。其中,一些属性可以很明显看出是具有基本类型的值,但还有一些属性不能马上辨别，那可能就是复杂的类型，表明需要借助其他有用的对象或类来处理。努力为程序中的所有数据找到良好的家族类，即找到数据间的内在联系，形成家族关系来进行管理。

（3）考虑接口。当你识别出潜在的对象或类，以及一些关联的数据时，请考虑该类的对象需要哪些操作才能使用。你可以先考虑问题陈述中的动词，动词用于描述动作：必须做什么。你可以列出类需要的方法。请记住，对象数据的所有操作应通过你提供的方法来进行处理。

（4）细化分解复杂的方法。有一些方法看起来可以用几行代码来完成。但也有一些方法需要通过相当大的努力才能设计出来。使用自顶向下的设计和逐步求精的方法来了解更多较难方法的细节。随着你不断取得进展，可能会发现一些问题需要与其他类进行一些新的交互才能得到解决，这就需要向其他类添加新的方法。有时，你还有可能会发现需要一个全新的对象，这就要求设计并定义一个全新的类。

（5）迭代式设计。在设计过程中，你会反复多次地设计新类，以及向已有类添加方法。没有人可以一帆风顺地开发软件。自顶向下设计程序，在似乎应该取得进展的地方取得进展，逐步求精，最终完成设计。

（6）尝试替代方案。不要害怕废除已经写好但无用的方法，也不要害怕探索一个新的想法，你可以尝试看看它会把你带去哪。其实，良好的设计都会包含大量的试错过程。当你查看他人的程序时，你看到的是已完成的作品，而不是他们实现的过程。良好的程序设计，绝对不是一蹴而就的。传奇的软件工程师弗雷德·布鲁克斯（Fred Brooks）说过这样的名言："扔掉一个计划。"通常，只有在你用错误的方式构建了系统之后，才会真正知道如何正确构建系统。

（7）保持简单。在设计的每个步骤中，尝试找出解决手头问题的最简单方法。除非需要复杂的方法，否则不要去设计复杂的设计。

接下来的部分将通过对几个案例的研究，说明面向对象设计的各个方面。一旦深入理解这些示例，你就可以更好地处理自己的程序并提升设计技巧。

下面以一个示例来说明面向过程。假设要处理学生成绩表，为了表示一个学生的成绩，如果是面向过程的程序设计，可以使用一个字典集合来解决，代码如下：

```
std1 = { 'name': 'Michael', 'score': 98 }
std2 = { 'name': 'Bob', 'score': 81 }
```

而处理学生成绩可以通过函数实现，比如打印学生的成绩：

```
def print_score(std):
    print('%s: %s' % (std['name'], std['score']))
```

如果采用面向对象设计思想，首先思考的不是程序的执行流程，而是 Student 这种数据类型是否应该被视为一个对象？如果是对象，那这个对象就应该拥有 name 和 score 这两个属性。如果要打印一个学生的成绩，首先必须创建这个学生对应的对象，然后，给对象发一个 print_score 消息，让对象自己把数据打印出来。

```python
class Student(object):
    def __init__(self, name, score):
        self.name = name
        self.score = score
    def print_score(self):
        print('%s: %s' % (self.name, self.score))
```

给对象发消息实际上就是调用对象对应的关联函数,这称为对象的方法。面向对象的程序写出来就像这样:

```python
bart = Student('Bart Simpson', 59)
lisa = Student('Lisa Simpson', 87)
bart.print_score()
lisa.print_score()
```

面向对象设计思想是从自然界而来的,因为在自然界中,类(Class)和实例(Instance)的概念是很自然的。类是一种抽象概念,比如定义的 Student 类,是指学生这个概念,而实例则是一个个具体的学生,比如,张晓明和李丽娜就是两个具体的学生。所以,面向对象的设计思想是抽象出类,根据类创建实例。

面向对象的抽象程度比函数要高,因为一个类既包含数据,又包含操作数据的方法。

12.2 类和实例

面向对象最重要的概念就是类和实例,必须牢记类是抽象的模板,比如 Student 类,而实例是根据类创建出来的一个个具体的"对象",每个对象都拥有相同的方法,但各自的数据可能不同,比如张晓明是男生,李丽娜是女生,但他们拥有相同的方法是都会写字。

仍以 Student 类为例,在 Python 中,定义类是通过 class 关键字:

```python
class Student(object):
    pass
```

class 后面紧接着是类名,即 Student,类名通常是大写开头的单词,紧接着是(object),表示该类是从哪个类继承下来的,继承的概念后面再做介绍。通常,如果没有合适的继承类,就使用 object 类,这是所有类最终都会继承的类,也称为根类。

定义好了 Student 类,就可以根据 Student 类创建 Student 的实例,创建实例是通过类名加括号实现的:

```
>>> bart = Student()
>>> bart
<__main__.Student object at 0x10a67a590>
```

```
>>> Student
<class '__main__.Student'>
```

可以看到，变量 bart 指向的就是一个 Student 的实例，后面的 0x10a67a590 是内存地址，每个 object 的地址都不一样，而 Student 本身则是一个类。

可以自由地给一个实例变量绑定属性，比如，给实例 bart 绑定一个 name 属性：

```
>>> bart.name = 'Bart Simpson'
>>> bart.name
'Bart Simpson'
```

由于类可以起到模板的作用，因此，可以在创建实例时，把一些必须绑定的属性强制填写进去。通过定义一个特殊的 __init__ 方法，在创建实例时，就把 name、score 等属性绑上去：

```
class Student(object):
    def __init__(self, name, score):
        self.name = name
        self.score = score
```

注意：特殊方法 __init__ 前后分别有两个下画线。

注意到 __init__ 方法的第一个参数永远是 self，表示创建的实例本身，因此，在 __init__ 方法内部，就可以把各种属性绑定到 self，因为 self 就指向创建的实例本身。

在此例中，有了 __init__ 方法，在创建实例时，就不能传入空的参数了，必须传入与 __init__ 方法匹配的参数，但 self 不需要传，Python 解释器自己会把实例变量传进去：

```
>>> bart = Student('Bart Simpson', 59)
>>> bart.name
'Bart Simpson'
>>> bart.score
59
```

与普通的函数相比，在类中定义的函数只有一点不同，那就是第一个参数永远是实例变量 self，并且，调用时不用传递该参数。除此之外，类的方法与普通函数没有什么区别，所以，你仍然可以使用默认参数、可变参数、关键字参数以及命名关键字参数。

12.3 数据封装

面向对象设计的一个重要特点就是数据封装。在上面的 Student 类中，每个实例就拥有各自的 name 和 score 等数据。可以通过函数来访问这些数据，比如打印一个学生的成绩：

```
>>> def print_score(std):
        print('%s: %s' % (std.name, std.score))

>>> print_score(bart)
Bart Simpson: 59
```

但是,既然 Student 实例本身就拥有这些数据,要访问这些数据,就没有必要从外面的函数去访问,可以直接在 Student 类的内部定义访问数据的函数,这样,就把数据给封装起来了。这些封装数据的函数与 Student 类本身是关联起来的,称为类的方法:

```
class Student(object):
    def __init__(self, name, score):
        self.name = name
        self.score = score
    def print_score(self):
        print('%s: %s' % (self.name, self.score))
```

要定义一个方法,除了第一个参数是 self 外,其他与普通函数一样。要调用一个方法,只需要在实例变量上直接调用,除了 self 不用传递,其他参数正常传入:

```
>>> bart.print_score()
Bart Simpson: 59
```

这样一来,从外部看 Student 类,就只用知道,要创建实例需要给出 name 和 score,而如何打印,都是在 Student 类的内部定义的,这些数据和逻辑封装起来了,调用很容易,但不需要知道内部实现的细节。

封装的另一个好处就是可以给 Student 类增加新的方法,比如 get_grade()方法:

```
class Student(object):

    def get_grade(self):
        if self.score >= 90:
            return 'A'
        elif self.score >= 60:
            return 'B'
        else:
            return 'C'
```

同样,get_grade()方法可以直接在实例变量上调用,不需要知道内部实现细节。

定义 Student 类的完整代码如下:

```
#12_1 class_Student.py
class Student(object):
    def __init__(self, name, score):
```

```
        self.name = name
        self.score = score
    def get_grade(self):
        if self.score >= 90:
            return 'A'
        elif self.score >= 60:
            return 'B'
        else:
            return 'C'
>>> lisa = Student('Lisa', 99)
>>> bart = Student('Bart', 59)
>>> print(lisa.name, lisa.get_grade())
Lisa A
>>> print(bart.name, bart.get_grade())
Bart C
```

与静态语言不同，Python 允许对实例变量绑定任何数据，也就是说，对于两个实例变量，虽然它们都是同一个类的不同实例，但拥有的变量名称可能不同：

```
>>> bart = Student('Bart Simpson', 59)
>>> lisa = Student('Lisa Simpson', 87)
>>> bart.age = 8
>>> bart.age
8
>>> lisa.age
Traceback (most recent call last):
  File "<stdin>", line 1, in <module>
AttributeError: 'Student' object has no attribute 'age'
```

12.4 访问限制

在类内部，可以有属性和方法，而外部代码可以通过直接调用实例变量的方法来操作数据，这样，就隐藏了内部的复杂逻辑。

但是，从前面 Student 类的定义来看，外部代码还是可以自由地修改一个实例的 name、score 属性：

```
>>> bart = Student('Bart Simpson', 59)
>>> bart.score
59
>>> bart.score = 99
```

```
>>> bart.score
99
```

如果要让内部属性不被外部访问,可以把属性的名称前加上两个下画线。在 Python 中,实例的变量名如果以两个下画线开头,就是成一个私有变量,只有内部可以访问,外部不能访问,所以,把 Student 类改一改:

```
class Student(object):
    def __init__(self, name, score):
        self.__name = name
        self.__score = score
    def print_score(self):
        print('%s: %s' % (self.__name, self.__score))
```

改完后,对于外部代码来说,没什么变动,但已经无法从外部访问实例变量__name 和__score 了:

```
>>> bart = Student('Bart Simpson', 59)
>>> bart.__name
Traceback (most recent call last):
  File "<stdin>", line 1, in <module>
AttributeError: 'Student' object has no attribute '__name'
```

这样就确保了外部代码不能随意修改对象内部的状态,因此,通过对访问限制的保护,使代码更加健壮。

但如果外部代码需要获取 name 和 score 怎么办?可以给 Student 类增加 get_name()和 get_score()两个方法:

```
class Student(object):

    def get_name(self):
        return self.__name
    def get_score(self):
        return self.__score
```

如果仅允许外部代码修改 score 怎么办?可以再给 Student 类增加 set_score()方法:

```
class Student(object):

    def set_score(self, score):
        self.__score = score
```

你也许会问,原先那种直接通过 bart.score = 99 语句也可以修改啊,为什么要大费周折定义一个方法？之所以要通过方法来处理，是因为在方法中可以对传入的参数做检查，避免传入无效的参数：

```
class Student(object):

    def set_score(self, score):
        if 0 <= score <= 100:
            self.__score = score
        else:
            raise ValueError('bad score')
```

需要注意的是，在 Python 中，还有一种变量名类似 __xxx__ 的，也就是以双下画线开头，并且以双下画线结尾的，这种变量称为特殊变量。特殊变量是可以直接访问的，完全不同于私有变量，例如，__doc__ 表示获取模块注释；__file__ 表示当前执行文件的路径；__cached__ 表示对应 pyc 文件的位置；__name__ 表示执行当前文件时，等于 __main__ 这个特殊变量，否则不等于，一般在主文件里写；__package__ 表示模块所在包等。

有时，你会看到以一个下画线开头的实例变量名，比如 _name，这样的实例变量从外部是可以访问的。严格意义上说，私有属性是双下画线开头，但在代码编辑过程中，代码的作者和读代码的人员都不容易区分，所以按照规定，当你看到这样的变量时，也就默认为是私有变量，意思就是："虽然我可以被访问，但是，请把我视为私有变量，不要随意访问。"

双下画线开头的实例变量是不是一定不能从外部访问呢？其实也不是，不能直接访问 __name，是因为 Python 解释器对外把 __name 变量改成了 _Student__name，所以，仍然可以通过 _Student__name 来访问 __name 变量：

```
>>> bart._Student__name
'Bart Simpson'
```

但强烈建议你不要这么干，因为不同版本的 Python 解释器可能会把 __name 改成不同的变量名。

最后请注意，下面的写法是错误的：

```
>>> bart = Student('Bart Simpson', 59)
>>> bart.get_name()
'Bart Simpson'
>>> bart.__name = 'New Name'          #设置__name变量！
>>> bart.__name
'New Name'
```

表面上看，外部代码成功地设置了 __name 变量，但实际上这个 __name 变量和 class 内部的 __name 变量不是同一个变量了。内部的 __name 变量已经被 Python 解释器自动改名为 _Student__name 了，而外部代码给 bart 新增了一个新的 __name 变量。可以试试，可以发现结果截然不同：

```
>>> bart.get_name()              #get_name()内部返回self.__name
'Bart Simpson'
```

下面来做一个尝试。请把下面的 Student 对象的 gender 字段对外隐藏起来，用 get_gender()和 set_gender()代替，并检查参数有效性：

```
#12_2 new_student_class.py
class Student(object):
    def __init__(self, name, gender):
        self.__name = name           #私有属性
        self.__gender = gender       #私有属性
    def get_gender(self):
        return self.__gender
    def set_gender(self, gender):
        self.__gender = gender

def main():
    bart = Student('Bart', 'male')   #通过构造函数赋值
    if bart.get_gender() != 'male':
        print('通过构造函数赋值失败!')
    else:
        print('通过构造函数赋值成功!')
        print(bart.get_gender())
    bart.set_gender('female')        #通过方法赋值
    if bart.get_gender() != 'female':
        print('通过方法赋值失败!')
    else:
        print('通过方法赋值成功!')
        print(bart.get_gender())main()

通过构造函数赋值成功!
male
通过方法赋值成功!
female
```

12.5 继承和多态

在面向对象设计中，当定义一个类时，可以从某个已有的类继承而来，新类称为子类（Subclass），而被继承的类称为基类（Base Class）、父类或超类（Super Class）。

比如,已经编写了一个名为 Animal 的类,有一个 run() 方法可以直接打印:

```
class Animal(object):
    def run(self):
        print('Animal is running...')
```

当需要编写 Dog 和 Cat 类时,就可以直接从 Animal 类继承而来:

```
class Dog(Animal):
    pass

class Cat(Animal):
    pass
```

对于 Dog 类来说,Animal 类就是它的父类,对于 Animal 类来说,Dog 类就是它的子类。Cat 类与 Dog 类类似。

继承有什么好处?最大的好处是,子类可以继承父类的全部功能。由于 Animal 类实现了 run() 方法,因此,Dog 和 Cat 类作为它的子类,什么事也没干,就自动拥有了 run() 方法:

```
dog = Dog()
dog.run()

cat = Cat()
cat.run()
```

运行结果如下:

```
Animal is running...
Animal is running...
```

当然,也可以对子类增加一些方法,比如对 Dog 类:

```
class Dog(Animal):

    def run(self):
        print('Dog is running...')

    def eat(self):
        print('Eating meat...')
```

继承的第二个好处,可以对子类做一点改进,因为无论是 Dog 还是 Cat 类,它们运行 run() 方法时,显示的都是"Animal is running⋯",符合逻辑的做法应是分别显示"Dog is running⋯"和"Cat is running⋯",因此,对 Dog 和 Cat 类改进如下:

```
class Dog(Animal):

    def run(self):
        print('Dog is running...')

class Cat(Animal):

    def run(self):
        print('Cat is running...')
```

再次运行,结果如下:

```
Dog is running...
Cat is running...
```

当子类和父类都存在相同的 run() 方法时,子类的 run() 覆盖了父类的 run() 方法,在代码运行时,总是会调用子类的 run() 方法。这样,就获得了继承的另一个好处:多态。

要理解什么是多态,首先要对数据类型再做一点说明。当定义一个类时,实际上是定义了一种数据类型。所定义的数据类型与 Python 自带的数据类型是一样的,比如 str、list、dict 没什么两样:

```
a = list()              #a 是 list 类型
b = Animal()            #b 是 Animal 类型
c = Dog()               #c 是 Dog 类型
```

判断一个变量是否是某个类型,可以用 isinstance() 方法:

```
>>> isinstance(a, list)
True
>>> isinstance(b, Animal)
True
>>> isinstance(c, Dog)
True
```

看来 a、b、c 确实对应着 list、Animal、Dog 这 3 种类型。
但是等等,再试试:

```
>>> isinstance(c, Animal)
True
```

由此看来,c 不仅仅是 Dog,还是 Animal!

不过仔细想想,这是有道理的,因为 Dog 类是从 Animal 类继承下来的,当创建了一个 Dog 类的实例 c 时,可以认为 c 的数据类型是 Dog 类,但同时也是 Animal 类,因为

Dog 类本来就是 Animal 类的一种!

所以,在继承关系中,如果一个实例的数据类型是某个子类,那它的数据类型也可以看成是父类。但是,反过来就不行:

```
>>> b = Animal()
>>> isinstance(b, Dog)
False
```

Dog 类可以看成 Animal 类,但 Animal 类不可以看成 Dog 类。

要理解多态的好处,还需要再编写一个函数,这个函数接收一个 Animal 类型的变量:

```
def run_twice(animal):
    animal.run()
    animal.run()
```

当传入 Animal 类的实例时,run_twice() 就打印出:

```
>>> run_twice(Animal())
Animal is running...
Animal is running...
```

当传入 Dog 类的实例时,run_twice() 就打印出:

```
>>> run_twice(Dog())
Dog is running...
Dog is running...
```

当传入 Cat 类的实例时,run_twice() 就打印出:

```
>>> run_twice(Cat())
Cat is running...
Cat is running...
```

看上去没什么意思,但是仔细想想,现在如果再定义一个 Tortoise 类型,也从 Animal 类派生而来:

```
class Tortoise(Animal):
    def run(self):
        print('Tortoise is running slowly...')
```

当调用 run_twice() 时,传入 Tortoise 类的实例:

```
>>> run_twice(Tortoise())
Tortoise is running slowly...
Tortoise is running slowly...
```

你会发现，新增了一个 Animal 类的子类，不必对 run_twice() 做任何修改，照样可以执行 Tortoise 类的 run() 方法。实际上，任何依赖 Animal 类作为参数的函数或方法都可以不加修改地正常运行，原因就在于多态。

多态的好处就是，当需要传入 Dog、Cat 或 Tortoise 类时，所传入的参数只需要 Animal 类型的就可以了，因为 Dog、Cat、Tortoise 都是 Animal 类型的，然后，按照 Animal 类型进行操作即可。由于 Animal 类有 run() 方法，因此，传入的任意类型，只要是 Animal 类或其子类，就会自动调用实际类型的 run() 方法，这就是多态的意思。

对于一个变量，只需要知道它是 Animal 类型的，无需确切地知道它的子类型，就可以放心地调用 run() 方法，而具体调用的 run() 方法是作用在 Animal、Dog、Cat 或是 Tortoise 的对象上，由运行时该对象的确切类型决定。这就是多态真正的威力：调用方只管调用，不管细节，而当新增一个 Animal 类的子类时，只要确保 run() 方法编写正确，不用管原来的代码是如何调用的。这就是著名的"开闭"原则：

（1）对扩展开放：允许新增 Animal 类的子类；

（2）对修改封闭：不需要修改依赖 Animal 类型的 run_twice() 等函数。

继承还可以一级一级地继承下来，就好比从爷爷到爸爸、再到儿子这样的关系。而任何类，最终都可以追溯到根类 object，这些继承关系看上去就像一颗倒着的树，如图 12.1 所示的继承树。

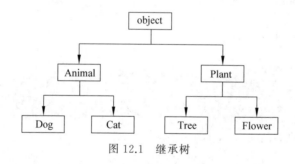

图 12.1 继承树

继承可以把父类的所有功能都直接拿过来，这样就不必从零做起，子类只需要新增自己特有的方法，也可以把父类不适合的方法覆盖重写。

12.6 获取对象信息

当拿到一个对象的引用时，如何知道这个对象是什么类型、有哪些可用的方法呢？

1. 使用 type() 函数

首先，要判断对象类型，可以使用 type() 函数。基本类型都可以用 type() 函数来判断：

```
>>> type(123)
<class 'int'>
>>> type('str')
<class 'str'>
>>> type(None)
<type(None) 'NoneType'>
```

如果一个变量指向函数或者类,也可以用 type()函数来判断:

```
>>> type(abs)
<class 'builtin_function_or_method'>
>>> type(a)
<class '__main__.Animal'>
```

但 type()函数返回的是什么类型呢?它返回对应的类类型。如果要在 if 语句中判断,就需要比较两个变量的类型是否相同:

```
>>> type(123)==type(456)
True
>>> type(123)==int
True
>>> type('abc')==type('123')
True
>>> type('abc')==str
True
>>> type('abc')==type(123)
False
```

判断基本数据类型可以直接写 int、str 等。但如果要判断一个对象是否是函数怎么办?可以使用 types 模块中定义的常量:

```
>>> import types
>>> def fn():
        pass

>>> type(fn)==types.FunctionType
True
>>> type(abs)==types.BuiltinFunctionType
True
>>> type(lambda x: x)==types.LambdaType
True
>>> type((x for x in range(10)))==types.GeneratorType
True
```

第 12 章 面向对象设计

2. 使用 isinstance() 函数

对于类的继承关系来说，使用 type() 函数不是很方便。要判断类的类型，可以使用 isinstance() 函数。

回顾前面的示例，如果继承关系是：

object -> Animal -> Dog -> Husky

那么，isinstance() 就可以告诉我们，一个对象是否是某种类型。

先创建 3 种类型的对象：

```
>>> a = Animal()
>>> d = Dog()
>>> h = Husky()
```

然后，判断：

```
>>> isinstance(h, Husky)
True
```

没有问题，因为 h 变量指向的就是 Husky 对象。

再判断：

```
>>> isinstance(h, Dog)
True
```

h 虽然自身是 Husky 类型，但由于 Husky 类是从 Dog 类继承下来的，所以，h 也是 Dog 类型。换句话说，isinstance() 判断的是一个对象是否是该类型本身，或者位于该类型的父继承链上。因此，可以确信，h 还是 Animal 类型：

```
>>> isinstance(h, Animal)
True
```

同理，实际类型是 Dog 类的 d，也是 Animal 类型：

```
>>> isinstance(d, Dog) and isinstance(d, Animal)
True
```

但 d 不是 Husky 类型：

```
>>> isinstance(d, Husky)
False
```

能用 type() 判断的基本类型，也可以用 isinstance() 判断：

```
>>> isinstance('a', str)
True
>>> isinstance(123, int)
True
>>> isinstance(b'a', bytes)
True
```

并且还可以判断一个变量是否是某些类型中的一种,比如下面的代码就可以判断是否是 list 或 tuple:

```
>>> isinstance([1, 2, 3], (list, tuple))
True
>>> isinstance((1, 2, 3), (list, tuple))
True
```

总是优先使用 isinstance() 判断类型,可以将指定类型及其子类"一网打尽"。

3. 使用 dir() 函数

如果要获得一个对象的所有属性和方法,可以使用 dir() 函数,它返回一个包含字符串的列表,比如,获得一个 str 对象的所有属性和方法:

```
>>> dir('ABC')
['__add__', '__class__',..., '__subclasshook__', 'capitalize', 'casefold',...,
'zfill']
```

类似 __xxx__ 的属性和方法在 Python 中都是有特殊用途的,比如 __len__() 方法返回长度。在 Python 中,如果你调用 len() 函数试图获取一个对象的长度,实际上,在 len() 函数内部,它自动去调用该对象的 __len__() 方法,所以,下面的代码是等价的:

```
>>> len('ABC')
3
>>> 'ABC'.__len__()
3
```

如果自己写的类,也想用 len(myObj) 的话,就自己写一个 __len__() 方法:

```
>>> class MyDog(object):
        def __len__(self):
            return 100

>>> dog = MyDog()
>>> len(dog)
100
```

剩下的都是普通属性或方法，比如 lower() 方法返回小写的字符串：

```
>>> 'ABC'.lower()
'abc'
```

仅仅把属性和方法列出来是不够的，配合 getattr() 方法、setattr() 方法以及 hasattr() 方法，可以直接操作一个对象的状态：

```
>>> class MyObject(object):
        def __init__(self):
            self.x = 9
        def power(self):
            return self.x * self.x

>>> obj = MyObject()
```

紧接着，可以测试该对象的属性：

```
>>> hasattr(obj, 'x')           #有属性'x'吗？
True
>>> obj.x
9
>>> hasattr(obj, 'y')           #有属性'y'吗？
False
>>> setattr(obj, 'y', 19)       #设置一个属性'y'
>>> hasattr(obj, 'y')           #有属性'y'吗？
True
>>> getattr(obj, 'y')           #获取属性'y'
19
>>> obj.y                       #获取属性'y'
19
```

如果试图获取不存在的属性，会抛出 AttributeError 的错误：

```
>>> getattr(obj, 'z')           #获取属性'z'
Traceback (most recent call last):
  File "<stdin>", line 1, in <module>
AttributeError: 'MyObject' object has no attribute 'z'
```

可以传入一个 default 参数，如果属性不存在，就返回默认值：

```
>>> getattr(obj, 'z', 404)      #获取属性'z',如果不存在,返回默认值404
404
```

也可以获得对象的方法：

```
>>> hasattr(obj, 'power')              #有属性'power'吗?
True
>>> getattr(obj, 'power')              #获取属性'power'
<bound method MyObject.power of <__main__.MyObject object at 0x10077a6a0>>
>>> fn = getattr(obj, 'power')         #获取属性'power'并赋给变量 fn
>>> fn                                 #fn 指向 obj.power
<bound method MyObject.power of <__main__.MyObject object at 0x10077a6a0>>
>>> fn()                               #调用 fn()与调用 obj.power()是一样的
81
```

通过内置的一系列函数,可以对任意一个 Python 对象进行剖析,得到其内部的数据。要注意的是,只有在不知道对象信息时,才会去获取对象信息。

12.7　实例属性和类属性

由于 Python 是动态语言,根据类创建的实例可以任意绑定属性。给实例绑定属性的方法是通过实例变量,或者通过 self 变量:

```
class Student(object):
    def __init__(self, name):
        self.name = name

s = Student('Bob')
s.score = 90
```

但是,如果 Student 类本身需要绑定一个属性呢? 可以直接在类中定义属性,这种属性是类属性,归类所有。例如:

```
class Student(object):
    name = 'Student'
```

当定义了一个类属性后,这个属性归类所有,类的所有实例都可以访问到。来测试一下:

```
>>> class Student(object):
        name = 'Student'

>>> s = Student()              #创建实例 s
>>> print(s.name)              #打印 name 属性,因为实例并没有给 name 属性赋值,所以会继续
                               #查找 class 的 name 属性,类似于默认值
Student
>>> print(Student.name)        #打印类的 name 属性
```

```
Student
>>> s.name = 'Michael'        #给实例绑定 name 属性
>>> print(s.name)              #由于实例属性优先级比类属性高,因此,它会取代默认值类的
                               #name 属性
Michael
>>> print(Student.name)   #但是类属性并未消失,用 Student.name 仍然可以访问
Student
>>> del s.name                 #如果删除实例的 name 属性
>>> print(s.name)              #再次调用 s.name,由于实例的 name 属性没有找到,类的 name
                               #属性的默认值就是重新显示出来了
Student
```

从上面的示例可以看出,在编写程序时,千万不要对实例属性和类属性使用相同的名字,因为相同名称的实例属性将屏蔽掉类属性,但是当你删除实例属性后,再使用相同的名称,访问到的将是类属性。

实例属性属于各个实例所有,互不干扰;类属性属于类所有,所有实例共享一个属性;不要对实例属性和类属性使用相同的名字,否则将产生难以发现的错误。

12.8 案例研究:壁球模拟

一起来回顾第 9 章的壁球模拟。这个问题的关键在于模拟多场比赛,其中两名对手的能力是以他们在发球时获胜的概率来表示的。模拟的输入是选手 A 的得分概率、选手 B 的得分概率以及游戏的模拟次数;输出是比赛模拟结果。

在第 9 章的程序版本中,其中一名选手达到 15 分时结束了比赛。这一次,还要考虑一下"零封":如果一名选手在另一名选手得分之前已得到 7 分,也就是 7 比 0,那么游戏就可以提前结束了。模拟应该记录每名选手胜利的次数和零封的次数。

12.8.1 候选对象和方法

第一个任务是找出可能有助于解决这个问题的一组对象。需要模拟两名选手之间的一系列壁球比赛,并记录一系列比赛的统计数据。这个简短的描述已经表明了在程序中划分工作的一种方法,需要做两件事:模拟比赛,并记录一些统计数据。

首先来处理模拟比赛。可以用一个对象代表一局壁球比赛。比赛必须记录两名选手的信息。创建一局新比赛时,将指定选手的技能水平,创建一个类,命名为 RBallGame,它含有一个构造函数,需要两名选手的得分概率参数。

接下来,提供一个 play() 方法来模拟比赛直到结束。可以用两行代码创建并打一场壁球比赛:

```
theGame = RBallGame(probA, probB)
theGame.play()
```

当进行多场比赛时,只需要使用一个循环表达式即可。

在本例中,必须追踪选手 A 的获胜数、选手 B 的获胜数、选手 A 的零封数和选手 B 的零封数等至少 4 个计数,以便打印模拟比赛的数据。还可以通过选手 A 和选手 B 的胜利之和来打印出模拟比赛的局数。这里有 4 种相关的信息,将它们组成一个对象。该对象将是 SimStats 类的实例。

SimStats 对象将记录有关比赛的所有信息。首先,需要一个构建方法,将所有计数初始化为 0。

还需要添加一个方法,用于更新每场新比赛的计数,命名为 update() 方法。该方法向统计对象发送一些用于更新的信息,以便更新操作能够正确地进行。比较简单的方法是将整个比赛发送给 update() 方法,并让 update() 方法提取所需的信息。

最后,当所有比赛都被模拟完成后,需要打印结果报告。这意味着要创建一个 printReport() 方法,打印出统计报告。

下面是实际编写程序的主函数,其中大部分的细节都被放到了两个类的定义中:

```python
def main():
    printIntro()
    probA, probB, n = getInputs()
    #开始比赛
    stats = SimStats()
    for i in range(n):
        #创建新比赛
        theGame = RBallGame(probA, probB)
        #进行比赛
        theGame.play()
        #获取完成比赛后的信息
        stats.update(theGame)
    #打印结果
    stats.printReport()
```

12.8.2 实现 SimStats 类

SimStats 类的构造方法只需要将 4 个计数初始化为 0,实现代码如下:

```python
class SimStats:
    def __init__(self):
        self.winsA = 0
        self.winsB = 0
        self.shutsA = 0
        self.shutsB = 0
```

现在来看看 update() 方法。它需要一个比赛对象作为普通参数,必须相应地更新 4

个计数。该方法像如下：

```
def update(self, aGame):
```

但怎么知道接下来该怎么办呢？需要知道比赛的最终得分，不过这个信息在 aGame 中，而 aGame 的属性不允许直接访问，甚至不知道这些属性是什么。

经过分析表明，在 RBallGame 类中需要设计一个新方法。通过扩展接口，让 aGame 具有报告最终得分的方法。可以给新方法命名为 getScores()，让它分别返回选手 A 和选手 B 的得分。

下面是 update() 方法的实现：

```
def update(self, aGame):
    a, b = aGame.getScores()
    if a > b:   #选手 A 赢得比赛
        self.winsA = self.winsA + 1
        if b == 0:
            self.shutsA = self.shutsA + 1
    else:        #选手 B 赢得比赛
        self.winsB = self.winsB + 1
        if a == 0:
            self.shutsB = self.shutsB + 1
```

可以编写打印结果的方法，从而完成 SimStats 类。printReport() 方法将生成一个表，显示每个选手的胜利局数、胜率、零封局数和零封百分比。下面是示例输出：

```
500 场比赛的结果：

胜 (总场数%)        完胜 (获胜%)
-------------------------------------------
选手 A:   406 (81.2%)        66 (16.3%)
选手 B:    94 (18.8%)         4 (4.3%)
```

注意，必须避免在计算没有获得任何胜利选手的零封百分比时除以 0。下面来完成这个基本方法，把行格式化的细节推到另外一个方法 printLine() 中。printLine() 方法将需要选手标签(A 或 B)、胜利和零封局数以及比赛总数，用于计算百分比。

```
def printReport(self):
    #打印报告格式
    n = self.winsA + self.winsB
    print( n , "场比赛的结果：\n")
    print(" 胜 (% 总场数) 完胜 (% 获胜) ")
    print("-------------------------------------------")
    self.printLine("A", self.winsA, self.shutsA, n)
    self.printLine("B", self.winsB, self.shutsB, n)
```

要完成这个类，需要实现 printLine() 方法。该方法将大量用到字符串格式化。好的开始是为每一行出现的信息定义一个模板：

```
def printLine(self, label, wins, shuts, n):
    template = "选手 {0}:{1:5} ({2:5.1%}) {3:11} ({4})"
    if wins == 0:  #避免除以 0
        shutStr = "-----"
    else:
        shutStr = "{0:4.1%}".format(float(shuts)/wins)
    print(template.format(label, wins, float(wins)/n, shuts, shutStr))
```

12.8.3　实现 RBallGame 类

前面已经封装了 SimStats 类，接下来看看 RBallGame 类。截止到目前，已经确定的信息包括：该类需要一个构造方法（它接收两个得分概率作为参数）、一个 play() 方法以及一个 getScores() 方法。

进行一局比赛时，必须记住每名选手的得分概率、每名选手的得分以及哪名选手在发球。如果仔细考虑这一点，你会看到得分概率和得分是与特定"选手"相关的属性，而发球是两名选手之间的"比赛"属性。这意味着可能只要考虑比赛选手是谁、谁正在发球。选手本身可以是对象，知道他们的得分概率和得分。用这种方式来考虑 RBallGame 类，可以设计出一些新对象。

如果选手是对象，就需要用另一个类来定义他们的行为，可以把该类命名为 Player。Player 对象将记录其得分概率和当前得分。当 Player 第一次创建时，得分概率将作为一个参数提供，但分数将从 0 开始。在编写 RBallGame 类时，将展示 Player 类方法的设计。

现在可以定义 RBallGame 类的构造方法。比赛将需要两名选手的属性以及另一个变量来记录哪名选手正在发球：

```
def __init__(self, probA, probB):
    #通过给定的得分概率创建新比赛
    self.playerA = Player(probA)
    self.playerB = Player(probB)
    self.server = self.playerA  # 选手 A 总是先发球
```

当需要创建 RBallGame 的实例时，可以使用如下代码：

```
theGame = RBallGame(.6, .5)
```

既然可以创建一个 RBallGame 实例，就需要弄清楚如何比赛。回到第 9 章关于壁球的讨论，程序需要一个算法，记录发球回合，要么得分，要么换发球，直到比赛结束。

首先，只要比赛没有结束，就需要一个循环。显然，比赛是否结束，只能通过查看比赛对象本身来做出决定。假设可以写一个合适的 isOver() 方法，play() 方法开始可以利用这个方法：

```
def play(self):
    while not self.isOver():
```

在循环中，需要让选手发球，并根据结果决定要做什么。这表明 Player 对象应该有一个执行发球的方法。毕竟，发球是否获胜取决于存储在每个 Player 对象内部的得分概率。发球选手这次发球是赢或是输，实现代码如下：

```
if self.server.winsServe():
```

基于这个结果，可以得分或换发球。如果得分，需要改变选手的得分，即需要增加得分；如果是换发球，那就是在比赛层面上完成的，因为该信息保存在 RBallGame 的 server 属性中。

综上所述，play()方法是实现代码如下：

```
def play(self):
    while not self.isOver():
        if self.server.winsServe():
            self.server.incScore()
        else:
            self.changeServer()
```

只要你记住 self 是一个 RBallGame 实例，这段代码是可以清晰理解的。当比赛还未结束时，如果发球选手赢得发球回合，发球选手得分，否则换发球。

现在有两个新方法(isOver()和 changeServer())需要在 RBallGame 类中实现，另外两个方法(winsServe()和 incScore())需要在 Player 类中实现。

再回顾一下 RBallGame 类的另一个顶层方法，即 getScores()方法，它返回两名选手的得分。通过选手的对象属性，实际上已经可以知道得分了，所以需要一个方法，要求选手返回得分。

```
def getScores(self):
    return self.playerA.getScore(), self.playerB.getScore()
```

12.8.4 实现 Player 类

在开发 RBallGame 类时，发现需要一个 Player 类来封装选手的发球得分概率和当前得分。Player 类需要一个合适的构造方法以及 winsServe()方法、incScore()方法和 getScore()方法。

需要初始化属性，选手的得分概率将作为参数传递，得分从 0 开始：

```
def __init__(self, prob):
    #利用该得分概率创建一个选手
    self.prob = prob
    self.score = 0
```

Player 类的其他方法更简单。为了看一名选手是否赢得了一次发球,将得分概率与 0~1 的随机数进行比较:

```
def winsServe(self):
    return random() < self.prob
```

选手得分,此时 score 加 1:

```
def incScore(self):
    self.score = self.score + 1
```

最后的方法就是返回 score 的值:

```
def getScore(self):
    return self.score
```

12.8.5 完整程序

整个示例的完整代码如下:

```
#12_3 squash_game_class.py
from random import random
class Player:
    #记录选手发球得分概率和得分
    def __init__(self, prob):
        #利用该得分概率创建一个选手
        self.prob = prob
        self.score = 0
    def winsServe(self):
        #返回一个布尔值,该布尔值为真,带有 self.prob 得分概率
        return random() < self.prob
    def incScore(self):
        #给这个玩家加一分
        self.score = self.score + 1
    def getScore(self):
        #返回选手当前得分
        return self.score
```

```python
class RBallGame:
    #RBallGame 表示正在进行的比赛
    #一个比赛有两名玩家,并记录当前正在行动的玩家
    def __init__(self, probA, probB):
        #通过给定的得分概率创建新比赛
        self.playerA = Player(probA)
        self.playerB = Player(probB)
        self.server = self.playerA  #选手 A 总是先发球
    def play(self):
        #完成比赛
        while not self.isOver():
            if self.server.winsServe():
                self.server.incScore()
            else:
                self.changeServer()
    def isOver(self):
        #比赛结束
        a,b = self.getScores()
        return a == 15 or b == 15 or (a == 7 and b == 0) or (b==7 and a == 0)
    def changeServer(self):
        #交换发球选手
        if self.server == self.playerA:
            self.server = self.playerB
        else:
            self.server = self.playerA
    def getScores(self):
        #返回选手 A 和选手 B 的当前得分
        return self.playerA.getScore(), self.playerB.getScore()
class SimStats:
    #SimStats 处理跨多个(已完成的)比赛的统计累积
    #这个版本跟踪每个玩家的胜场和败场
    def __init__(self):
        #为一系列比赛创建新的累加器
        self.winsA = 0
        self.winsB = 0
        self.shutsA = 0
        self.shutsB = 0
    def update(self, aGame):
        #确定 aGame 的结果并更新统计数据
        a, b = aGame.getScores()
        if a > b:  #A 赢得比赛
            self.winsA = self.winsA + 1
            if b == 0:
```

```python
                self.shutsA = self.shutsA + 1
        else: #B 赢得比赛
            self.winsB = self.winsB + 1
            if a == 0:
                self.shutsB = self.shutsB + 1
    def printReport(self):
        #打印报告格式
        n = self.winsA + self.winsB
        print( n , "场比赛的结果:\n")
        print(" 胜 (% 总场数) 完胜 (% 获胜) ")
        print("--------------------------------------------")
        self.printLine("A", self.winsA, self.shutsA, n)
        self.printLine("B", self.winsB, self.shutsB, n)
    def printLine(self, label, wins, shuts, n):
        template = "选手 {0}:{1:5} ({2:5.1%}) {3:11} ({4})"
        if wins == 0: #避免除以 0
            shutStr = "-----"
        else:
            shutStr = "{0:4.1%}".format(float(shuts)/wins)
        print(template.format(label, wins, float(wins)/n, shuts, shutStr))
def printIntro():
    print("这个程序模拟了两个名为 A 和 B 的选手之间的壁球比赛")
    print("每个选手的能力由一个得分概率(0 到 1 之间的数字)来表示,即是选手在发球时得分")
    print("总是选手 A 先发球\n")
def getInputs():
    #返回三个仿真参数
    a = float(input("选手 A 赢得一场比赛的得分概率是多少?"))
    b = float(input("选手 B 赢得一场比赛的得分概率是多少?"))
    n = int(input("模拟多少场比赛?"))
    return a, b, n
def main():
    printIntro()
    probA, probB, n = getInputs()
    #进行比赛
    stats = SimStats()
    for i in range(n):
        theGame = RBallGame(probA, probB)       #创建新比赛
        theGame.play()                           #开始比赛
        stats.update(theGame)                    #提取信息
    #打印结果
    stats.printReport()
main()
```

本 章 小 结

面向对象设计是对自顶向下程序设计方法的有力补充,用于开发可靠的、性价比高的软件系统。在本章中,介绍了面向对象设计的基本原理,并通过几个案例进行了学习和研究。面向对象设计是一个过程,针对给定的问题来寻找并定义一组有用的类。它既是科学,又是艺术。本章总结了面向对象开发的三个特点：封装、多态、继承。多态可以让面向对象系统更具灵活性;继承可以建构系统的类,避免重复操作。新类通常也是基于原来的类,有利于代码的复用。12.8 节是案例的展示。

知识扩展：Python 开发社区

国外比较知名的开发社区有：
- GitHub(https://www.github.com)。
- PythonForum(https://python-forum.io)。

国内比较知名的开发社区有：
- 开源中国(https://www.oschina.net)。
- CDSN(https://www.csdn.net)。

课程思政：中国互联网运动的先锋——王志东

成功地将自己从程序员改造为经理人、国内"互联网运动"的先锋人物;从一文不名到今天最火爆的互联网公司的 CEO,被迫从新天地出走到辗转创立新浪网,王志东是最受瞩目的国内 IT 明星之一。除了广东人与生俱来的商业意识之外,王志东的年轻、厚道和越来越成熟的职业人作风、个人品牌以及对互联网业的敏锐感,同样给人留下很深的印象。

王志东 14 岁离家后求学 7 年,毕业后做了 7 年工程师,新浪网也是花了 7 年时间才最终上市,自己的结婚纪念日就是 7 月 17 日,同样,王志东为新公司点击科技所做的规划也是 7 年。

从四通利方到新浪,再到现在的点击科技,王志东已经经历了三次创业。而令人惊奇的是,每一次跌倒后,他都能爬得起来;每一次的创业,又都做得很成功。王志东表示,对创业者来说,第一重要的就是选方向,如果这个错了,所有的工作都将白费。

说到自己 2001 年开始创办的点击科技,王志东说,当时为了寻找方向,自己把 IT 业界所有的关键词 CRM、ERP、OA、瘦客户机……都一一列出,从中分析出近 60 个各类概念;接下来,又去分析其中的核心思想,还原其本质特点,找规律看趋势,终于将自己的未来放在了协同软件上。从找方向到定下7年规划,他足足花了3个月时间。

王志东在做客重庆邮电大学青年大讲堂时,跟现场的大学生们一起分享创业经历,并第一时间公布手机号和微博地址,要求学生们在微博上提问交流。

"你们有什么问题,就发到我手机或微博上。我的手机和微博是……"大学生们立即掏出手机,准备边听讲座边发短信提问。

"我明年就要毕业了,你认为我是先创业好呢?还是工作一段时间再创业呢?"

"你赞成大学生在校创业吗?"

……

在3个多小时的讲座中,王志东共收到400多条短信提问。

看到这么多大学生有创业梦想,王志东坦言很开心,同时他首先要让大家明白什么是创业。

"大学生一定要想清楚为什么创业,不能把创业简单地等同于创造就业。"王志东说,他并不赞同当下毕业生通过创业来达到就业的目的。他认为,"当老板、赚大钱不应该是创业目标。创办了一家企业,当了老板也不等于创业。"

那么,什么才是真正的创业呢?在王志东看来,真正的创业是为了成就梦想开创一番事业,是以有限的资源实现无限梦想的过程。

他鼓励现场的大学生,"追逐梦想的过程就是创业的过程,创业不一定就是要创办企业,只要是为了梦想奋斗,也就是创业。"同时他还提醒大学生,创业任何时候都不会晚;但创业是一个艰辛的过程,一定要做好心理准备。如果选择了创业,最好能有持之以恒的勇气,不能三天打鱼两天晒网。

第 13 章 异常处理与测试

在程序运行过程中,总会遇到各种各样的错误。有的错误是程序编写有问题而造成的,比如本来应该输出整数结果输出了字符串。这种错误我们通常称之为 Bug,Bug 是必须修复的。

有的错误是用户输入造成的,比如让用户输入 E-mail 地址,结果得到一个空字符串。这种错误可以通过检查用户输入来做相应的处理。

还有一类错误是完全无法在程序运行过程中预测的,比如在写入文件时,磁盘满了,写不进去了,或者从网络抓取数据,网络突然断掉了。这类错误也称为异常,在程序中通常是必须处理的,否则,程序会因为各种问题终止并退出。

Python 内置了一套异常处理机制,来帮助我们进行错误处理。此外,我们也需要跟踪程序的执行,查看变量的值是否正确,这个过程称为调试。Python 的 pdb 可以以单步方式执行代码。

最后,编写测试也很重要。有了良好的测试,就可以在程序修改后反复运行,确保程序输出符合要求。

13.1 错误处理

在程序运行的过程中,如果发生了错误,可以事先约定返回一个错误代码,这样,就可以知道是否有错,以及出错的原因。在操作系统提供的调用中,返回错误码非常常见。比如打开文件的函数 open(),成功时返回文件描述符(就是一个整数),出错时返回 -1。

用错误码来表示是否出错十分不便,因为函数本身应该返回的正常结果与错误码混在一起,造成调用者必须用大量的代码来判断是否出错。

```
def foo():
    r = some_function()
    if r==(-1):
        return (-1)
    #do something
    return r

def bar():
```

```
r = foo()
if r==(-1):
    print('Error')
else:
    pass
```

通过上面这个示例可以看出，一旦出错，还要一级一级上报，直到某个函数可以处理该错误（比如，给用户输出一个错误信息）。

所以高级语言通常都内置了一套 try-except-finally 的错误处理机制，Python 也不例外。

1．try-except-finally

下面通过一个示例来看看 try-except-finally 的机制：

```
try:
    print('try...')
    r = 10 / 0
    print('result:', r)
except ZeroDivisionError as e:
    print('except:', e)
finally:
    print('finally...')
print('END')
```

当我们认为某些代码可能会出错时，就可以用 try 来运行这段代码，如果执行出错，则后续代码不会继续执行，而是直接跳转至错误处理代码，即 except 语句块，执行完 except 后；如果有 finally 语句块，则执行 finally 语句块，至此，执行完毕。

上面的代码在计算 10 / 0 时会产生一个除法运算错误输出：

```
try...

except: division by zero

finally...
END
```

从输出可以看到，当错误发生时，后续语句 print('result：', r) 不会被执行，except 由于捕获到 ZeroDivisionError 错误，因此被执行。接着，finally 语句被执行。然后，程序继续按照流程往下走。

如果把除数 0 改成 2，则执行结果如下：

```
try...
    result: 5
```

第 13 章 异常处理与测试

```
finally...
END
```

由于没有错误发生,所以 except 语句块不会被执行,但如果有 finally 语句块,则一定会被执行。当然 finally 语句块是可选的。

你可能会想到,错误应该有很多种类,如果发生了不同类型的错误,应该由不同的 except 语句块处理。没错,Python 可以提供多个 except 来捕获不同类型的错误:

```
try:
    print('try...')
    r = 10 / int('a')
    print('result:', r)
except ValueError as e:
    print('ValueError:', e)
except ZeroDivisionError as e:
    print('ZeroDivisionError:', e)
finally:
    print('finally...')
print('END')
```

int()函数可能会抛出 ValueError 错误,所以用一个 except 捕获 ValueError 错误,用另一个 except 捕获 ZeroDivisionError 错误。

此外,如果没有错误发生,可以在 except 语句块后面加一个 else,这样,当没有错误发生时,会自动执行 else 语句:

```
try:
    print('try...')
    r = 10 / int('2')
    print('result:', r)
except ValueError as e:
    print('ValueError:', e)
except ZeroDivisionError as e:
    print('ZeroDivisionError:', e)
else:
    print('no error!')
finally:
    print('finally...')
print('END')
```

Python 的错误其实也是类,所有的错误类型都继承自 BaseException 类,所以在使用 except 时需要注意的是,它不但捕获该类型的错误,还把其子类也"一网打尽"。比如:

```
try:
    foo()
```

```
except ValueError as e:
    print('ValueError')
except UnicodeError as e:
    print('UnicodeError')
```

上面第二个 except 永远也捕获不到 UnicodeError 错误，因为 UnicodeError 是 ValueError 的子类，如果有，也被第一个 except 给捕获了。

Python 所有的错误都是从 BaseException 类派生的，常见的错误类型和继承关系参看本章知识扩展部分。

使用 try-except 捕获错误还有一个巨大的好处，就是可以跨越多层调用，比如函数 main() 调用 bar() 函数，bar() 函数调用 foo() 函数，结果 foo() 函数出错了，这时，只要 main() 函数捕获到了，就可以处理：

```
def foo(s):
    return 10 / int(s)

def bar(s):
    return foo(s) * 2

def main():
    try:
        bar('0')
    except Exception as e:
        print('Error:', e)
    finally:
        print('finally...')
```

也就是说，不需要在每个可能出错的地方去捕获错误，只要在合适的层次去捕获错误就可以了。这样一来，就大大减少了编写 try-except-finally 的麻烦。

2. 调用栈

如果错误没有被捕获，它就会一直往上抛，最后被 Python 解释器捕获，打印一个错误信息，然后程序退出。来看看 err.py 程序：

```
#13_1 err.py:
def foo(s):
    return 10 / int(s)

def bar(s):
    return foo(s) * 2

def main():
```

```
    bar('0')

main()
```

执行结果如下：

```
Traceback (most recent call last):
  File "err.py", line 11, in <module>
    main()
  File "err.py", line 9, in main
    bar('0')
  File "err.py", line 6, in bar
    return foo(s) * 2
  File "err.py", line 3, in foo
    return 10 / int(s)
ZeroDivisionError: division by zero
```

出错并不可怕，可怕的是不知道哪里出错了。解读错误信息是定位错误的关键。我们从上往下可以看到整个错误的调用函数链：

错误信息第 1 行：

```
Traceback (most recent call last):
```

告诉我们这是错误的跟踪信息。

第 2~3 行：

```
File "err.py", line 11, in <module>
    main()
```

提示告诉我们调用 main() 函数出错了，在代码文件 err.py 的第 11 行代码，但实际错误原因是在第 9 行：

```
File "err.py", line 9, in main
    bar('0')
```

提示告诉我们调用 bar('0') 函数出错了，在代码文件 err.py 的第 9 行代码，但实际错误原因是在第 6 行：

```
File "err.py", line 6, in bar
    return foo(s) * 2
```

原因是 return foo(s) * 2 这条语句出错了，但这还不是最终原因，继续往下看：

```
File "err.py", line 3, in foo
    return 10 / int(s)
```

原因是 return 10/int(s) 这条语句出错了，这是错误产生的源头，因为下面打印了：

ZeroDivisionError: integer division or modulo by zero

根据错误类型 ZeroDivisionError，我们判断，int(s) 本身并没有出错，但 int(s) 返回了 0，在计算 10/0 时出错。至此，找到错误源头。

注意：出错时，一定要分析错误的调用栈信息，才能定位错误的位置。

3. 记录错误

如果不捕获错误，自然可以让 Python 解释器来打印出错误堆栈，但程序也将结束。既然能捕获错误，就可以把错误堆栈打印出来，然后分析错误原因，同时，让程序继续执行下去。

Python 内置的 logging 模块可以非常容易地记录错误信息：

```
#13_2  err_logging.py
import logging
def foo(s):
    return 10 / int(s)

def bar(s):
    return foo(s) * 2

def main():
    try:
        bar('0')
    except Exception as e:
        logging.exception(e)

main()
print('END')
```

同样是出错，但程序打印完错误信息后会继续执行，并正常退出：

```
ERROR:root:division by zero
Traceback (most recent call last):
  File "err_logging.py", line 13, in main
    bar('0')
  File "err_logging.py", line 9, in bar
    return foo(s) * 2
  File "err_logging.py", line 6, in foo
    return 10 / int(s)
ZeroDivisionError: division by zero
END
```

通过配置,logging 还可以把错误记录到日志文件里,方便事后排查。

4. 抛出错误

因为错误是类,捕获一个错误就是捕获到该类的一个实例。因此,错误并不是凭空产生的,而是有意创建并抛出的。Python 的内置函数会抛出很多类型的错误,我们也可以自己编写抛出错误的函数。

如果要抛出错误,首先根据需要,可以定义一个错误类,选择好继承关系,然后,用 raise 语句抛出一个错误类的实例:

```
#13_3 err_raise.py
class FooError(ValueError):
    pass

def foo(s):
    n = int(s)
    if n==0:
        raise FooError('invalid value: %s' % s)
    return 10 / n

foo('0')
```

执行上面代码,最后可以跟踪到我们自己定义的错误:

```
Traceback (most recent call last):
  File "err_throw.py", line 11, in <module>
    foo('0')
  File "err_throw.py", line 8, in foo
    raise FooError('invalid value: %s' % s)
__main__.FooError: invalid value: 0
```

只有在必要时才定义我们自己的错误类型。如果可以选择 Python 已有的内置的错误类型(比如 ValueError、TypeError),尽量使用 Python 内置的错误类型。

最后,来看另一种错误处理的方式:

```
#13_4 err_reraise.py

def foo(s):
    n = int(s)
    if n==0:
        raise ValueError('invalid value: %s' % s)
    return 10 / n

def bar():
```

```
    try:
        foo('0')
    except ValueError as e:
        print('ValueError!')
        raise

bar()
```

执行结果为：

```
ValueError!
Traceback (most recent call last):
  line 16, in <module>
    bar()
  File " 13_4 err_reraise.py", line 11, in bar
    foo('0')
  File " 13_4 err_reraise.py", line 6, in foo
    raise ValueError('invalid value: %s' % s)
ValueError: invalid value: 0
```

在 bar() 函数中，明明已经捕获了错误，但是，在打印一个"ValueError!"消息后，又把错误通过 raise 语句抛出去了，这不是多此一举吗？

其实这种错误处理方式绝对不是多此一举，而且相当常见。捕获错误的目的只是记录一下，便于后续追踪。但是，由于当前函数不知道应该怎么处理该错误，所以，最恰当的方式是继续往上抛，让顶层调用者去处理。好比一个员工处理不了一个问题时，就把问题抛给他的上一级，如果他的上一级也处理不了，就一直往上抛，最终会抛给 CEO 去处理。

raise 语句如果不带参数，就会把当前错误原样抛出。此外，除了可以在 except 中抛出一个错误，还可以把一种类型的错误转化成另一种类型的：

```
try:
    10 / 0
except ZeroDivisionError:
    raise ValueError('input error!')
```

只要是合理的转换逻辑就可以，但是，决不应该把一个 IOError 转换成毫不相干的 ValueError。

我们来练习一下，运行下面的代码，根据异常信息进行分析，定位出错误源头，并修复：

```
from functools import reduce
def str2num(s):
    return int(s)
```

第 13 章 异常处理与测试

```
def calc(exp):
    ss = exp.split('+')
    ns = map(str2num, ss)
    return reduce(lambda acc, x: acc + x, ns)

def main():
    r = calc('100 + 200 + 345')
    print('100 + 200 + 345 =', r)
    r = calc('99 + 88 + 7.6')
    print('99 + 88 + 7.6 =', r)

main()
```

结果如下：

```
100 + 200 + 345 = 645
Traceback (most recent call last):
  File "/app/main.py", line 18, in <module>
    main()
  File "/app/main.py", line 15, in main
    r = calc('99 + 88 + 7.6')
  File "/app/main.py", line 10, in calc
    return reduce(lambda acc, x: acc + x, ns)
  File "/app/main.py", line 5, in str2num
    return int(s)
ValueError: invalid literal for int() with base 10: ' 7.6'
```

Python 内置的 try-except-finally 用来处理错误十分方便。出错时，会分析错误信息并定位错误发生的代码位置才是最关键的。程序也可以主动抛出错误，让调用者来处理相应的错误。但是，应该在文档中写清楚可能会抛出哪些错误，以及错误产生的原因。

13.2 调 试

程序能一次写完并正常运行的概率很小，基本不超过 1%。总会有各种各样的 Bug 需要修正。有的 Bug 很简单，看看错误信息提示就知道；有的 Bug 很复杂，需要知道出错时，哪些变量的值是正确的，哪些变量的值是错误的，因此，需要一整套调试程序的手段来修复 Bug。

1. 使用 print( ) 函数直接打印

第一种方法简单有效，就是用 print( ) 函数把可能有问题的变量打印出来看看：

```
def foo(s):
    n = int(s)
    print('>>> n = %d' % n)
    return 10 / n

def main():
    foo('0')

main()
```

执行后在输出中查找打印的变量值：

```
>>> n = 0
Traceback (most recent call last):
  ...
ZeroDivisionError: integer division or modulo by zero
```

用 print() 函数最大的坏处是将来还得删掉它。想一想，程序里到处都是 print() 函数，运行结果会包含很多垃圾信息。所以，我们有了第 2 种方法——使用断言。

2. 使用断言

凡是用 print() 函数来辅助查看的地方，都可以用断言(assert)来替代：

```
def foo(s):
    n = int(s)
    assert n != 0, 'n is zero!'
    return 10 / n

def main():
    foo('0')
```

assert 的意思是：表达式 n != 0 应该是 True，否则，根据程序运行的逻辑，后面的代码肯定会出错。

如果断言失败，assert 语句本身就会抛出 AssertionError 错误：

```
$python err.py
Traceback (most recent call last):
  ...
AssertionError: n is zero!
```

程序中如果到处充斥着断言，跟 print() 相比也好不到哪去。不过，启动 Python 解释器时可以用 -O 参数来关闭断言：

```
$python -O err.py
Traceback (most recent call last):

ZeroDivisionError: division by zero
```

注意：断言的开关"-O"是英文大写字母 O,不是数字 0。

关闭后,可以把所有 assert 语句跳过。

3. 使用 logging

把 print()替换为 logging 是第 3 种方式,与 assert 不同,logging 不会抛出错误,而且可以输出到文件:

```
import logging
s = '0'
n = int(s)
logging.info('n = %d' % n)
print(10 / n)
```

logging.info()可以输出一段文本。运行上面代码后,发现除了 ZeroDivisionError,没有任何信息,怎么回事?

在 import logging 之后添加一行配置再试试:

```
import logging
logging.basicConfig(level=logging.INFO)
```

看到输出了:

```
$python err.py
INFO:root:n = 0
Traceback (most recent call last):
  File "err.py", line 8, in <module>
    print(10 / n)
ZeroDivisionError: division by zero
```

这就是 logging 的好处,它允许你指定记录信息的级别,级别由低到高分别是 DEBUG、INFO、WARNING、ERROR、CRITICAL 等。当定义高级别时,低级别的信息不会输出,这时把日志信息输出到控制台,还可以通过设置把日志输出到文件中。例如,当指定 level=INFO 时,logging.DEBUG 就不起作用了。同理,指定 level=WARNING 后,DEBUG 和 INFO 就不起作用了。这样一来,你可以放心地输出不同级别的信息,也不用删除,最后统一控制输出哪个级别的信息。

logging 的另一个好处是通过简单的配置,一条语句可以同时输出到不同的地方,比如输出到控制台或文件。

4. 使用调试器 pdb

第 4 种方式是启动 Python 的调试器 pdb，让程序以单步方式运行，随时查看运行状态。先准备好程序：

```
# err.py
s = '0'
n = int(s)
print(10 / n)
```

然后启动：

```
$ python -m pdb err.py
> /Users/michael/Github/learn-python3/samples/debug/err.py(2)<module>()
-> s = '0'
```

以参数-m pdb 启动后，pdb 定位到下一步要执行的代码-> s = '0'。输入命令 l 来查看代码：

```
(pdb) l
  1     # err.py
  2  -> s = '0'
  3     n = int(s)
  4     print(10 / n)
```

输入命令 n 可以单步执行代码：

```
(pdb) n
> /Users/michael/Github/learn-python3/samples/debug/err.py(3)<module>()
-> n = int(s)
(pdb) n
> /Users/michael/Github/learn-python3/samples/debug/err.py(4)<module>()
-> print(10 / n)
```

任何时候都可以输入命令 p 变量名 来查看变量：

```
(pdb) p s
'0'
(pdb) p n
0
```

输入命令 q 结束调试，退出程序：

```
(pdb) q
```

这种通过 pdb 在命令行调试的方法,在理论上是万能的,但实在是太麻烦了,如果有 1000 行代码,要运行到第 999 行得敲多少命令啊?还好,还有另一种调试方法。

5. 使用 pdb.set_trace()

这个方法也是用 pdb,但不需要单步执行,只需要增加 import pdb,然后,在可能出错的地方放一个 pdb.set_trace() 函数,就可以设置一个断点:

```
# err.py
import pdb

s = '0'
n = int(s)
pdb.set_trace()                          # 运行到这里会自动暂停
print(10 / n)
```

运行代码,程序会自动在 pdb.set_trace() 暂停并进入 pdb 调试环境,可以用命令 p 查看变量,或者用命令 c 继续运行:

```
$python err.py
> /Users/michael/Github/learn-python3/samples/debug/err.py(7)<module>()
-> print(10 / n)
(pdb) p n
0
(pdb) c
Traceback (most recent call last):
  File "err.py", line 7, in <module>
    print(10 / n)
ZeroDivisionError: division by zero
```

这个方式比直接启动 pdb 单步调试效率要高一些。

编写程序最艰难的事情莫过于调试,程序往往会以你意想不到的流程来运行,你期待执行的语句其实根本没有执行,这时候,就需要调试了。

虽然调试的方法有很多,但最后你会发现,logging 才是终极武器。

13.3 单元测试

如果你听说过"测试驱动开发"(Test-Driven Development,TDD),那么对单元测试就不陌生了。单元测试是用来对一个模块、一个函数或一个类来进行正确性检验的测试工作。

比如对 abs() 函数,可以编写出以下几个测试用例:

(1) 输入正数，比如 1、1.2、0.99，期待返回值与输入相同。
(2) 输入负数，比如 −1、−1.2、−0.99，期待返回值与输入相反。
(3) 输入 0，期待返回 0。
(4) 输入非数值类型，比如 None、[]、{}，期待抛出 TypeError 错误。

把上面的测试用例放到一个测试模块里，就是一个完整的单元测试。

如果单元测试通过，说明测试的这个函数能够正常工作。如果单元测试不通过，要么函数有 Bug，要么测试条件输入不正确，总之，需要修复。使单元测试能够通过，是程序开发的最终目标。

单元测试通过后的意义是什么呢？如果对 abs() 函数代码做了修改，只需要再运行一遍单元测试，如果通过，说明修改不会对 abs() 函数原有的行为造成影响；如果测试不通过，说明修改与原有行为不一致，要么修改代码，要么修改测试。

这种以测试为驱动的开发模式最大的好处是，确保一个程序模块的行为符合所设计的测试用例。在将来修改时，可以极大地保证该模块行为仍然是正确的。

1. 编写单元测试

下面来编写一个 Dict 类，这个类的行为与 dict 一致，但是可以通过属性来访问，用起来就像下面这样：

```
>>> d = Dict(a=1, b=2)
>>> d['a']
1
>>> d.a
1
```

代码如下：

```
#13_5 mydict.py
class Dict(dict):

    def __init__(self, **kw):
        super().__init__(**kw)

    def __getattr__(self, key):
        try:
            return self[key]
        except KeyError:
            raise AttributeError(r"'Dict' object has no attribute '%s'" % key)

    def __setattr__(self, key, value):
        self[key] = value
```

为了编写单元测试，需要引入 Python 自带的 unittest 模块，编写 mydict_test.py

如下：

```
#13_6  mydict_test.py
import unittest
from mydict import Dict
class TestDict(unittest.TestCase):

    def test_init(self):
        d = Dict(a=1, b='test')
        self.assertEqual(d.a, 1)
        self.assertEqual(d.b, 'test')
        self.assertTrue(isinstance(d, dict))

    def test_key(self):
        d = Dict()
        d['key'] = 'value'
        self.assertEqual(d.key, 'value')

    def test_attr(self):
        d = Dict()
        d.key = 'value'
        self.assertTrue('key' in d)
        self.assertEqual(d['key'], 'value')

    def test_keyerror(self):
        d = Dict()
        with self.assertRaises(KeyError):
            value = d['empty']

    def test_attrerror(self):
        d = Dict()
        with self.assertRaises(AttributeError):
            value = d.empty
```

编写单元测试时，需要编写一个测试类，可以从 unittest.TestCase 继承而来。

以 test 开头的方法就是测试方法，不以 test 开头的方法不被认为是测试方法，测试时不会被执行。

对每一类测试都需要编写一个 test_xxx() 方法。由于 unittest.TestCase 提供了很多内置的条件判断，只需要调用这些方法，就可以断言输出是否是我们所期望的。最常用的断言就是 assertEqual()：

```
self.assertEqual(abs(-1), 1)          #断言函数返回的结果与 1 相等
```

另一种重要的断言就是期待抛出指定类型的错误，比如通过 d['empty'] 访问不存在

的 key 时，断言会抛出 KeyError：

```
with self.assertRaises(KeyError):
    value = d['empty']
```

而通过 d.empty 访问不存在的 key 时，我们期待抛出 AttributeError 错误：

```
with self.assertRaises(AttributeError):
    value = d.empty
```

2. 运行单元测试

一旦编写好单元测试，就可以运行单元测试。最简单的运行方式是在 mydict_test.py 的最后加上两行代码：

```
if __name__ == '__main__':
    unittest.main()
```

这样就可以把 mydict_test.py 当作正常的 Python 脚本来运行：

```
$python mydict_test.py
```

另一种方法是在命令行通过参数 -m unittest 直接运行单元测试：

```
$python -m unittest mydict_test
------------------------------------------------------------
Ran 5 tests in 0.062s

OK
```

这是推荐的做法，因为这样可以一次批量运行很多个单元测试，并且，有很多工具可以自动来运行这些单元测试。

3. setUp()方法与 tearDown()方法

可以在单元测试中编写两个特殊的方法——setUp()和 tearDown()。这两个方法会在每调用一个测试方法的前后分别被执行。

setUp()方法和 tearDown()方法有什么用呢？设想你的测试需要启动一个数据库，这时，就可以在 setUp()方法中连接数据库，在 tearDown()方法中关闭数据库，这样，不必在每个测试方法中重复相同的代码：

```
class TestDict(unittest.TestCase):
```

```python
    def setUp(self):
        print('setUp...')

    def tearDown(self):
        print('tearDown...')
```

可以再次运行测试,看看每个测试方法调用前后是否会打印出 setUp... 和 tearDown...。

下面来练习一下,对 Student 类编写单元测试,结果发现测试不通过,请修改 Student 类,让测试通过:

```python
import unittest
class Student(object):
    def __init__(self, name, score):
        self.name = name
        self.score = score
    def get_grade(self):
        if self.score >= 60:
            return 'B'
        if self.score >= 80:
            return 'A'
        return 'C'

import unittest
class TestStudent(unittest.TestCase):

    def test_80_to_100(self):
        s1 = Student('Bart', 80)
        s2 = Student('Lisa', 100)
        self.assertEqual(s1.get_grade(), 'A')
        self.assertEqual(s2.get_grade(), 'A')

    def test_60_to_80(self):
        s1 = Student('Bart', 60)
        s2 = Student('Lisa', 79)
        self.assertEqual(s1.get_grade(), 'B')
        self.assertEqual(s2.get_grade(), 'B')

    def test_0_to_60(self):
        s1 = Student('Bart', 0)
        s2 = Student('Lisa', 59)
        self.assertEqual(s1.get_grade(), 'C')
        self.assertEqual(s2.get_grade(), 'C')
```

```
    def test_invalid(self):
        s1 = Student('Bart', -1)
        s2 = Student('Lisa', 101)
        with self.assertRaises(ValueError):
            s1.get_grade()
        with self.assertRaises(ValueError):
            s2.get_grade()

if __name__ == '__main__':
    unittest.main()
```

经过前面的学习,小结一下:单元测试可以有效地测试某个程序模块的行为,是未来重构代码的信心保证。单元测试的测试用例要覆盖常用的输入组合、边界条件和异常。单元测试代码要非常简单,如果测试代码太复杂,那么测试代码本身就可能有 Bug。单元测试通过了并不意味着程序就没有 Bug 了,但是不通过的程序肯定有 Bug。

13.4 文档测试

如果你经常阅读 Python 的官方文档,可以看到很多文档都有示例代码。比如 re 模块就带了很多示例代码(Python 中通过 re 模块实现了正则表达式的功能。re 模块提供了一些根据正则表达式进行查找、替换、分隔字符串的函数):

```
>>> import re
>>> m = re.search('(?<=abc)def', 'abcdef')
>>> m.group(0)
'def'
```

可以把这些示例代码在 Python 的交互式环境下输入并执行,结果与文档中的示例代码显示的一致。

这些代码与其他说明可以编写在注释中,然后,由一些工具来自动生成文档。既然这些代码本身就可以粘贴出来直接运行,那么,可不可以自动执行注释中的这些代码呢?

答案是肯定的。

编写注释时,如果编写上了如下的注释:

```
def abs(n):
    '''
    Function to get absolute value of number.

    Example:
```

```
    >>> abs(1)
    1
    >>> abs(-1)
    1
    >>> abs(0)
    0
    '''
    return n if n >= 0 else (-n)
```

无疑更明确地告诉函数的调用者该函数的期望输入和输出。

并且,Python 内置的文档测试模块(doctest)可以直接提取注释中的代码并执行测试。

doctest 严格按照 Python 交互式命令行的输入和输出来判断测试结果是否正确。在测试异常时,可以用省略号表示中间一大段烦人的输出。

用 doctest 来测试前面编写的 Dict 类:

```
#13_7 mydict2.py
class Dict(dict):
    '''
    Simple dict but also support access as x.y style.

    >>> d1 = Dict()
    >>> d1['x'] = 100
    >>> d1.x
    100
    >>> d1.y = 200
    >>> d1['y']
    200
    >>> d2 = Dict(a=1, b=2, c='3')
    >>> d2.c
    '3'
    >>> d2['empty']
    Traceback (most recent call last):
        ...
    KeyError: 'empty'
    >>> d2.empty
    Traceback (most recent call last):
        ...
    AttributeError: 'Dict' object has no attribute 'empty'
    '''
    def __init__(self, **kw):
        super(Dict, self).__init__(**kw)
```

```
    def __getattr__(self, key):
        try:
            return self[key]
        except KeyError:
            raise AttributeError(r"'Dict' object has no attribute '%s'" % key)

    def __setattr__(self, key, value):
        self[key] = value

if __name__=='__main__':
    import doctest
    doctest.testmod()
```

运行 python mydict2.py：

```
$ python mydict2.py
```

什么输出也没有。这说明我们编写的 doctest 运行都是正确的。如果程序有问题，比如把__getattr__()方法注释掉，再运行就会报错：

```
$ python mydict2.py
**********************************************************************
File "/Users/michael/Github/learn-python3/samples/debug/mydict2.py", line
10, in __main__.Dict
Failed example:
    d1.x
Exception raised:
    Traceback (most recent call last):
    
    AttributeError: 'Dict' object has no attribute 'x'
**********************************************************************
File "/Users/michael/Github/learn-python3/samples/debug/mydict2.py", line
16, in __main__.Dict
Failed example:
    d2.c
Exception raised:
    Traceback (most recent call last):
    
    AttributeError: 'Dict' object has no attribute 'c'
**********************************************************************
1 items had failures:
   2 of   9 in __main__.Dict
***Test Failed*** 2 failures.
```

注意到最后 3 行代码。当模块正常导入时，doctest 不会被执行。只有在命令行直接运行时，才执行 doctest。所以，不必担心 doctest 会在非测试环境下执行。

好了，让我们练习一下，对函数 fact(n) 编写文档测试并执行：

```
def fact(n):
    '''
    Calculate 1 * 2 * ... * n

    >>> fact(1)
    1
    >>> fact(10)
    ?
    >>> fact(-1)
    ?
    '''
    if n < 1:
        raise ValueError()
    if n == 1:
        return 1
    return n * fact(n - 1)

if __name__ == '__main__':
    import doctest
    doctest.testmod()
```

经过学习，我们发现 doctest 是非常有用的，不但可以用来测试，还可以直接作为示例代码。通过某些文档生成工具，就可以自动把包含 doctest 的注释提取出来。用户看文档时，同时也看到了测试文档。

本 章 小 结

本章阐述了 Python 编程的异常处理与测试方法，介绍了 try、调用栈、记录错误、抛出错误等错误处理机制，及程序编写过程中使用 print 直接打印、断言、logging、调试器 pdb 和 pdb.set_trace() 等常用的几种调试方法。在程序测试上，较详细地介绍了单元测试和文档测试，用 Dict 类编写了测试类进行单元测试，以实例方式对单元测试和文档测试过程进行了较详细的讲解。

知识扩展：BaseException 类的层次结构

BaseException 类的层次结构如下：
BaseException

```
+-- SystemExit
+-- KeyboardInterrupt
+-- GeneratorExit
+-- Exception
     +-- StopIteration
     +-- StopAsyncIteration
     +-- ArithmeticError
     |    +-- FloatingPointError
     |    +-- OverflowError
     |    +-- ZeroDivisionError
     +-- AssertionError
     +-- AttributeError
     +-- BufferError
     +-- EOFError
     +-- ImportError
     |    +-- ModuleNotFoundError
     +-- LookupError
     |    +-- IndexError
     |    +-- KeyError
     +-- MemoryError
     +-- NameError
     |    +-- UnboundLocalError
     +-- OSError
     |    +-- BlockingIOError
     |    +-- ChildProcessError
     |    +-- ConnectionError
     |    |    +-- BrokenPipeError
     |    |    +-- ConnectionAbortedError
     |    |    +-- ConnectionRefusedError
     |    |    +-- ConnectionResetError
     |    +-- FileExistsError
     |    +-- FileNotFoundError
     |    +-- InterruptedError
     |    +-- IsADirectoryError
     |    +-- NotADirectoryError
     |    +-- PermissionError
     |    +-- ProcessLookupError
     |    +-- TimeoutError
```

```
     +-- ReferenceError
     +-- RuntimeError
     |    +-- NotImplementedError
     |    +-- RecursionError
     +-- SyntaxError
     |    +-- IndentationError
     |         +-- TabError
     +-- SystemError
     +-- TypeError
     +-- ValueError
     |    +-- UnicodeError
     |         +-- UnicodeDecodeError
     |         +-- UnicodeEncodeError
     |         +-- UnicodeTranslateError
     +-- Warning
          +-- DeprecationWarning
          +-- PendingDeprecationWarning
          +-- RuntimeWarning
          +-- SyntaxWarning
          +-- UserWarning
          +-- FutureWarning
          +-- ImportWarning
          +-- UnicodeWarning
          +-- BytesWarning
          +-- ResourceWarning
```

课程思政：国家最高科学技术奖得主、杂交水稻之父——袁隆平院士

2021年5月22日，笔者正在案头编写本教材时，惊闻袁隆平院士逝世的噩耗！

袁老是"共和国勋章"获得者、中国工程院院士，是受全中国、全人类尊敬和爱戴的"杂交水稻之父"，他用一粒种子改变了世界，也把自己化作了一粒温暖世界的种子。为了缅怀这位伟人，本次的思政教育内容，让我们一起来学习袁老的先进事迹。

袁老出生于1930年，八十几岁高龄的时候他仍然活跃在科研场上，为我国的水稻研究事业做着贡献。不畏艰难，知难而进是袁老做科研一贯的原则；"一颗种子改变世界"是对袁老所作贡献的诠释。

袁老的励志故事充满了奋斗和坚持的色彩。这个励志故事要从袁老年轻时开始讲

起。1953年,袁老从西南农学院毕业,成为新中国培养的第一批大学生。那时国家实行毕业分配政策,袁老被分到穷乡僻壤的安江农业学校当教师,负责教三门课。然而,就在这个落后的湖南乡下,袁老度过了人生中最难忘的18年岁月。这些日子里,他一边教书育人,一边做农业科研,积累了大量的经验。

那个年代的人都深受饥饿的折磨。袁老内心的壮志被激发起来了,他发誓,一定要研究出一种高产的水稻,让自己的同胞吃饱!当时,科学家都认定水稻杂交没有优势,可是倔强的袁老不认输,他相信自己的判断没有错,无数次实验,无数次失败,都没有使他气馁。

1960年7月,袁老曾经在学校试验田里发现了一株"天然杂交稻",鹤立鸡群,穗大粒大。但是,第二年,这种"大水稻"的种子播下去,结果,高的高,矮的矮,产量都很低。

但是,这株天然杂交稻启发了他:用人工杂交的办法,可以培植高产的杂交稻。

1964年和1965年袁老先后找到了6株雄性不育稻株。在60个瓦钵里面倒腾了两年,成功培育了"雄性不育系"。1966年2月,在中国科学院的院刊《科学通报》上,他发表了第一篇论文《水稻的雄性不孕性》。

1969年10月,袁老开始到气候炎热的云南和海南去南繁。遍寻资料,他发现海南的野生稻资源最多,所以,1970年秋天,几个人的科研小组又到了海南岛崖县的南红农场。

南红农场技术员冯克珊上过袁老的课,意识到农场附近的"假禾",很有可能就是他们要找的野生稻。它们一大丛匍匐着,穗粒又小又少,一碰就掉,看起来就像野草。他约了袁老的助手李必湖一起去辨认,然后挖回了一蔸雄花异常、花药细瘦没开裂的稻穗。这株被取名"野败"的野生稻后来成了所有杂交稻的母本。

1971年初,国家科委和农业部又组织了一个全国性协作组。3月下旬,全国18个科研单位的一百多名农业科技人员都来到了南红农场。此时"野败"的杂交第一代正在抽穗,还没有人知道其科研价值,但袁老乎却毫无保留,把"野败"材料分送给大家做实验。

"他这个人做什么都很坦荡,最恨那种保守、自私的做法。"湖南农学院教师罗孝和说,袁老从来不搞"山头","只要表现出对课题感兴趣,他就欢迎,给外单位的讲课也一点都不保留。"

人多力量大,很快,在用上千个品种与"野败"进行上万次回交转育后,结果,湖南组和江西组、福建组都培育出了几个优良的不育系和保持系。

天才都是百分之一的灵感加百分之九十九的汗水。终于,袁老在1973年全国水稻科研会议上,正式宣告中国籼型杂交水稻"三系"配套成功!

1974年,袁老育成中国第一个强优势组合"南优2号"。经试验种植,两季水稻产量都比常规水稻增产30%以上。

随后,他又设计了父本与母本分垄间种的栽培模式,还创造出用竹竿"赶花粉"的土办法,将种子产量从亩产5.5千克提高到40千克以上。

1976年是很特别的一年。稻田边的广播里,不时播出周恩来逝世、唐山大地震、毛泽东逝世等大事件。稻田里面,稀稀疏疏的杂交水稻却长出了粗壮饱满的颗粒。这年,全国大面积试种,208万亩杂交水稻,增产20%以上。

1981年6月,袁老上了北京,领了我国第一个也是迄今为止唯一一个特等发明奖。

他的办公室里面已经摆满了各种奖牌和证书。但袁老还是坚持在第一线做科研。每年一到冬天,他都要到三亚基地去。

有一次他爬田埂,旁边人想扶他一把,被他一下挡开了,"你以为我老了啊,我蹿田埂比你年轻人还快!"

成名后的袁老仍然喜欢自在随意的生活。他偶尔出差逛街,看到便宜的衣服,就先在自己身上比试一下,然后又在助手身上比试一下,买上一大堆,回来就人人发一件。有一次到香港中文大学去做报告,他就扎着一条刚在街边用10元钱买的领带。

1987年,联合国教科文组织奖给他1.5万美元奖金,他全部拿出来,设立了一个杂交水稻基金,专门奖励有成就的中青年科技工作者。

他经常跟人说起他曾经做过两次的梦:田里的水稻长得像高粱一样高,稻穗像扫帚一样长,颗粒像玉米一样大,他和助手们走累了,就在稻子下面聊天乘凉。

刚开始,周围人呵呵地笑,时间长了,才发现他满脑壳就惦记这个事情。他把身边英语好的年轻助手都尽量送出国去深造,为的是他的第二个理想:要让杂交水稻推广出去,"造福全世界"。

图书资源支持

感谢您一直以来对清华版图书的支持和爱护。为了配合本书的使用,本书提供配套的资源,有需求的读者请扫描下方的"书圈"微信公众号二维码,在图书专区下载,也可以拨打电话或发送电子邮件咨询。

如果您在使用本书的过程中遇到了什么问题,或者有相关图书出版计划,也请您发邮件告诉我们,以便我们更好地为您服务。

我们的联系方式:

地　　址: 北京市海淀区双清路学研大厦 A 座 714

邮　　编: 100084

电　　话: 010-83470236　010-83470237

客服邮箱: 2301891038@qq.com

QQ: 2301891038（请写明您的单位和姓名）

资源下载: 关注公众号"书圈"下载配套资源。

书圈

获取最新书目

观看课程直播